体育器材设计

孙学雁　王赫莹　曹　辉
郭　辉　王慧明　郭忠峰　编著
张　娜　主审

北　京
冶　金　工　业　出　版　社
2010

内 容 提 要

全书共分6章，主要内容包括：体育器材概述；人体工程学基础理论及应用；体育器材设计中的人机工程学应用；体育器材机械运动方案设计与分析；体育器材的材料选择；体育器材设计实例。

本书既可供从事体育器材设计的师生阅读使用，也可供从事相关专业的现场生产制造部门、技术人员及体育爱好者参考。

图书在版编目(CIP)数据

体育器材设计/孙学雁等编著.—北京：冶金工业出版社，2010.8

ISBN 978-7-5024-5301-5

Ⅰ.①体… Ⅱ.①孙… Ⅲ.①体育器材—设计 Ⅳ.①TS952

中国版本图书馆CIP数据核字(2010)第118252号

出 版 人 曹胜利

地　　址 北京北河沿大街嵩祝院北巷39号，邮编100009

电　　话 (010)64027926 电子信箱 yjcbs@cnmip.com.cn

责任编辑 郭冬艳 美术编辑 李 新 版式设计 葛新霞

责任校对 石 静 责任印制 牛晓波

ISBN 978-7-5024-5301-5

北京百善印刷厂印刷；冶金工业出版社发行；各地新华书店经销

2010年8月第1版，2010年8月第1次印刷

850mm×1168mm 1/32；9印张；237千字；273页

25.00元

冶金工业出版社发行部 电话：(010)64044283 传真：(010)64027893

冶金书店 地址：北京东四西大街46号(100711) 电话：(010)65289081

（本书如有印装质量问题，本社发行部负责退换）

前言

当今世界，体育运动已成为最广泛的群众性活动，成为人们生活中不可缺少的组成部分。伴随体育运动的发展，体育器材也越来越凸显其重要地位和作用。新技术的迅速发展以及电子技术、空间技术以及声、光技术等在体育器材上的应用，为体育运动的发展做出了重要贡献。高科技的融入，使各项体育运动如虎添翼。体育器材凝聚着人类的智慧，激发着人们的巨大潜能，它给人们带来健康体魄的同时也带来愉悦、欢乐的精神享受。

纵观体育器材绚丽多姿又变化无穷的历史，未来将会蕴含更高的科技成果，体育竞赛不再单单是拼体力、拼技术，也是高科技的较量。“依靠科学技术，开发体育用品”、“加大科技含量，提高体育运动水平”将是我国体育运动普及与提高的基础。

体育器材设计是一门综合性学科，它包括产品设计的相关理论和方法。本书是根据工程实用要求、教学体系安排，并参照有关资料，撰写了体育器材设计相关内容。主要包括：体育器材概述、人体工程学基础、体育器材中的人机工程学、体育器材机械运动方案设计、体育器材机械结构设计、体育器材控制系统设计、体育器材材料选择和体育器材设计实例。各部分内容既互相联系，又相对独立，教师和读者可根据教学和工作需要从中选取。

本书在编写时，力图理论联系实际，图文并茂，使之具有实用性和实践性，能广泛适用于体育器材设计者使用。

参加本书编写工作的有，孙学雁（第1章）、郭辉（第2章）、王慧明（第3章）、曹辉（第4章）、王赫莹（第5章）和郭忠峰（第6章）。全书由孙学雁主编，张娜主审，郭忠峰整理。

本书为辽宁省教育厅科技项目（LT2010077），并获得辽宁省教育厅教育基金支助。

本书在编写过程中，参考了有关著作和文献，在此一并表示感谢。

由于编者水平有限，书中不妥之处恳请有关专家和读者批评指正。

编著者

2010年4月

目　录

1 体育器材概述

1.1 体育器材基本概念

1.1.1 体育器材的含义和作用

1.1.1.1 体育器材的含义

体育器材是指作为体育锻炼、训练、竞赛、教学和体育娱乐等活动所使用器材的总称。体育器材是体育事业发展的物质基础，是普及群众性体育运动，提高竞技体育水平的关键因素之一。体育器材也是现代城市建设不可缺少的内容，具有增加城市功能和美化城市的作用。

1.1.1.2 体育器材的作用

A 体育器材的健身作用

（1）发达肌肉，增强力量。利用体育器材进行健身活动可简称为器材健身，器材健身是对肌肉进行锻炼的一种最佳方法。因为经常性地从事器材健身，可以使肌肉纤维增粗、肌肉中的毛细血管增多，从而使肌肉的生理横断面增大，使肌肉更加结实、丰满、发达。与此同时，由于中枢神经系统调节机能的改善，也会导致肌肉更加强健有力。不仅如此，器材健身还能促进骨骼的新陈代谢，提高其抗压、抗拉、抗扭力等性能。此外，对关节、韧带的生长发育也有良好的促进作用。

（2）增进健康，减少脂肪。因为人的全身是一个统一的整体，所以每一块肌肉都和体内其他系统紧密相连。经常性地进行器材健身，可以明显地提高循环系统、呼吸系统、消化系统和中枢神经系统的机能水平，从而使体质得以全面增强，健康状况得以全面改善。

实践证明，运动和科学饮食是消除脂肪的最佳途径。运动时，人体供应能量的来源主要是糖和脂肪。无氧运动：运动速度快，强度大，持续时间短，以消耗糖为主；有氧运动：运动速度慢，强度小，持续时间长，以消耗脂肪为主。研究显示，长时间、中等强度的运动，脂肪供能可达到人体氧化供能总量的40%以上。如果你想利用器材健身来减肥，只要遵循负荷小、器材轻、时间长的训练原则，坚持数月，必然能收到明显的效果。

（3）美化体型，矫正畸形。美的体型是指身体各部分的比例匀称、协调和平衡。从外形上看，就是整个身体及主要肌肉群的线条轮廓具有合理的曲线。遗传学告诉我们，人的高矮和四肢比例由于受遗传基因的影响，变化不大，但人的体重及人的胸围、腰围、腿围、臀围都是可以改变的。器材健身的“最大特色”就是对构成体型的肌肉与脂肪进行“雕塑”。比如，溜肩的人只要把三角肌练发达了，肩膀就会宽大，肩峰上提，体型就能健美；胸腔狭窄、胸部扁平的人通过胸部肌群的训练，胸廓就会加大，立体感增强，体型自然会变得厚实和挺拔；双腿肌肉纤细的人只要加强腿部训练，体型就会变得匀称和魁梧。而那些脂肪堆积在腹部、臀部和大腿部的人只要坚持有氧器材训练，清晰的线条和轻盈的身姿就不再是一种奢望。体型改善的同时，体态也会随之得到美化。

如站没站相、坐没坐相的所谓蛇腰拉胯者只要经过一段时间的训练，其身姿体态自然而然会变得挺胸拔背、行坐端庄。器材健身还可以使形体的某些缺陷如鸡胸、脊柱侧凸得到矫正。因为器材健身的各种动作和方法，都是根据人体生理结构的特点进行设计的，能够给予身体的各个部位以变化。比如肩胛下垂者，坚持做前平举、侧平举和颈后推举等练习，通过发达三角肌和斜方肌，使肩部的缺陷得以弥补。一位保健医疗专家说过：“器材健身对于局部肌肉萎缩者，是一剂最佳良药。”

(4) 锤炼意志，陶冶性格。器材健身的妙处，还在于能够增强锻炼者的意志和陶冶情操。健身运动之所以深受人们的喜爱，恰恰在于它能使人的内在美与外在美和谐一致，从而达到一种理想境界。器材健身集体育与美育为一体，锻炼者在感受苦与累、成功与失败、亢奋和抑制的过程中，也经历着性格的陶冶和美的洗礼。

骑在健骑机上，随着身体上下起伏和手握与脚蹬位置的变换，你会感到仿佛置身于茫茫草原，正驯服着一匹脱缰野马。当你在健身车上感到腿力疲软时，如果想象自己正行进在花红草绿的田间或将要抵达目的地时，情绪就会得到松弛，力量就会倍增。当你看到自己在运动中表现出来的优美姿态，看到自己发达的肌肉和匀称的形体随着运动的节律起伏时，难道不是一种力和美的享受吗？如此获得的各种美感，将会使人对美的理解更深刻、更丰富。实践告诉人们，在锻炼中获得的自身活力的愉悦，比单纯从物质享受中获得的愉悦更有魅力。

B 体育器材的比赛作用

体育器材与运动员紧密相关。在某种程度上讲，运动员离不开体育器材，即使是最简单的跑步，运动员也要受服装、跑鞋等因素影响。体育器材的这种影响包括：

第一，高水平、高质量的竞赛器材直接影响运动员的成绩和表现。例如，自行车的流线型设计，会大大减小人-车系统的空气阻力，进而提高成绩；旧冰鞋使踝关节僵硬不能动，不仅减小了蹬冰力，而且容易使运动员受伤。“克拉克”冰鞋使鞋与冰刀之间设计成开合运动，可使滑冰成绩提高一大步，又减小损伤概率；体操器材材质（主要是在弹性方面）的改善，都会使体操运动员的成绩得以提高；各种球的物理性质包括重量、大小、硬度、表面粗糙度、材料质地等都对球的运动轨迹带来直接影响等等，举不胜举。虽然各个国际单项运动联合会对竞赛用器材、装备有特定规则，但是先进的、更高质量的器材始终不断地取代旧规则规定的器材。竞赛用的器材还包括各种计量工具（计时、测距、计数、测速等）以及成绩显示、记录和统计用具。

第二，满足各种专项运动和各个运动员特殊要求的训练器材，高水平运动员的力量、速度、柔韧和耐力都是专门化和个性化的。专项运动特殊要求的训练器材对提高训练效果十分重要。另外，体育器材的改变，反过来会影响运动员的技术结构。

例如，运动员过去使用竹杆来完成撑杆跳高的技术与后来使用碳纤维杆完成撑杆跳高的技术是不同的。在国际田联采用新标枪、国际乒联规定用大球后，运动员的技术动作就需要相应的新器材进行训练和调整。

第三，采集和获取运动员各种运动学信息（主要是摄影及分析技术、光电测速以及加速度仪等），动力学信息（各种测力台、测力传感器、压力垫、应变仪等），人体生物电信息（肌电图仪、心电和脑电图等）的仪器，以及各种医学成像技术、计算机模拟技术等。使我们对运动员的技术、训练效果和反应等有了及时和准确的了解，使训练和竞赛建立在更科学的基础上。

1.1.2 体育器材的分类

按照体育器材的主要功能可以把体育器材分成以下6类：

（1）竞技器材也称为比赛器材，可分为正式比赛器材和场地设施器材。正式比赛器材指各类体育比赛中必备的器材。如田径比赛使用的跨栏架、跳高架、撑杆、标枪、铁饼、铅球、链球等；各类球赛的比赛用球，球门、球架、球台、球拍等；体操比赛使用的单杠、双杠、高低杠、跳马、鞍马、吊环、平衡木等。场地设施器材主要指在场地上配置的能够用于比赛的附属设施器材，有信息系统、电视转播系统、裁判工具等。一般包括发令系统、计时系统、计分系统、显示系统（彩色大屏幕）等。

这类器材一般都具有严格的技术标准，对于质地、重量、颜色等都有明确的规定，其技术含量较高。为保证正式比赛器材的质量标准，各类全国综合性运动会、全国性单项比赛和在国内举行的国际比赛中使用的体育器材都须经审定后方可使用。国际比赛中所使用的器材也须经相应的国际组织审定。

(2) 训练器材指为参加各类体育比赛、体育表演或为提高比赛成绩、表演质量所使用的器材。这类器材可以分成专项性和基础性两类。基础性训练器材包括力量、速度、耐力训练的器材，这种器材已在各种健身运动和各运动项目的身体训练中运用。在形式上可分电动阻力、机械阻力、油压阻力等。专项性训练器材主要运用在体操、游泳、速滑、跳水、乒乓球等运动项目的训练中，如苏联体操界在20世纪50年代就采用一些旋转马、高台海绵、活动平衡架、蹦床等辅助器材。

(3) 健身器材是人们从事体育锻炼的重要工具，包括各种形式、材质、规格、功能数量、阻力形式、色彩以及运动数据输出等各异的健身车、跑步机、登山器（健步器）、体操器、举重训练器、拉力器、划船器、滑行器、游泳训练器、跳跃与弹跳式健身器、墙壁或门窗固定式健身器、单一和多功能训练器、按摩器材等。

健身器材从使用场所上又可分为家用型和专业型两类。家用型健身器材是适合家庭使用的器材，一般结构比较简单、使用方便，有些还具有一定的娱乐性；专业型健身器材，产品的档次较高，设计和功能更加强调技术性和专业性。健身器材还可以根据运动方式的不同分为有氧型器材和无氧型器材两类。有氧型运动器材是指在运动时，人体运动的能量以糖（或脂肪）的有氧氧化为主，主要锻炼人体的心肺功能，如跑步机、踏步机、磁空车、圆桶机等；无氧型运动器材是指在运动时，人体运动的能量以糖（或脂肪）的无氧酵解为主，主要增强人体的肌肉力量，如举重机、综合机，以及各种单功能肌肉训练器等。

(4) 康复器材分为体能康复器材和肌体康复器材。体能康复器材指运动员或锻炼者完成运动训练或锻炼后进行尽快体能恢复所使用的器材，一般所用的康复时间较短，如按摩床、按摩椅等；肌体康复器材是指肌体损伤后进行肌体恢复所使用的器材，需要康复的时间较长，有时需要医术治疗配合。

(5) 助残器材是指能帮助残疾人在工作、生活中针对残疾人的生理缺陷进行辅助的器材，如轮椅、盲杖、助听器等。

(6) 检测器材分为人体机能检测器材和体育用品检测器材。人体机能检测器材包括量高器、体重仪、心率测试仪、人体成分分析仪等；体育用品的检测器材是测试体育用品是否符合国家或国际标准的相应检测仪器，包括测试体育器材的强度、硬度、刚性、耐磨性、耐腐性、安全性、舒适性等仪器。

1.1.3 体育器材的基本术语

目前，体育器材中健身器材的名称都是由厂家自己命名的，而这种命名也是照搬或效仿国外，并无统一规范。以至市场上销售的各种健身器材，尽管是同一种器材，却有着不同的名称。诸如台阶器，又叫健步器，亦称登梯机；夹胸器，也叫蝴蝶机或扩胸训练器；跑步机又称步行器。这些单功能健身器虽然叫法不同，但尚能顾名思义。而某些综合健身器材的名称，却让购买者难以揣摩。比如十三站综合训练器，也有叫十三项综合训练器的，还有称之为大十三站多功能训练器。其中的站、项和功能名称的混淆，令不少消费者不明其含义而感到迷惑。所以，弄清楚健身器材的站、项和功能很有必要。

(1) 所谓“位”，是运动位的简称。它是指锻炼者在健身器材上的运动位置。如“十三位综合训练器”，即表明该机有 13 个锻炼位置，或者说可供 13 个人同时训练。以此类推，健身器材上的“位”越多，可供锻炼的位置就越多。

(2) 所谓“站”，是运动站的简称。它是指由一个运动位或多个运动位组成的在结构上联系紧凑的健身器材。如“十三位综合训练器”，即表明该机有 13 个锻炼位置，或者说可供 13 个人同时训练，但它是一台设备，所以是一站或称为十三位综合训练站。

(3) 健身器材的“项”，是练习项目的简称。它表明该器材能提供多少种专项练习。以“十位十三项综合健身器”为例，说明该机不仅可提供10个锻炼位置，而且能进行13种专项练习。

“位”只表明锻炼位置，而不表明能做多少种练习。换句话说，一个“位”有的可进行两三种甚至更多的练习。如综合健身器上的“坐推站”，既能做卧推动作，又能做重锤拉引练习。可见，“位”和“项”一定要区别开来，不可混为一谈。

（4）功能一词是指事物或方法所发挥的有利作用。而健身器材上的“功能”，则是指通过不同的练习动作所能达到的锻炼效果。它是通过锻炼者的动作来体现的。器材上的功能越多，它所提供的练习动作也就越多。比如“十三功能跑步机”，说明该机可为人体不同部位提供13种练习动作。

1.2 体育器材的发展状况

1.2.1 体育器材与奥林匹克

体育器材与体育运动发展紧密相关。影响体育器材的发展变化主要有两个因素，一是体育运动规则的变化；一是科学技术的发展。

近代体育器材的发展变化，一方面是随着体育运动本身的发展，尤其是新兴的运动项目发展的；另一方面主要是随着人们在奥林匹克竞技体育运动中追逐更高的运动成绩而不断革新的。奥运会初创之时，还没有什么专门的运动设施与装备。1896年的首届奥运会上，跳高和撑杆跳高项目没有过杆后缓冲落地的垫子，赛跑没有专门测试成绩的秒表。秒表、终点摄影机首次出现是在1932年洛杉矶奥运会上。1948年，有了室内加温游泳池，1963年，玻璃钢撑杆的使用，使当年撑杆跳高成绩提高的幅度超过了过去20年的总和。

从1964年第18届东京奥运会开始，首次在田径比赛中正式使用了电子计时装置、信息传播和统计以及光电计时测距技术，因而被称为“技术奥运会”。1967年，手持金属球拍的美国运动员康纳斯打败了所有手持木拍的对手，开始了他称霸网坛的时代，也开始了网球球拍革命的新时代。1968 年，又有了塑胶跑道，1972 年，一系列新的仪器包括用于投掷项目的光电测距仪投入使用。

现代体育器材的革新与发展主要是在高新技术的运用方面。例如，在 2000 年悉尼奥运会上，体育器材运用最新的科技成果有：自行车用炭素纤维材料制作的质量轻、强度大的自行车架，并通过风洞实验，使其造型达到抗阻力的最佳状态；帆船通过一套计算机系统提供船体造型和力量分布的参数，使帆船具备最佳滑行能力；确定马拉松、铁人三项、竞走、公路自行车选手比赛途中位置的 5g 重的异频雷达收发机芯片（挂在鞋带上）；射击采用空心枪柄和铝质枪托，减轻枪的重量，并使枪的重心更为合理；能显示运动员射击动作情况的激光装置等。

20 世纪 80 年代以后，随着大众体育健身的普遍兴起，使健身器材在研制、生产、销售、使用等方面均有了迅速的发展和繁荣。例如，各种形式、材质、规格、功能数量、阻力形式、色彩以及运动数据输出等各异的健身车、跑步机、登山器（健步器）、体操器、举重训练器、拉力器、划船器、滑行器、游泳训练器、跳跃与弹跳式健身器、墙壁或门窗固定式健身器、单一和多功能训练器、按摩器材等。据有关方面的不完全统计，目前世界上健身器材至少也有几千乃至上万个品种。

在追求人与自然的和谐，强调“以人为本”的健身理念下，健身路径的兴起成为体育健身器材户外化发展的必然趋势。健身路径最早是 20 世纪 80 年代在欧美经济发达国家兴起的，其材料大多数是木头或玻璃钢，色彩与户外自然环境协调。人们在这种环境中锻炼身体，心情舒畅，是一种美的享受。健身路径是由多个功能单一的运动器材组合配套的系列体育设施。它多设在环境较好的公园、绿地、河边等处。每隔一段距离，安装一种运动器材，所有器材安装的总长度为 100 ~ 200m。在每种器材旁写明这种器材的名称、锻炼方法、主要功能、安全注意事项等。有的还画有动作图像、锻炼时的热能消耗及评分标准。我国从1995年开始贯彻实施《全民健身计划纲要》，增加群众体育锻炼设施是该计划的一个重要内容。1996年9月，在广州的天河体育中心建成了我国第一条“多功能健身路径”，它的出现，以占地不多、投资不大、简便易建、方便群众等优点受到广大人民群众的欢迎。

1.2.2 我国体育器材市场分析

在比赛器材方面，我国发展较快的有乒乓球、羽毛球、铁饼、杠铃、击剑器材，有的已经达到了世界先进水平，并在国际市场上具有一定的竞争力。但是在许多项目上我国的运动器材还与国际水平有较大距离。尤其是在高科技背景下的现代化的比赛器材，我国与世界发达国家差距较大。从整体看，我国在国际上的知名品牌较少。

从健身器材方面看，我国健身器材市场目前尚处于发展的初级阶段，基本处于一种大众化、通用化产品销售的阶段。一些健身器材市场的细分正在形成，如中老年人使用健身器材的人数增加；妇女更多地使用无氧型的运动器材；健身中心的迅速发展，使得专业健身器材产品有更大的发展空间。

从生产制造角度看，我国已经成为世界运动器材的主要生产加工基地。近几年来，随着外资企业的纷至沓来，国外运动器材采购商也将采购的目标转向中国，使得越来越多的工厂，包括内资工厂成为国外诸多运动器材品牌的加工生产基地。这对于我国的企业了解国外体育器材的产品设计、制造工艺和品质要求都有很大的帮助，能够带动企业在生产和管理等方面更快地进步。这部分企业的生产规模和工艺水平相对比较高。但是，这些企业对于自有品牌的经营和国际市场的开发尚处于萌芽阶段。一些专做国内市场的企业，又存在生产规模大小不一，技术水平参差不齐的状况。

从市场营销的角度而言，大部分的体育器材是通过商场、体育器材专卖店、电视销售等渠道进行的。近几年来，随着人们消费水平的提高和健康意识的增强，各类体育器材的销售量虽然逐年有所提高，但是市场潜力还远远没有开发出来，尤其是农村体育器材市场开发得还很不够。

随着世界经济一体化的进程不断加速，中国的广阔市场吸引了越来越多的国外生产和经销商，发达国家先进的体育器材大批进入中国。同时，我国相对廉价的劳动力和比较成熟的加工制造技术成为外商生产体育器材选择的合作对象，在中国生产体育器材外销成为外企发展战略的组成部分。因此，国内市场国际化，国际竞争国内化也成为我国现阶段体育器材市场的重要特点。我国体育器材市场面临较大的国际竞争压力，特别是中国加入WTO以后，这一压力尤为明显。高档产品面临国外企业的强烈竞争，目前世界上最著名的体育器材公司基本上都在中国设立了独资或合资的生产和营销企业，在运动器材商品中，国外企业的产品几乎占领了高档消费市场，如我国有两万多条保龄球道，这些设备95%都是来自美国的AFM和宾士域两个公司。高尔夫球设备以及水上运动项目设备绝大部分也来自国外。而国内运动设备企业只能生产普及型的、中低档次的运动器材和大众健身器材。中低档产品供大于求，出现买方市场的格局。体育器材市场的透明度增高，消费者逐渐成熟，对体育器材的功能、质量、价格、适应性等要求越来越高。技术的进步促进体育器材科技含量的增加，对生产企业的要求也相应提高。

1.2.3 体育器材的发展趋势

1.2.3.1 竞技器材的发展趋势

A 新型材料的广泛应用

在当今科技发展的背景下，新型材料的应用，对于竞技体育器材的发展起着尤为重要的推进作用。事实证明，许多竞技体育器材由于选用了先进的材料，使性能获得了质的飞越，如最初撑杆跳高使用的是竹杆，其后改用金属撑杆。这两种材料都有各自的缺点，竹杆强度不够，而金属杆缺乏韧性。后来研制者使用尼龙或碳纤维材料制作撑杆，使撑杆既富弹性又有足够的强度。新材料撑杆的使用使撑杆跳高世界纪录大幅度提高。新型材料应用于竞技体育器材，还有助于提高运动员体能水平和运动技术。

体能是运动员提高和保持竞技成绩的基础，而对于高水平的运动员而言，提高其体能状况的空间已很小。竞技体育器材作为一种外用设备，通过外力改善身体某些部位的功能，则可使那些高水平运动员的体能从另一种角度得到明显的提高。例如，阿迪达斯公司给德国、英国、美国的长跑运动员专门设计了一种新的运动袜——“强力袜”，这种袜子穿上后将包裹住整个小腿，按阿迪达斯设计者的说法，这种设计将能促进血液循环加快，减小运动员的腿部疲劳，使长跑运动员能更好地承受长时间快速奔跑的负荷。依靠改进竞技体育器材性能以提高技术水平，可以进一步拓展运动技术发展的空间，同时由于器材装备功能具有稳定性，也能够促进运动员在比赛中技术发挥得更稳定。乒乓球有许多技术就是通过对乒乓球拍的研制和改进而实现的，如乒乓球拍由胶皮拍取代木拍，使横拍左右开弓和削球技术出现；厚海绵拍的投入使用促进了长抽打法的形成；正胶粒海绵拍促进了近台快攻技术形成；反胶粒海绵拍则促进了弧圈球技术的形成。

依靠新型材料来提高竞技运动的安全性是竞技体育器材发展的又一方向。例如，击剑的剑身所用材料是碳钢，其结构极易产生微裂纹导致剑身折断而造成对运动员的误伤，现在剑身采用的铁镍合金材料，内部微裂只有碳钢的1/20，不易折断，运动员能无所畏惧地完成各种动作。在跨栏比赛中，原先使用木质栏架，由于质量较重容易将运动员绊倒；而使用轻质合金材料制作栏架，减少了运动员的受伤事故。在2001年世界大学生运动会的体操比赛中，使用的新式跳马器材，手面设计比以前更宽，同时跳马前端设计成光整的立面，这种设计使运动员不容易发生撑手失误而受伤，也可避免运动员因失手撞上器材而受伤，使运动员更敢于完成技术动作。

随着科技的迅速发展，可以预见材料研究领域还将不断取得新突破，将给竞技器材的研制提供更广阔的空间。各种复合材料（树脂基、金属基、陶瓷基和碳-碳基等）、仿生材料、信息功能材料（磁、光导纤维和芯片等）乃至有不可思议的强度与韧性且重量极轻的纳米材料的应用，将会使竞技体育器材的研制出现惊人的成果。

B 强调个人使用功能

在当今国际竞技赛场上运动员普遍都拥有较优良装备的背景下，一些世界顶尖级选手为了使自己在比赛中比其他选手更胜一筹，还把注意力集中到了竞技体育器材装备方面，请设计者量身定做器材装备。这种研制针对性很强（研制对象是数量极少的群体甚至是某一个运动员），且在技术、材料和制作工艺上精益求精，使器材装备具有卓越的使用性能。例如，两届奥运会自行车冠军延斯·费德勒与德国运动器材研究所研制人员保持密切的联系，为他研制的新自行车的每个特制零部件都要准确无误。而另一些世界优秀运动员也把他们各自在训练与比赛中使用新器材的经验及时反馈给运动器材研制专家，经过讨论、修改、再设计、加工、再回到实践中去测试，直至每个人对装备都满意为止。耐克公司在为许多著名的运动员单独研制运动鞋方面成绩卓著，在1996年奥运会上，男子100m和200m双料冠军约翰逊夺金时穿的“金鞋”，在2000年悉尼奥运会上，女子100m金牌得主琼斯穿用的“水晶鞋”，不断创造神话的乔丹穿的篮球鞋，世界足球先生罗纳尔多穿的足球鞋，还有不少网球名将驰骋赛场的网球鞋等，都是耐克公司因人设计制作的高性能运动鞋。除了专门针对个人竞技装备使用功能的研制之外，研制人员在研制群体用的竞技装备时也开始注重个体间的使用功能差异，由加拿大科研人员为长距离运动员设计了一种跑鞋，对鞋底的黏性、弹性和硬度进行了处理以吸收跑动时对脚的震动，设计者认为这种跑鞋能使运动员成绩提高的幅度高达4%。由于每个运动员的肌肉谐振频率有所不同，所以必须对跑鞋上的上述性能作个别调整，以适应不同运动员产生的冲力震动。

1.2.3.2 健身器材的发展趋势

（1）多学科知识应用于健身器材的设计与研制。健身器材经历了由简单到复杂，由单一到多样，科技含量不断增加的发展过程。现代健身器材已不再是机械零件的简单组合，而是集电子、机械、光电、传感技术、计算机技术及自动控制技术等多学科知识技术于一体的新型运动器材。

健身者在这些器材上运动，可使其训练质量大大提高。例如，有氧运动器材中的电动跑台、划船器、健身车、台阶训练器、旋转机等，不但有锻炼者的心率、速度、坡度、路程、时间及能量消耗显示，而且有心率控制功能和身体功能水平评定功能。CRP心率控制过程是锻炼者通过器材的显示面板输入一个目标心率值，当锻炼者运动时的心率达到该心率值时，器材会自动调整运动速度或坡度，以适应锻炼者的需要。这样使整个锻炼的科学性、有效性、针对性、安全性都大大增加。身体功能水平评定功能是根据锻炼者输入自己的年龄后，自动计算出最佳心率点，系统通过对锻炼者心率的测试状况，评定并显示出其现状和阶段性的功能水平，以便锻炼者及时调整运动负荷，获得更好的锻炼效果。

（2）新材料、新技术、新工艺应用于健身器材的速度加快。近年来出现的高科技新材料用于健身器材的制造中，显示出的巨大优越性，主要是质轻、坚硬、耐磨损、耐腐蚀、弹性好的碳纤维复合材料、工程陶瓷及稀有金属复合材料。健身器材中的跑步机、划船器、健身车、按摩椅、太空漫步机、登山训练器、各种球棒、水上和冰上运动器材的新材料比例都在逐渐增加。

创新结构、创新工艺，使健身器材发生了革命性的变化，更具生命力。例如，美国市场最近出现了一种新型健身器材，能在锻炼的不同阶段发出声光提示，并显示出锻炼者设定的程序和图像，屏幕还具有先进的画中画功能。这种集健身、娱乐于一体的健身器不仅具有良好的健身功能，而且还可以使人们从中体会到运动的乐趣。

（3）健身器材广泛的适用性与功能的针对性更有机地结合。健身运动的发展，运动训练水平与人类身体素质的不断提高，促进了健身器材广泛的适用性与功能的针对性更有机的结合。在体育运动中，等动练习是利用专门的器材进行的力量练习。其优点是能在关节活动的整个范围内，都给肌肉最大的负荷，使肌肉所受的训练符合运动实际的需要。等动训练是游泳者较好的力量训练方式。美国某公司生产的等动游泳训练器有多种速度可供锻炼者选择。锻炼者在训练器上模仿不同划水动作时，训练器可根据其动作，反馈出精确的阻力，从而使锻炼者的力量大大加强，动作速度迅速提高。20 年来，该种训练器被世界各国一流的游泳运动员及教练员公认为提高专业游泳运动员及业余运动员所需力量和速度的最佳训练器，并在美国、德国、英国、澳大利亚、新西兰、日本及欧洲许多游泳强国中广泛使用。

1.3 体育器材设计基本方法和步骤

设计本身是一种创造性的活动，体育器材设计也是如此，一部体育器材产品的诞生是一个漫长而又复杂的过程，其设计方法和步骤也是一个创新的系统工程，涉及的知识和内容很多。总的来说，体育器材应属机电产品范畴，因此，其设计方法和步骤与其他机电产品设计方法和步骤大体上是相同的，但由于体育器材相关功能与人体特征指标密切相关，又有与人直接接触的特点，体育器材设计基本方法又有其特殊之处，决定了体育器材设计基本方法和步骤离不开人的生理特征和心理特征，也就是说体育器材设计基本方法和步骤从始至终都要围绕人的生理特征和心理特征进行。一部新体育器材的诞生需要选题、方案设计、技术设计和施工制造等四个阶段，每个阶段，都需要创造性的劳动，都要用创造性的方法，方法得当，事半功倍，方法不当，事倍功半。

1.3.1 选题阶段

选题阶段也是明确任务和产品规划的阶段，该阶段的内容是选择和确定体育器材功能项目，选择一个好的项目是完成新产品成功的基础，选题中要拓展选题的思路，运用创造性思维，采用创造性的方法。课题来源于科学技术领域、经济发展领域和生活需要领域等三个方面。主要从挖掘技术价值、填补产品空白、提高工作效率、创造生活方便、留心意外发现等几个方面着手。选题方法的详细内容参阅本专业课程教材《创造工程学》的相关内容。

1.3.2 方案设计阶段

方案设计也是概念设计、功能设计。人们所述的方案主要是为实现选定项目的功能而提出的机构方案。该阶段的内容是广泛收集相关信息和资料，特别是选定项目的现有技术信息和资料。采用发散性思维的方法，提出多种机构方案，最终利用收敛性的方法优选和确定方案。该阶段应做到：广泛收集已选项目的相关信息和资料、满足选定项目功能、提出多种机构方案，本着实用性、创新性，经济性的原则在诸多的方案中进行比较、优选和最终确定方案。最主要是以人为本，兼顾操作方便，使用可靠，结构简单，成本低廉。

1.3.3 技术设计阶段

技术设计也是定量设计、详细设计和改进设计阶段。该阶段是在项目方案确定的基础上进行细致的设计阶段，如果说项目方案是整体框架，那么技术设计是填充实体。本阶段设计中要进行人体生物力学分析、人机关系分析、方案局部完善、材料选择、机构的结构设计、模拟仿真等过程。技术设计是本书介绍的主要内容。

技术设计的最终目的是画出选定项目的装配图和零件图以及三维立体图。也就是在上述机构方案确定的基础上，进行结构的详细设计。本阶段设计中需要相应知识做基础，如工程制图、人体生物力学、人体生理学、工程力学、人机工程学、机械原理、机械设计、材料学、控制理论等相关学科的理论知识，涉及机构综合与分析（包括有限元分析）、机械运动方案设计、机械计算机辅助设计、计算机模拟技术和产品创新设计等。还需要制图的表达方法，如用 AutoCAD 进行平面设计，绘制机械零件图和装配图，用 UG、Pro/E、SoidWorks、SoidEdge 等绘制三维立体图、模拟机械的运动、进行运动分析、力分析和对简单构件进行有限元分析，必要时还要进行实验。

1.3.4　施工制造阶段

施工制造阶段是项目实物化阶段，包括样机制作、调试、检测、验收等。最后组织生产。为保证项目实物化的顺利进行，在上述的设计阶段就要充分考虑产品的制造工艺性、可行性和经济性。

上述的体育器材设计基本方法和步骤是常规的设计方法和步骤，但各阶段的衔接顺序并不是固定不变的，各阶段也没有严格的区分界限，在实际设计中，也经常要几个阶段交叉进行，也可交替循环进行，应根据具体情况和设计者的习惯灵活运用。

1.4　常见体育器材简介

目前健身器材的种类达近百种之多，且同一种健身器又有不同的款式和功能的多寡。这里只介绍几种人们常用的健身器材。

1.4.1　健身车

健身车全称为固定健身自行车，是一种广为流行的健身器材，如图 1-1 所示。人们都知道，骑车是一种融娱乐和健身为一体的健身方法。但是人们不可能都有机会去从事这项运动，例如步履艰难者、年迈体衰者，以及抽不出时间骑车锻炼的人。所以健身车的问世，无疑为人们提供了更多、更随意的锻炼机会。有了它，即使身居高楼，同样能锻炼身体。

图 1-1 健身车

健身车可以使腿部和臀部的主要肌肉群的力量和耐久力得到充分锻炼。蹬车时，由于臀大肌和大腿后部股二头肌的牵拉，使髋关节、膝关节和踝关节得到充分活动。健身车还能提高呼吸系统和心血管系统的功能，增强髋关节、膝关节与踝关节的灵活性和柔韧性。因此，健身车非常适合中老年人及行走不便者。此外，骑健身车属有氧代谢运动，所以对于减肥者来说大有益处，只要坚持锻炼，就能有效地去除身上多余的脂肪。

健身车大多采用的是压轴式手动加载装置，锻炼者可根据自己的身高、腿长、体能和训练负荷，来调节座位的高低和运动负荷。有的健身车还可调节车把的高低。

1.4.2 跑步机

如果从机械原理上划分，跑步机大体可分为平板式、电动式和磁控式。从功能上划分为单功能跑步机和多功能跑步机。平板式是靠锻炼者自身的动力来带动跑步带运转；电动式主要靠电机驱动；而磁控式则是通过锻炼者克服磁控阻力来完成练习。

跑步机无疑是那些因时间、条件、气候等原因无法外出跑步或走步锻炼者的最佳“伴侣”。任凭窗外风吹雨打，烟迷雾幛，人们一样可以享受跑步的益处和乐趣。因此，无论对于青年人、中老年人，或体质强的人、体质弱的人，跑步机都是理想的选择。

1.4.2.1　单功能跑步机

图 1-2 所示为单功能跑步机。

单功能跑步机主要由跑步带、扶手和电子显示器三部分组成。其扶手有固定扶手和推拉扶手两种。推拉扶手的下端安有阻力旋钮，可以自行调整运动强度。另外机身的角度也可以通过底架前端的调节轮进行调节，例如：调成前高后低，可以增大运动阻力。这样不同年龄和体质的人就可以自行选择适宜的运动强度。跑步机还设有显示心率、时间、速度及耗能的电子装置。它不仅能使锻炼者一目了然每次训练所消耗的能量，还利于掌握运动时的脉搏次数，便于随时控制运动量，确保锻炼安全有效。

图 1-2　单功能跑步机

单功能跑步机主要具备跑和走功能，锻炼者完全靠两腿交替前移进行跑步或走步练习。所以，不仅能有效地提高腿部力量和人体的平衡协调能力，促进血液循环和新陈代谢，而且可以极大地增强心肺功能。众所周知，跑步是一项有氧运动，也是减肥的最佳运动方式之一。而在跑步机上进行锻炼，足不出户同样可以起到减肥效果。经过对使用者测试统计表明，装有推拉扶手的跑步机，因上下肢同时进行协调锻炼，可使更多的肌群受益。其锻炼强度和效果优于有固定扶手的跑步机。锻炼时，还可一边行走，一边听音乐或看电视，从而使锻炼者获得更多的乐趣。

1.4.2.2　多功能跑步机

图 1-3 所示为多功能跑步机。

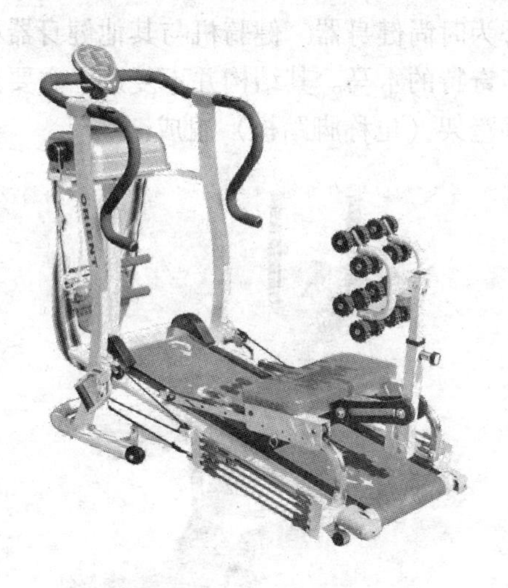

图 1-3 多功能跑步机

多功能跑步机的主要特点是一机多用，占地不大，上下兼顾，既能满足身体全面锻炼的需求，又避免了单一运动方式的枯燥。

多功能跑步机主要由跑步带、脚踏器、旋转盘、活动座椅、按摩器，以及电子显示器等部件组成。跑步带两侧装有以液压缸为阻尼的摇把。活动座椅能在滑轴上移动，其椅背的角度或直放或斜放或平放均可调整。1988 年全国体育用品博览会上，已见到 2 功能跑步机、7 功能跑步机、12 功能跑步机、15 功能平板跑步机、16 功能平板跑步机和 38、39 功能折叠式跑步机。

以 15 功能跑步机为例，可以进行跑步运动、点跳、引体向上、转腰运动、局部按摩、挺腰运动、斜卧推举、蹬车运动、仰卧起坐、划船运动、推拉运动、划桨运动、手臂运动、腰腹运动、俯卧撑。

1.4.3 健骑机

图 1-4 所示为健骑机。健骑机是近年来颇为走俏的一种家庭

健身器，被誉为时尚健身器。健骑机与其他健身器相比，造型别致，仿佛一匹奇特的木马。其结构并不复杂，主要是由支架、骑座、扶手和脚蹬架（也称脚踏板）组成。

图 1-4 健骑机

健骑机不仅可以作为专业运动员训练的器材，也可作为大众锻炼的家庭健身器，更是健身、娱乐、康复、保健的理想选择。在运动时，随着身体的弯曲伸展和上下起伏，既可锻炼上下肢肌肉，又有助于增强心肺功能和消耗体内多余的脂肪，而且对于颈椎骨质增生、腰椎间盘突出、背部和膝关节疼痛都有很好的治疗作用。运动时的阻力同时来自锻炼者的体重及可调油缸所产生的运动阻力。二者均可进行调节，从而具有较为合理的载荷，适应不同年龄、不同体质的锻炼者进行不同强度的运动，可以高效发挥该机所独有的有氧运动和力量训练功能。

1.4.4 漫步机

漫步机又称椭圆运动漫步机，也称椭圆机，如图 1-5 所示。在健身器大家族中，它以后来居上的气势占据了一席之地，并赢得了健身爱好者的青睐。漫步机由扶手、扶手架、手柄、脚踏板、电子显示器及移动滚轮等部件组成。其结构并不复杂，却集散步、跑步、滑雪等运动功能于一身。

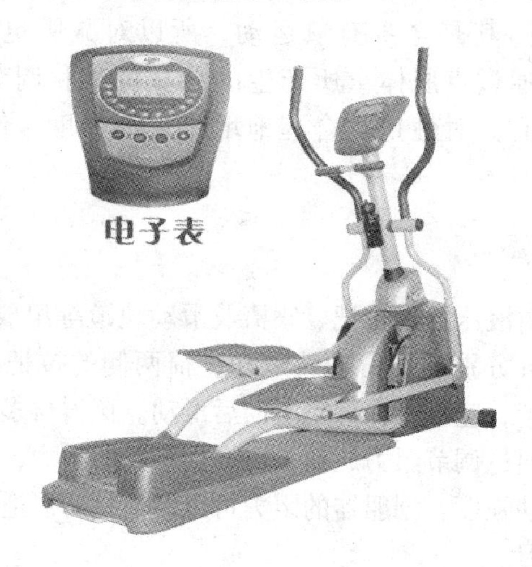

图 1-5 漫步机

漫步机最突出的特点是使锻炼者的各种动作形成了一种舒缓的椭圆运动轨迹，据说设计者的灵感正是源于椭圆运动。随着脚在踏板上前后位置的不同，可以得到不同椭圆度的运动轨迹。而练习者的运动强度和动作幅度，随着椭圆轨迹的不同而不断发生变化。椭圆运动还表现在每一个运动周期中，锻炼者的双腿都要经历上抬、前踏、后摆、折叠等一系列接近人体自然跑步的过程。

更有意义的是，它还能有效地规避跑步过程中给踝关节和膝关节带来的冲击。在漫步机上锻炼，通过双脚前后移动和手臂位置的变换，使人仿佛置身于滑雪场中正进行滑雪运动。这种感觉主要来自上肢运动和下肢运动的协调配合，以及其独特的运动方式和所达到的锻炼效果。椭圆轨迹的运动克服了普通滑雪器处在前后两个极点时对身体可能造成的冲击伤害。

漫步机的功能主要是通过锻炼者两脚的前后运动和手臂

推拉的协调配合，使腿部、臀部、臂部、髋部以及胸、背部得到充分而全面的锻炼，同时还有助于提高锻炼者的心血管系统能力。因其是全身有氧运动，所以对减肥也大有帮助。在运动时，通过克服体重所产生的自身负载和调节油缸或磁控阻力，能有针对性地、合理地增减运动强度，使锻炼更有成效。

1.4.5 划船器

划船器由液压缸、拉把、座椅及滑动轨道等组成，如图 1-6 所示。液压缸分别连接滑动轨道和座椅两侧的拉把。椅下有插销，拔去插销，座椅可在滑轨上前后滑动。该器材多采用以液压缸为阻尼。通过调节阻力旋钮，可产生不同的阻力，以适应锻炼者不同的运动强度。划船器的阻力可以调节，所以适合各年龄段的人进行练习。

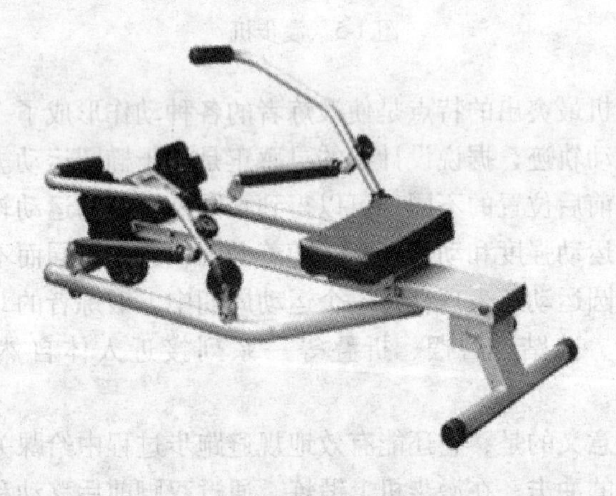

图 1-6 划船器

1.4.6 夹胸机

夹胸器又称蝴蝶机，如图 1-7 所示。因该器材模仿蝴蝶翅膀的张合动作，故而得名。夹胸器是用来发达胸部肌群的专用训练器材。

夹胸器不仅造型美观，占地不大，而且锻炼效果甚佳，所以不少家庭健身房中都有它的身影。几乎每部功能不等的综合训练器都少不了它。夹胸器是由活动臂（也称阻力臂或挡臂柱）、钢丝绳、滑轮、座椅及配重片组成的。活动臂通过钢丝绳来带动叠放的配重片上下滑动。配重片可自由增减，以适应不同强度的训练。

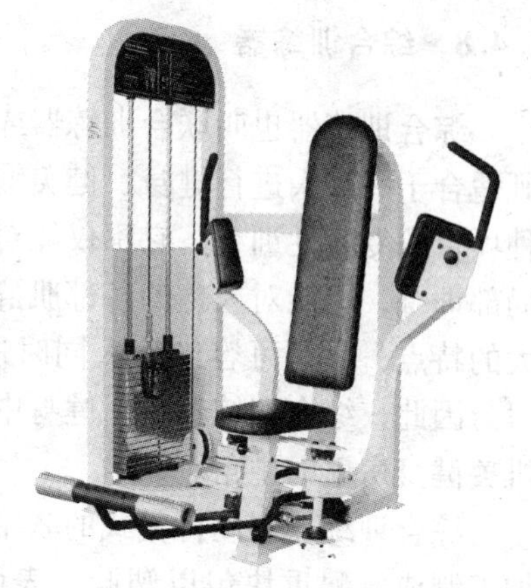

图 1-7 夹胸器

1.4.7 蹬腿机

蹬腿机又称大腿屈伸练习器，如图 1-8 所示。该机除锻炼股四头肌和股二头肌以外对于腿部疾患，如大腿肌肉萎缩、小儿麻痹等，也有一定的辅助治疗作用。蹬腿机虽结构并不复杂，但用于发达大腿肌群却十分有效。

图 1-8 蹬腿机

1.4.8 综合训练器

综合训练器也叫联合训练器或多功能训练器。顾名思义，它既适合于一般人进行健身、健美锻炼，也可以用于运动员进行各种项目的专业性训练。它不仅能对人体的某个部位进行专项性的局部训练，也能对人体的各部肌群进行循环性的全面锻炼。其最大的特点，就是可容纳多人同时进行不同体姿和不同体位的练习。因此，综合训练器成了健身中心及康乐城、俱乐部、学校及机关健身房里的主角。

综合训练器多属拆变式的联结组合。其主体结构为优质钢材加工制成，配重块包以塑胶，表面喷塑。例如三位七功能训练器、五位八功能训练器、十位十三功能训练器（如图 1-9 所示）、六位多功能训练器等（如图 1-10 所示）。所谓十位十三功能训练器，是指该机具有可供 10 个人同时训练的 10 个运动位和 13 种训练功能，余者依此类推。综合训练器有使用范围广、训练内容全的优点，享有“一机一个健身房”之美誉，但占地面积较大，不适合家庭配置。

图 1-9 十位十三功能训练器

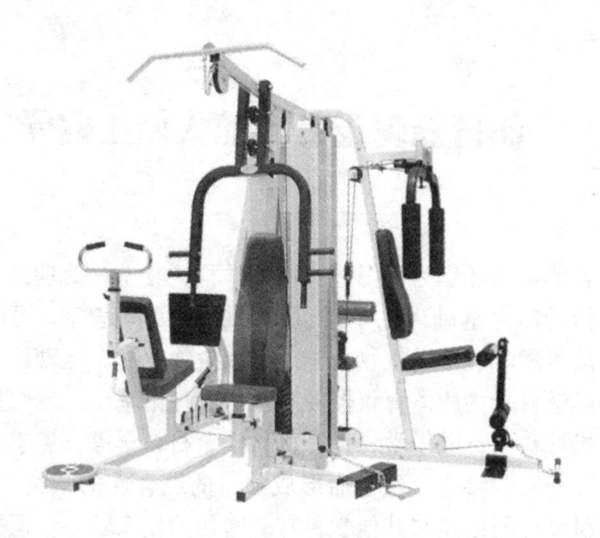

图 1-10 六位多功能训练器

体育器材设计中的人体工程学应用

体育器材设计作为一门边缘性的学科，其学科的理论和研究方法需借助体育基础理论学科进行不断充实和完善。运动解剖学、运动生理学、运动生物力学、运动生物化学、运动训练学等体育基础学科是构成体育仪器器材学科的理论基础。同时，该学科在与机械科学、电子学、计算机科学、材料学等自然学科理论知识相互交叉、渗透、融合而形成独特的综合性的学科。所以，体育器材设计的创建与其他学科有着密切的相互联系。但是，如何建立体育器材设计学科自己的理论体系和研究方法，是学科今后重点研究的问题。

现在越来越多的体育器材设计者把注意力集中到器材适合特定运动所需的体育器材的开发上，因为这样的体育器材更符合运动生理学、运动解剖学及生物力学的要求，从而更有效的预防运动损伤的发生。人体工程学基础知识主要从运动解剖学和运动生理学两方面介绍。

从事体育器材的研究人员，应积极深入训练场馆，围绕运动员、教练员训练中的难题和困难，研究出各种科学训练的仪器，例如：乒乓球发球机、网球发球机等；帮助运动员进行专项力量训练的仪器有：乒乓球专项力量训练器、摔跤专项力量训练器、综合力量练习器、下肢蹬伸力量测试系统等；为教练员、科研人员进行技术动作分析的仪器有：影片解析系统、三维测力平台系统、八道肌电仪等；为解决运动员训练后消除疲劳的仪器有：按摩椅、按摩床、水力自动按摩装置、“力王”训练治疗仪等。由于该学科科研的重点紧密围绕体育科学化训练、比赛以及大众健身，对提高运动员的训练效果和技术成绩，指导运动员进行科学化训练，及促进全民健身，提高全民身体素质起到一定的促进作用。

2.1 运动解剖学基础理论及应用

2.1.1 解剖学定位术语及应用

人体运动动作都是运动环节在某平面内围绕关节轴运动的结果，体育器械的运动要符合人体的运动规律。而人体的运动都是运动环节在某平面内围绕某一运动轴转动的结果。

2.1.1.1 人体解剖姿势

人体标准的解剖姿势为身体直立、双眼平视、手臂下垂、掌心向前、两足并立，脚尖向前。

2.1.1.2 常用的方位术语

以人体解剖学姿势为基准，规定下列一些术语：

（1）上：靠近头部称为上。

（2）下：靠近足部称为下。

（3）前：靠近腹面称为前。

（4）后：靠近背面称为后。

（5）浅：靠近体表或器官表面称为浅。

（6）深：远离体表或器官表面称为深。

（7）内侧：靠近身体正中面为内侧。

（8）外侧：远离身体正中面为外侧。

以上术语适用于全身各个部位。

（1）近端：指四肢的近躯干端。（四肢靠近与躯干相连接的部分为近端）

（2）远端：指四肢的远躯干端。（四肢远离与躯干相连接的部分为远端）

（3）桡侧：指前臂的内侧。

(4) 尺侧：指前臂的外侧。

(5) 腓侧：指小腿的外侧。

(6) 胫侧：指小腿的内侧。

以上术语适用于四肢。

2.1.1.3 人体基本轴与基本面

轴和面是描述人体器官形态，尤其是叙述关节运动时的常用术语。人体可分为三种相互垂直的轴，即：垂直轴、矢状轴和额状轴。依据上述三种轴，人体还可设立相互垂直的三种面，即矢状面、额状面和水平面。

(1) 人体基本面：

1) 矢状面：沿身体前后径所作的与地面垂直的切面称为矢状面。其中，通过正中线的矢状面称为正中面。

(正中线为沿身体前、后面所作的垂线，其将人体分为左、右相等的两部分，称为人体的前、后正中线。)

可使人体运动环节在矢状面内运动的器械有椭圆机、漫步机、健骑机、划船器、低拉机，腹背训练器等。

2) 额状面：沿身体左右径所作的与地面垂直的切面，又称为冠状面。飞鸟展翅动作就是在额状面内的运动。这样的器械有大飞鸟机等。

3) 水平面：横断身体，与地面平行的切面，又称为横切面。像扭腰器、偏心扭腰盘等。

(2) 人体基本轴：

1) 额状轴：横贯身体、垂直通过矢状面的轴，又称为冠状轴。

2) 矢状轴：前、后贯穿身体、垂直通过额状面的轴。

3) 垂直轴：纵贯身体，垂直通过水平面的轴。

2.1.1.4 在体育器材中的应用

体育器材的设计，离不开人体的运动，而人体的运动是围绕运动轴在某个平面的运动。

如图 2-1 所示，在蹬腿训练机的蹬腿过程中，髋、膝、踝各关节围绕额状轴在矢状面内运动。

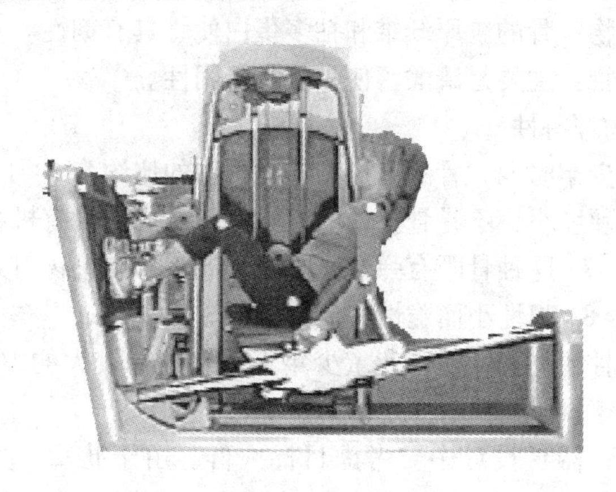

图 2-1 蹬腿训练机的蹬腿动作

2.1.2 运动系统的机能及其特征

运动系统由骨、关节、肌肉组成。在人体的运动中，骨起杠杆作用；关节起枢纽作用；而肌肉的收缩则是人体运动的动力。由于肌肉的收缩与舒张牵动骨，通过关节的活动而产生各种运动。

2.1.2.1 人体骨骼

A 骨的分类及构造

按骨的形态可分为：长骨、短骨、扁骨和不规则骨。长骨多呈管状，位于四肢。如：肱骨、股骨等。长期的有规律的体育锻炼可以使骨变的坚硬而不易发生骨折。

按部位可分为：中轴骨和四肢骨。其中四肢骨：包括上肢骨和下肢骨。由于四肢骨分布有较多的长骨，运动过程中容易发生骨折。

作为器官，骨由骨膜、骨质、骨髓及血管、神经等构成。

B　骨的化学成分和物理特性

a　化学成分

有机物：骨的胶原纤维和粘多蛋白使骨具有韧性。

无机物：主要是磷酸钙使骨具有坚固性。

b　物理特性

儿童少年时期，骨的有机物与无机物的比约为1∶1，此种骨弹性大、硬度小，不易骨折，但容易变形。成人骨有机物与无机物约为3∶7，这种骨既有弹性又坚固。老年骨有机物与无机物的比约为2∶8，弹性小而脆性大，易骨折。

根据骨的物理特性，儿童少年不适宜进行较大的力量练习，而到了老年阶段需要有一定的力量练习。

在体育器材设计中要考虑目标人群。由于儿童、少年、成年、老年骨的物理特性不同，锻炼的内容不同。儿童骨的弹性大、硬度小，不适合进行力量训练，但是可以进行柔韧和协调性的练习。成年人骨的特性既有弹性又坚固适合进行力量、速度等各种身体素质训练。而老年人骨的弹性小、脆性大，骨质较疏松，易骨折。针对老年人的骨质较疏松这种状况，应进行适当的力量训练来促进骨的生成，维持一定量的骨密质。而这种力量训练又不能太大。

C　骨的功能

骨具有支持、保护、杠杆、造血和储备等作用。

D　在体育器材设计中应注意的问题

在人体运动过程中脚底受到的压力最大，所以足骨最容易受到损伤。例如使用跑步机跑步，在跑步过程中会发生损伤或骨折。跑步机平面日积月累的累积应力可导致疲劳型骨折。足骨、胫骨是较容易发生骨折的部位。因此尽可能减小应力对人体造成的损伤就成了跑步机设计的一项重要内容。所以应考虑设计减震装置，用以吸收跑步机对人体的震荡，从而避免损伤。

有规律的体育运动可以改变骨的结构，使骨小梁的排列更加有规律。可以增加骨密质的厚度，使骨更加坚固。

2.1.2.2 主要关节及运动

关节是骨连接的又一称呼。

A 关节的分类及结构

a 关节的分类

骨连接的概念：全身各骨之间借结缔组织、软骨组织或骨组织相连，又称为关节。

根据骨与骨之间连接的组织、方式及其活动的方式分为不动关节、动关节和半关节三类。

按关节的骨数分有单关节和复关节。复关节被包在一关节囊内，其中每一块骨都能独立活动，这样的关节称为复关节。有的复关节可以做多种运动，如肘关节就属于复关节，能做屈伸运动，也能做回旋运动，所以在设计体育器材时可以考虑有两种锻炼方式，一种使肘关节做屈伸运动，一种使关节做回旋运动。

按关节的运动轴数目分单轴关节、双轴关节和多轴关节。单轴关节为只能绕一个轴在一个平面上运动的关节。单轴关节又分为滑车关节和圆柱关节。滑车关节是运动环节绕额状轴在矢状面上运动，只能做屈伸运动。圆柱关节是运动环节绕本身的垂直轴在水平面上进行的回旋运动。只能做回旋运动。

双轴关节包括椭圆关节和鞍状关节。运动环节能进行屈、伸、内收、外展和环转。

多轴关节：包括球窝关节和平面关节，能绕三个轴在三个平面上运动的关节。可进行屈、伸运动；内收、外展运动；回旋和环转运动。

b 关节的结构

关节的结构有主要结构和辅助结构，其中主要结构有关节面、关节囊和关节腔。关节面附有一层关节面软骨（透明软骨），软骨内无血管、神经，所以损伤后，较难修复。其营养供给是靠滑液的挤进挤出。关节囊可分泌滑液起润滑作用。关节腔内的压强为负压。关节的辅助结构有韧带、滑膜囊、滑膜皱襞、关节唇和关节内软骨。

（1）韧带：由致密结缔组织构成，联结相邻骨，对关节起加固作用。关节运动幅度过大可引起韧带拉伤。

（2）滑膜囊：滑膜层向外突出形成滑膜囊。

（3）滑膜皱襞：滑膜层向关节腔内突出形成滑膜皱襞。

（4）关节唇：是附着于关节窝周缘的环状纤维软骨板，可加深关节窝的深度。

（5）关节内软骨：由纤维软骨构成，分为半月板、关节盘两种。在运动过程中常引起半月板损伤。

B　关节的运动

关于关节运动的一些术语：

（1）环节：相邻两关节之间的部分。

（2）运动环节：将若干个环节看成一个整体时，就称为运动环节。

（3）屈、伸：运动环节绕额状轴在矢状面内进行的运动，向前为屈，向后为伸（膝关节、踝关节相反）。在训练器械的命名上能用到此屈、伸，如：腹背屈伸训练器。

（4）水平屈伸：上臂在肩关节或大腿在髋关节处向外展90°，绕垂直轴在水平面内运动，向前为水平屈，向后为水平伸。坐姿推胸训练器的横杆握法。

（5）外展、内收：运动环节绕矢状轴在额状面内进行运动，靠近正中面为内收，远离正中面为外展。在体育器材中有内收机和外展机两种。如图 2-2 和图 2-3 所示。

（6）回旋：运动环节绕其本身的垂直轴在水平面内进行的运动，由前向内的旋转为内旋，由前向外的旋转为外旋。在回旋器上围绕垂直轴做回旋动作。

（7）环转：肢体的近端在原位运动，其远端做圆周运动，具有这样特点的运动称为环转。在健身路径中常见的有大转轮、太极揉推器。

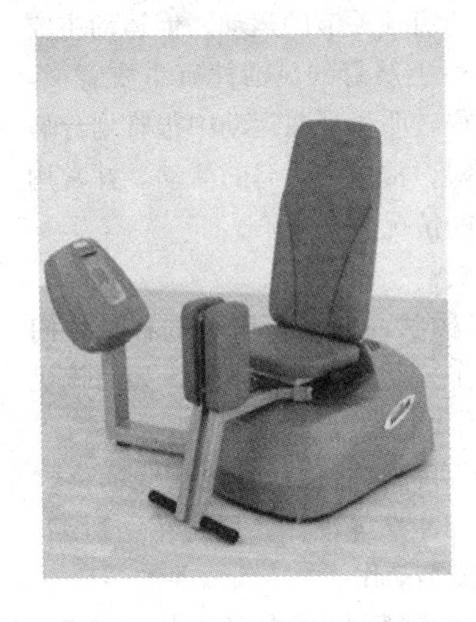

图 2-2 电动大腿内收练习器

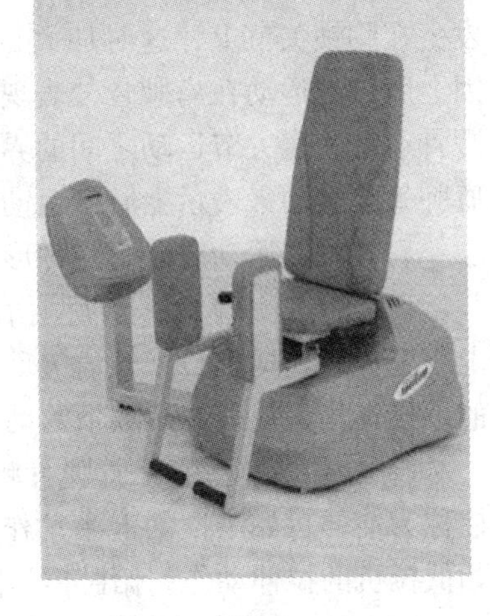

图 2-3 电动大腿外展练习器

在运动器材设计中，只要涉及肌肉的动力性工作，就离不开关节的运动。通过关节的运动进行力量训练才能较好的锻炼肌肉。在体育器材中就有以关节或环节的运动来命名的，像腹背训练器、内收、外展训练器等。

C 上肢带骨的联结及自由上肢关节

a 上肢带骨联结的构成及特点

上肢带骨联结主要包括两胸锁关节和肩锁关节。

胸锁关节是上肢与躯干之间唯一的骨性联结、是由锁骨的胸骨端关节面与胸骨柄的锁切迹组成。关节面形似鞍状，因关节腔内有关节盘的存在，故成为球窝关节，有三个运动轴，绕其矢状轴，外端可作上、下运动，如：提杠铃、耸肩等、两臂前交叉等动作；绕其垂直轴，可作前后运动，如冲拳等动作；绕其额状轴，可作回旋运动，如吊环十字支撑等动作。

肩锁关节是由锁骨的肩峰端关节面与肩胛骨的肩峰关节面构成，属于平面关节或称微动关节，但其运动相当微弱。

b 上肢带的运动

上肢带的运动包括胸锁关节与肩锁关节的运动，但运动主要发生在胸锁关节上，这对加大自由上肢骨的灵活性有重要意义。因上肢带的运动在肩胛骨处表现得较明显，在运动中很难划分肩胛骨运动和肩关节运动之间的界限，常总称为肩的活动。并常用肩胛骨的运动来表示上肢带运动的情况。

肩胛骨的运动有以下几种形式：

（1）上提、下降：肩胛骨在额状面向上与向下的移动，向上为上提，如提杠铃、耸肩等动作。反之向下为下降，如高拉机的下拉动作，提杠铃后放下等动作。

（2）前伸、后缩：肩胛骨顺肋骨向前移动，内侧缘远离脊柱称为前伸，如卧推的上举动作，冲拳等动作。反之称为后缩，如低拉机的拉伸动作，俯卧撑下降等动作。

（3）上回旋、下回旋：肩胛骨在额状面内绕矢状轴旋转。肩胛骨关节盂向上，下角转向外上方称为上回旋，如举杠铃等动作。反之称为下回旋，如高拉机的下拉动作，置铁饼的预摆等动作。

c 肩关节

肩关节是典型的球窝关节，能绕三种基本轴运动，绕额状轴做屈、伸运动；绕矢状轴做收、展运动；绕垂直轴做回旋运动。

屈伸运动包括：

（1）屈：卧推的上举动作、坐姿推胸训练器的推举动作（手握竖杆）。

（2）水平屈：坐姿推胸训练器的推举动作（手握横杆）。

（3）伸：高拉机的下拉动作。

（4）水平伸：卧推的下降动作、蝴蝶机的还原动作。

收、展运动包括：

（1）内收：双杠的上杠动作。

（2）外展：（弓步持棍）。

回旋运动：冰上旋转动作。

环转运动：艺术体操中的大绕环。还有健身路径中的大转轮。

d 肘关节

肘关节为典型的复关节，能绕额状轴做屈、伸运动和绕垂直轴做回旋运动。

(1) 屈伸：是由肱尺关节和肱桡关节共同作用完成屈伸动作。如：二头肌训练器的上举动作、单杠引体向上，双杠臂屈伸、弯举哑铃等动作，如图 2-4 所示。

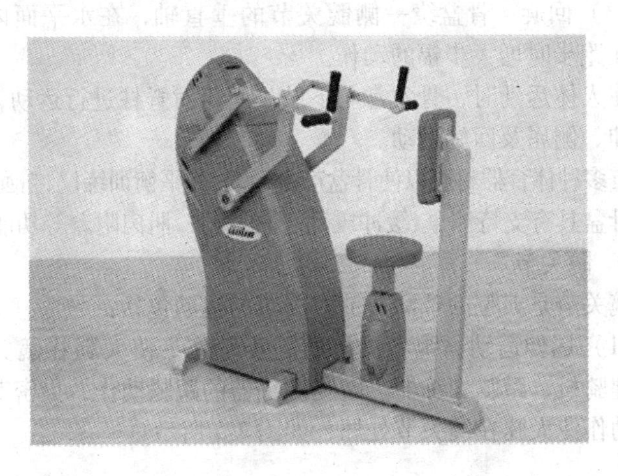

图 2-4 电动坐式前推胸练习器

(2) 回旋：肱桡关节和桡尺近侧关节共同作用完成回旋动作。如：回旋训练器、乒乓球发球机中的正、反手提拉弧圈球、掰手腕和引枪等动作。

e 腕关节

腕关节是典型的椭圆关节。

关节的运动有：

(1) 屈、伸运动：推掌、勾手等动作。

(2) 收、展运动：乒乓球正、反手削球等动作。

(3) 环转运动：艺术体操中的绕环等动作。

D 下肢带骨的联结及自由下肢关节

a 骨盆的运动

骨盆的运动包括：

(1) 前倾、后倾：绕两侧髋关节的额状轴在矢状面内，可做向前、向后的转动，如体前屈和体后伸。有一种平衡训练器，训练人体的平衡能力，这种训练器就能使骨盆做前、后倾动作。

(2) 侧倾：骨盆绕一侧髋关节的矢状轴，在额状面内的转动，如跨栏时，一足落地而另一足跨栏时的动作和上、下台阶的动作。

(3) 回旋：骨盆绕一侧髋关节的垂直轴，在水平面内的转动，如跑步时增大步幅的动作。

在人体运动时，骨盆常与下肢一起相对脊柱进行运动，可做屈、伸、侧屈及回旋运动。

有多种体育器材可以使骨盆产生运动,如平衡训练仪、椭圆机等。

骨盆具有支持体重、缓冲震动、保护内脏、肌肉附着等功能。

b 髋关节

髋关节是典型的球窝关节。关节的运动包括：

(1) 屈伸运动：跑步机上的跑步动作，使大腿在髋关节处屈；健骑机、蹬腿训练器。蹬腿训练器的蹬腿动作，史密斯机的上升动作使大腿在髋关节处屈，如图 2-5 所示。

图 2-5 电动多功能髋关节练习器

（2）水平屈伸：内收机夹腿动作、侧控腿转体 90°。

（3）外展内收：内收机夹腿动作。

（4）回旋：铲球、转身后旋腿。

（5）环转：外摆腿。

c 膝关节

膝关节是人体内最大、结构最复杂的一个关节，有关练习器如图 2-6 和图 2-7 所示。

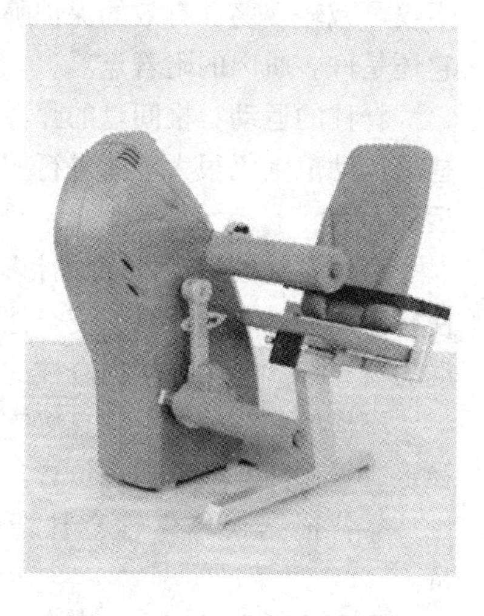

图 2-6 电动坐式伸膝练习器

图 2-7 电动坐式屈膝练习器

关节的运动有：

绕额状轴可作屈、伸运动。如蹬腿训练器。

绕垂直轴可作回旋运动，这一运动在屈膝位明显，在伸膝位则不能回旋。如足内侧颠球（小腿旋外）和足外侧颠球（小腿旋内）。

d 踝关节

踝关节的运动有：

屈（跖屈），如立定跳远起跳的动作。

足伸（背屈），如倒勾球。

E 脊柱

脊柱由24块椎骨、1块骶骨和1块尾骨及23块椎间盘、韧带和关节连接而成。成年男性脊柱长度约为70cm，女性约为65cm。前面观：椎体的髋度自上而下逐渐加大。后面观：可见纵嵴和脊柱沟。侧面观：可见4个弯曲称为生理弯曲，颈曲和腰曲凸向前、胸曲和骶曲凸向后。脊柱的作用：由于脊柱的生理弯曲及椎间盘与一系列的韧带装置，使脊柱具有弹性，这样的结构不仅可减轻震荡，有效的保护脏器，还能承受较大的负荷。同时它还是许多肌肉的附着点。

脊柱的运动：椎间盘的弹性和关节突关节的微动，但整个脊柱的运动范围仍很大。能进行屈伸、收展（侧屈）、回旋和环转运动。

根据脊柱的运动可以设计多种运动方式的体育器材。比如：使脊柱屈伸运动的器材，使脊柱收展运动的器材，使脊柱回旋运动的器材等。还可以根据脊柱的生理弯曲设计座椅。

座椅的曲线根据人体自然体型设计，为各种体型的用户提供稳定、舒适而有效的锻炼位置。

靠背根据人体生理脊柱弯曲角度设计，能对脊柱提供支持。

在产品开发过程中对姿态的研究，使我们创造出符合人体工程学的座椅，它可以提供较舒适的体验和确保正确的坐姿。可以考虑设计可调式座椅。根据人体的生理弯曲，又根据不同的坐高，设计出可调式的靠背。

座垫可采用密度不同的泡沫材料制成，在需要的部位提供柔软或是坚实的依靠。

2.1.2.3 肌肉

肌肉收缩是关节运动的动力。全身的骨骼肌共有600多块。

A 骨骼肌形状及结构

a 肌肉的轮廓和外形

（1）长肌：存在于四肢部位的肌肉。

长肌可根据肌头的多少分类：骨骼肌的起始端有两个头称为二头肌，以此类推称为三头肌、四头肌。

长肌根据肌复的多少分类：二复肌（枕额肌）、多复肌（腹直肌）。

长肌根据肌束与肌肉长轴的关系分类：梭形肌和羽状肌。

（2）短肌：躯干深部的肌肉。

（3）扁肌：胸、腹壁的肌肉。

（4）轮匝肌：存在于孔、裂周围的肌肉。

除以上各种类型外，习惯上还将一些肌肉直接称为：方肌、锯肌、梨状肌、蚓状肌和比目鱼肌等。另外，还可根据肌纤维排列方向分类：直肌、斜肌、横肌。

b　骨骼肌的大体结构

肌腹与肌腱：肌肉中部称为肌腹，两端称为肌腱（扁肌的肌腱称为腱膜）。肌肉中的血管：肌肉中含有丰富的血管。肌肉中的神经：肌腹内分布有运动神经末梢，由中枢神经系统传来的冲动经此传至肌肉，支配其活动。肌腹和肌腱内均有感觉神经末梢，它们能感受肌纤维张力变化的刺激，将冲动传到中枢神经系统，实现各肌肉之间的协调运动。

c　骨骼肌的物理特性

伸展性和弹性：肌肉在外力作用下，可被拉长的现象称为伸展性。当外力解除后，肌肉又可复原此现象称为弹性。

黏滞性：肌纤维之间、肌肉之间或肌群之间发生摩擦的外在表现，这是原生质的普遍特性，是胶体物质造成的。它使肌肉在收缩或拉长时会产生阻力。肌肉的这种黏滞性的大小与温度成反比。

B　肌肉工作术语

（1）起点和止点：靠近身体正中面或颅侧的一端为起点，另一端为止点（肌肉的起、止点是固定不变的）。

（2）定点和动点：肌肉工作时运动明显的一端称为动点，

另一端称为定点（肌肉的动点与定点可随肌肉的工作条件的变化而变化的）。

（3）近固定和远固定：肌肉收缩时，定点在近侧端叫近固定，定点若在远侧端叫远固定。针对四肢肌的锻炼有近固定和远固定练习。

在体育器材设计中应考虑采用不同的肌肉工作条件，有近固定训练器材和远固定训练器材，像蹬腿训练器，可以采用两种肌肉工作条件，既可以采用远固定工作条件又可采用近固定工作条件。

（4）上固定和下固定：肌肉收缩时，定点在上端的称为上固定，若定点在下端称为下固定。

（5）无固定：若肌肉收缩时，两端都不固定，则称为无固定。

（6）肌拉力线：肌肉合力作用线。

（7）肌拉力角：肌拉力线与骨环节轴的夹角。

（8）肌拉力线的确定方法：从肌肉的动点中心到定点中心作一直线来表示。

C 肌肉的配布规律及协作关系（肌肉工作的对立统一关系）

（1）肌肉的分布与骨、关节有关：肌肉附着在两块或两块以上不同的骨上，至少跨过一个关节，使环节运动。

（2）肌肉的分布与关节的运动轴有关：对于任何关节的一种运动轴来说，其两侧一般分布着作用相反的两群肌肉。

（3）肌肉的分布与人的直立行走及劳动有关：上肢的屈肌较伸肌发达，而躯干和下肢的伸肌较屈肌发达。

（4）原动肌：直接完成动作的肌群叫原动肌。

（5）对抗肌：与原动肌作用相反的肌群叫对抗肌。

（6）固定肌：固定原动肌定点所附着骨的肌肉叫固定肌。臀大肌在低拉机中起固定作用。

（7）中和肌：限制或抵消原动肌发挥其他功能的肌肉叫中和肌。

D 多关节肌的工作特点及工作性质

多关节肌：跨过一个关节的肌肉叫单关节肌，跨过两个或两个以上关节的肌肉叫多关节肌。

(1) 多关节肌的“主动不足”。多关节肌作为原动肌工作时，其肌力充分作用于一个关节后，就不能再充分作用于其他关节，这种现象叫多关节肌的“主动不足”。如：充分屈腕后，再屈指则会感到困难，前臂的屈肌群作为原动肌发生了“主动不足”的现象。

(2) 多关节肌的“被动不足”。多关节肌作为对抗肌工作时，在一个关节处被拉长后，在其他的关节处就再不能被充分拉长的现象，叫多关节肌的“被动不足”。如：充分屈腕后，再屈指则会感到困难。前臂的伸肌群作为对抗肌发生了“被动不足”的现象。

(3) 动力性工作。肌肉工作时所产生的力，能够引起环节的位置、环节的运动发生变化，肌肉的长度也发生明显的改变，这种工作称为动力性工作。在体育器材中，大多都是做动力性工作的器材。

动力性工作分为两种情况：

1) 克制性工作：肌肉的收缩力大于阻力，环节朝肌肉的拉力方向运动，肌纤维的长度缩短，肌肉的这种工作称为克制性工作或向心性工作。

2) 退让性工作：肌肉的收缩力小于阻力，环节的运动方向与肌肉的拉力方向相反，肌肉被拉长，肌肉的这种工作称为退让性工作或离心性工作。

(4) 静力性工作。肌肉收缩时所产生的力，足以平衡阻力，使环节保持一定的姿势，肌肉呈持续性紧张状态，肌肉的长度和作用都比较恒定，肌肉的这种工作称为静力性工作。

静力性工作可有以下三种情况：

1) 支持工作：位于关节运动轴一侧的肌肉呈持续性收缩，平衡阻力，使环节保持一定的姿势不动，如：马步站桩等动作。

2）加固工作：关节周围的肌肉持续收缩，防止相邻环节由于外力作用而在关节处相互脱离。如：三头肌训练器的拉伸动作中的手肌的持续收缩。

3）固定工作：作用相反的两群肌肉共同收缩，使受力作用的环节固定不动。如：平卧推架的推举动作并保持一段时间时，肘关节处的屈、伸两群肌肉共同收缩使整个上肢的环节保持不动。

E 上肢肌

上肢肌包括肩带肌、上臂肌、前臂肌和手肌。

a 肩带肌

肩带肌起自锁骨和肩胛骨，止于肱骨。包括三角肌、冈上肌、冈下肌、小圆肌、肩胛下肌和大圆肌。

三角肌：位于肩关节前、外、后方，为一块倒三角形的肌肉，中部为多羽肌，前后部为单羽肌。

近固定时，前部肌纤维收缩使上臂屈、水平屈和内旋；后部纤维收缩使上臂伸、水平伸和外旋；中部或整块肌肉收缩使上臂外展。使三角肌运动的器材较多，因为肩关节的屈伸、外展，都需要三角肌的收缩，所以能使三角肌得到锻炼。锻炼三角肌器材有高拉机、低拉机、坐姿推胸训练器、蝴蝶机等。

对肩关节产生作用的肌肉，总结如下：

(1) 屈肩关节的肌肉：胸大肌、三角肌前部肌纤维、肱二头肌和喙肱肌。

(2) 伸肩关节的肌肉：三角肌后部肌纤维、肱三头肌长头、背阔肌、冈下肌、小圆肌和大圆肌。

(3) 外展肩关节的肌肉：三角肌和冈上肌。

(4) 内收肩关节的肌肉：肩胛下肌、胸大肌、背阔肌、肩胛下肌和大圆肌、冈下肌、小圆肌和喙肱肌。

(5) 外旋肩关节的肌肉：三角肌后部肌纤维、冈下肌和小圆肌。

（6）内旋肩关节的肌肉：三角肌前部、胸大肌、背阔肌、肩胛下肌和大圆肌。

b 上臂肌

上臂肌包覆在肱骨周围，分前、后两群。

（1）前群：

前群主要有肱二头肌，相关练习器如图 2-8 和图 2-9 所示。

肱二头肌近固定时，使上臂在肩关节处屈，使前臂在肘关节处屈，并使前臂在内旋的情况下，在桡尺关节处外旋。远固定时，使肘关节屈。二头肌训练器就是以肱二头肌命名的。另外还有高拉机、平卧推架等也可以锻炼肱二头肌。

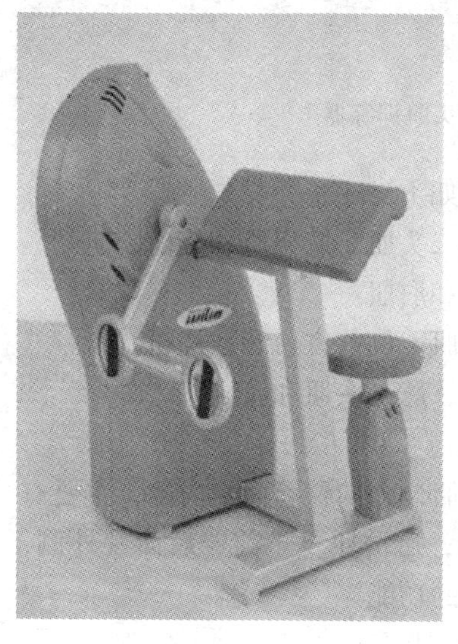

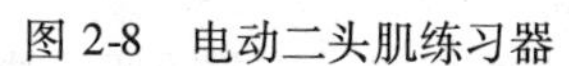

图 2-8 电动二头肌练习器

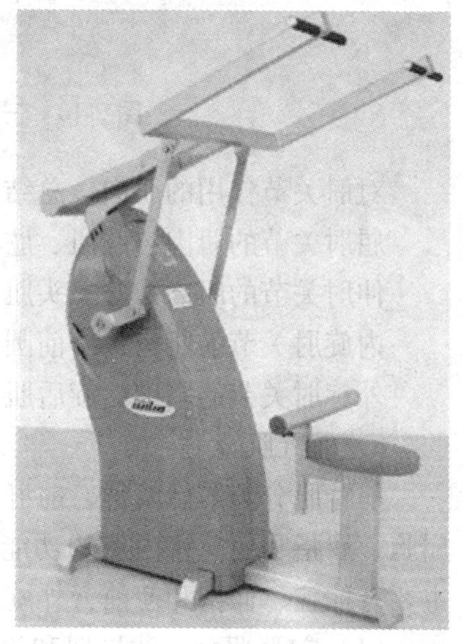

图 2-9 电动高拉力练习器

（2）后群：

后群主要有肱三头肌。近固定时，使上臂和前臂伸。远固定时，使肘关节伸。锻炼器材有三头训练器、下拉机等，如图 2-10 所示。

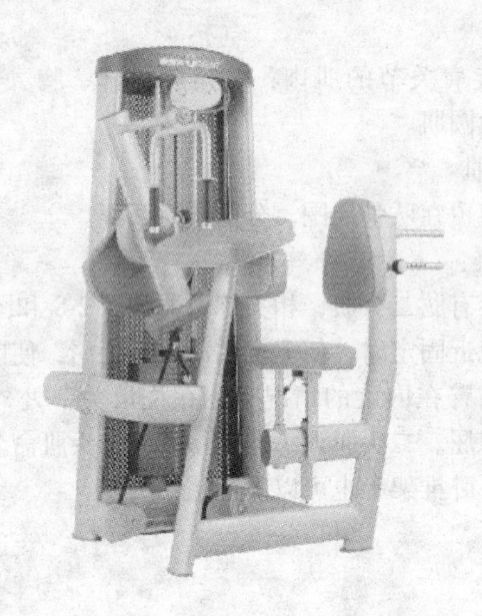

图 2-10　三头肌训练器

对肘关节作用的肌肉，总结如下：

屈肘关节的肌肉：肱肌、肱二头肌、肱桡肌和旋前圆肌。

伸肘关节的肌肉：肱三头肌和肘肌。

内旋肘关节的肌肉：旋前圆肌、旋前方肌和肱桡肌。

外旋肘关节的肌肉：旋后肌、肱二头肌和肱桡肌。

c　前臂肌

前臂肌分为前后两群，前群肌位于前臂前面及内侧，主要有屈腕、屈指和使前臂内旋的功能；后群肌位于前臂后面及外侧，主要有伸腕、伸指和使前臂外旋的功能。

（1）前群肌分为浅层肌和深层肌。

浅层肌：由桡侧向尺侧依次排列有肱桡肌、旋前圆肌、桡侧腕屈肌、掌长肌、指浅屈肌、尺侧腕屈肌。

深层肌：有拇长屈肌、指深屈肌、旋前方肌。深层肌均起于桡肌、尺肌前面。

（2）后群肌也分为浅层肌和深层肌。

浅层肌：由桡侧向尺侧依次排列有：桡侧腕长伸肌、桡侧腕短伸肌、指伸肌、小指伸肌和尺侧腕伸肌。

深层肌：有旋后肌、拇长展肌、拇短伸肌、拇长伸肌和食指伸肌。深层肌多起于桡骨、尺骨的后面。

近固定时，有伸腕、伸指的功能。

d 手肌

手肌主要位于手的掌侧面，都是一些短小的肌肉，可分为外侧群、中间群和内侧群。外侧群在拇指侧形成隆起叫鱼际，这群肌肉能使拇指屈、内收、外展和对掌运动。中间群在手掌侧中部凹陷处形成掌心，这群肌肉能使手指屈及向中指靠拢和分开。内侧群在小指侧形成隆起，叫小鱼际，这群肌肉能使小指屈、外展和对掌运动。

在抓举过程中手肌起固定作用，若手肌力量小，抓举动作就很难完成，在北京奥运会上就出现过一名运动员多次抓举都没有成功的例子。

F 下肢肌

下肢肌包括盆带肌、大腿肌、小腿肌和足肌

a 盆带肌

盆带肌分前、后两群。前群起自骨盆内面，后群起自骨盆外面。

（1）髂腰肌。近固定时，使大腿屈和外旋。远固定时，单腿站立一侧收缩使脊柱向同侧屈和旋转；两侧收缩使脊柱前屈和骨盆前倾。

（2）臀大肌。近固定时，使大腿伸和外旋。上部肌纤维收缩使大腿外展；下部使大腿内收。远固定时，一侧肌肉收缩使骨盆转向对侧；两侧同时收缩使骨盆后倾。

在体育器材中锻炼臀大肌的器材有史密斯机、蹬腿训练器等，如图 2-11 所示。

b 大腿肌

大腿肌可分为前外侧群、后群和内侧群。

图 2-11 蹬腿训练器

（1）前外侧群主要指股四头肌，位于大腿前面，是人体中最大的肌肉，为羽状肌。

近固定时，使小腿伸，股直肌还能使大腿屈。远固定时，可使大腿在膝关节处伸。

在体育器材中锻炼臀大肌的器材有史密斯机、武术训练器（踢沙袋动作）、蹬腿训练机、踢腿训练器等。

（2）后群主要有股二头肌等。近固定时，长头使大腿伸，并使小腿屈和外旋。远固定时，使大腿在膝关节处屈。当小腿伸直时，则使骨盆后倾。锻炼股二头肌的器材有跑步机、健身车等。

（3）内侧群包括耻骨肌、大收肌、长收肌和短收肌。

近固定时，使大腿屈、内收和外旋。远固定时，使骨盆前倾。

对髋关节、膝关节产生作用的肌肉，总结如下：

1）对髋关节作用的肌肉：

屈髋关节的肌肉：髂腰肌、股直肌、缝匠肌、阔筋膜张肌和耻骨肌等。

伸髋关节的肌肉：臀大肌、大收肌、股二头肌长头、半腱肌和半膜肌等。

外展髋关节的肌肉：臀中肌、臀小肌、臀大肌上部和梨状肌等。

内收髋关节的肌肉：大收肌、长收肌、短收肌、臀大肌下部、股薄肌和耻骨肌等。

外旋髋关节的肌肉：髂腰肌、臀大肌、梨状肌、臀中、小肌后部和缝匠肌等。

内旋髋关节的肌肉：臀中、小肌前部和阔筋膜张肌等。

2）对膝关节作用的肌肉：

屈膝关节的肌肉：腓肠肌、股二头肌、半腱肌、半腱肌和股薄肌等。

伸膝关节的肌肉：股四头肌。

内旋膝关节的肌肉：缝匠肌、半腱肌、半膜肌、股薄肌和腓肠肌内侧头等。

外旋膝关节的肌肉：股二头肌、腓肠肌外侧头等。

c 小腿肌

(1) 胫骨前肌位于小腿前外侧浅层，为梭形肌。维持足弓。

(2) 小腿三头肌位于小腿的后部浅层，由腓肠肌和比目鱼肌合成。腓肠肌有内、外侧两个头，呈梭形。比目鱼肌一个头，形似比目鱼。

近固定时，使足跖屈、腓肠肌还能在膝关节处屈小腿。远固定时，在膝关节处拉大腿向后，协助伸膝，有维持人体直立的功能。

以上各肌的收缩均对足关节产生作用，总结如下：

屈足关节的肌肉有：小腿三头肌、拇长屈肌、趾长屈肌、胫骨后肌、腓骨长、短肌等。

伸足关节的肌肉有：胫骨前肌、拇长伸肌和趾长伸肌等。

内翻足关节的肌肉有：拇长屈肌、趾长屈肌、胫骨前肌和胫骨后肌等。

外翻足关节的肌肉有：腓骨长、短肌和趾长伸肌等。

d 足肌

足肌分为足背肌和足底肌。足背肌只有两块伸趾的短肌。足底肌分为内、外侧和中间三群。足跖侧诸肌的功能与其名称相适应。在足背、足底与踝关节两侧，有许多腱滑膜鞘，从小腿下行到足底肌肉的肌腱从腱滑膜鞘通过，因而具有保护作用。

G 躯干肌

躯干肌包括背肌、胸肌、膈肌、腹肌和会阴肌。

a 背肌

(1) 斜方肌位于颈部及背上部皮下，一侧为三角形扁肌，两侧合为斜方形。肌纤维分为上、中、下三部。近固定时，上部肌纤维收缩使肩胛骨上提上回旋和后缩；中部肌纤维收缩使肩胛骨后缩。下部肌纤维收缩使肩胛骨下降、上回旋和后缩。远固定时，一侧肌纤维收缩使头向同侧屈并向对侧回旋；两侧上部同时收缩，使头后仰（伸）；一侧整块肌肉收缩使脊柱向对侧回旋；两侧整块肌肉收缩使脊柱伸。

(2) 背阔肌位于腰背部皮下，上部被斜方肌遮盖，为三角形扁肌，是人体中最大的扁阔肌。锻炼背阔肌的器械有高拉机、低拉机。

(3) 竖脊肌：包括髂肋肌、最长肌和棘肌三部分。

纵列于背部正中线（全部棘连线）两侧，充填于棘突和横突之间的槽沟内。呈长索状，由棘肌、最长肌和髂肋肌三部分构成。后部、腰椎棘突和胸腰筋膜。

下固定时，一侧收缩使脊柱向同侧屈，两侧收缩，使头和脊柱伸，并协助呼气。

b 胸大肌（胸肌）

近固定时，使上臂屈、内收和内旋。远固定时，拉躯干向上臂靠拢，并可提肋助吸气。锻炼胸大肌的器材有坐姿推胸训练器、蝴蝶机、卧推训练器等。

对肩胛骨产生作用的肌肉，总结如下：

上提肩胛骨的肌肉有：斜方肌上部、菱形肌、肩胛提肌和胸锁乳突肌等。

下降肩胛骨的肌肉有：斜方肌下部、胸小肌和前锯肌下部。

前伸肩胛骨的肌肉有：前锯肌、胸小肌。

后缩肩胛骨的肌肉有：斜方肌和菱形肌。

上回旋肩胛骨的肌肉有：斜方肌上、下部肌纤维和前锯肌下部肌纤维。

下回旋肩胛骨的肌肉有：菱形肌、胸小肌和肩胛提肌。

c 膈肌

膈肌位于胸腹腔之间。膈肌收缩时，膈穹隆下降，使胸腔容积增大，压力减小，这时吸气；膈穹隆上升时，呼气。此外还参与维持腹压。

在体育器材中有一种呼吸机可以锻炼膈肌，同时也可以锻炼肋间外肌和肋间内肌。

d 腹肌

腹肌位于胸廓下缘与骨盆之间，是形成腹腔壁的肌肉。包括形成腹前壁的肌肉（腹直肌、腹外斜肌、腹内斜肌和腹横肌）和形成腹后壁的肌肉（腰方肌）。

（1）腹直肌位于腹前壁正中线两侧，前后被腹直肌鞘包裹，为扁长带状肌，肌纤维被 3 ~4 条横行的腱划分隔。腱划与腹直肌鞘前壁相连，防止腹直肌收缩时移位。

腹直肌有较大的生理横断面，因此有相当大的肌力。此外，杠杆臂较长，是脊柱强有力的屈肌。上固定时，两侧收缩使骨盆后倾。下固定时，一侧收缩使脊柱向同侧屈；两侧收缩使脊柱前屈；降肋拉胸廓向下，协助呼气。

（2）腹外斜肌位于腹前外侧壁浅层，为扁阔肌。肌纤维由外上向下斜行。此肌腱膜下缘形成腹股沟韧带，架于髂前上棘和耻骨结节之间。上固定时，两侧收缩使骨盆后倾。下固定时，一侧收缩使脊柱向同侧屈，并向对侧回旋；两侧收缩下拉胸廓，呼气，并使脊柱屈。

（3）腹内斜肌位于腹外斜肌深层，为扁阔肌。上固定时，两侧收缩使骨盆后倾。下固定时，一侧收缩使脊柱向同侧屈和同侧回旋，两侧收缩使脊柱前屈。

（4）腹横肌位于腹内斜肌深层，为扁阔肌。维持腹压。

（5）腰方肌位于腹腔后壁、脊柱两侧，为长方扁肌。下固定时，一侧收缩，使脊柱向同侧屈。两侧收缩，使第12肋骨下降，助呼气。并参与维持腹压。

躯干肌按功能小结如下：

屈脊柱的肌肉有：腹直肌、腹外斜肌、腹内斜肌。

伸脊柱的肌肉有：竖脊肌、斜方肌。

回旋脊柱的肌肉有：同侧的腹内斜肌和对侧的腹外斜肌和斜方肌。

以上肌肉（腹肌）均可用腹肌训练器、仰卧起坐训练器进行锻炼。扭腰器可以发展腹肌的伸展性。

H　肌肉的练习方法

（1）近固定练习与远固定练习。在体育器材设计中考虑近固定练习与远固定练习，如蹬腿训练机。可站在上面练习称为远固定练习，可以脚朝上，用力向上蹬腿练习，称为近固定练习。

（2）主动、被动相结合。主动就是主动发力，被动就是借助外力（或环节以外的力），如：跑步机，还有帮助残疾人康复的膝关节被动训练器等。

（3）大肌肉力量练习与小肌肉力量练习。先练大肌群，后练小肌群。

（4）幅度、力度和持续时间结合。在对肌肉进行伸展性练习时，练习者在拉伸肌肉、韧带时，应当迫使被拉伸的软组织达到“酸胀痛”的位置并略微超过一点，而且应在“酸胀痛”的位置上停留一定时间。发展伸展性的器械有肋木、上肢牵引器等。

（5）静力性练习与动力性练习相结合。

(6) 振动练习与电刺激法是越来越多的现代力量练习方法中的有效方法。振动练习是在专门的力量练习器上安装振动装置，当练习开始时练习器开始振动。这种练习比不振动的同样练习力量的增长幅度大1~2倍，而发展力量的时间可大大缩短，并且获得的力量可以保持更长的时间。

(7) 电刺激法是将电极贴敷在运动神经处，代替大脑发出神经冲动使肌肉产生收缩。电刺激法的主要优点是：可以动员所有的肌纤维参加活动；避免了中枢神经的疲劳，因而可以完成更多次数的收缩；能量消耗少；更具有选择性和针对性。

(8) 全幅练习等。

2.2 运动生理学基础理论及应用

2.2.1 骨骼肌的收缩形式

根据肌肉收缩时的长度变化，将肌肉收缩分为四种基本形式，即向心收缩、等长收缩、离心收缩和等动收缩。

2.2.1.1 向心收缩

肌肉收缩时，长度缩短的收缩称为向心收缩。

肌肉张力增加出现在前，长度缩短发生在后。但肌肉张力在肌肉开始缩短后即不再增加，直到收缩结束。故这种收缩形式又称为等张收缩。向心收缩是做功的。等张收缩有下述几个特点：

(1) 在整个等张收缩过程中负荷是恒定的。

(2) 等张收缩过程中在不同的关节活动角度，所发挥的力量也不相同。如负重屈肘时以关节角度为115°~120°时力量最大，而关节角度为30°时，发挥的力量最小。

(3) 在整个关节活动范围内，由于发挥的力量不同，所以在不同角度收缩速度也不相同。

(4) 只有在发挥力量最小的关节活动点处肌肉才能进行最大收缩。

2.2.1.2 等长收缩

肌肉在收缩时其长度不变，这种收缩称为等长收缩，又称为静力收缩。不做功。等长收缩时有如下收缩特点：

（1）肌肉虽未发生缩短但肌纤维都在积极收缩并产生最大的张力。

（2）肌肉虽未做外功，但能量消耗很大。

2.2.1.3 离心收缩

肌肉在收缩产生张力的同时被拉长的收缩称为离心收缩。肌肉做负功，肌肉离心收缩可防止运动损伤。产生的力量最大。被动离心力量练习器利用了离心收缩原理。

2.2.1.4 等动收缩

在整个关节运动范围内肌肉以恒定的速度，且肌肉收缩时产生的力量始终与阻力相等的肌肉收缩称为等动收缩。等动收缩又称为等速收缩。

等动练习是提高肌肉力量的有效手段。要让肌肉做等动收缩，必须有专门的仪器设备，即等动练习器。

2.2.1.5 骨骼肌不同收缩形式的比较

A 力量

同一块肌肉，在收缩速度相同的情况下，离心收缩产生的张力最大，其次是等长收缩，向心收缩产生的张力最小。

B 代谢

在输出功率相同的情况下，肌肉离心收缩时所消耗的能量低于向心收缩，其耗氧量也低于向心收缩。肌肉离心收缩时其他与代谢有关的生理指标（如心率、心输出量、肺通气量、肺换气效率、肌肉的血流量和肌肉温度等）均低于向心收缩。

肌肉酸痛：肌肉做离心收缩时容易引起肌肉酸痛和损伤。肌肉离心收缩引起的肌肉酸痛最显著，等长收缩次之，向心收缩最不明显。

2.2.2 肌肉力量训练的原则和方法

2.2.2.1 肌肉力量训练的原则

在设计增进肌力和肌肉耐力训练计划时，要考虑其特殊性、超负荷、渐进负荷及训练顺序等原则。

A 特殊性原则

肌肉会依肌肉群被训练的方式，强度及角度等因素的不同而有其特殊性的适应或改变。如要增加肱二头肌的力量，则要选择有关该肌群的向心和离心收缩训练，其他肌肉群的训练的强度（负荷）要高、反复次数要少；如要增加训练肌肉耐力则强度要低、次数要高。肌力和肌肉耐力也和训练的动作范围有关，如等长收缩训练角度只限于某些角度。在等速训练中，其力量的增加也会受速度的影响，即其力量在接近或低于训练速度时的表现较佳，至于在较快速度时的收缩力量则不像低速度时表现的那么好。

B 超负荷原则

要增进肌力和肌肉耐力，则其训练量则要增加。增加训练量的方法有增加次数，或增加负荷与回合的方式。训练量 = 强度（负荷重量）× 次数 × 组数。

C 渐进负荷原则

在训练过程中，负荷要逐渐增加才能有效改善肌力和肌肉耐力。但是增加的幅度不能太大，也不能太快，以免造成伤害。在训练肌力和肌肉耐力的过程中，如果一个训练的反复次数超过一定次数，如 15 次时，则表示要增加负荷，使训练的最大反复次数（Maximal Repetition）减少，如五次左右，然后再逐渐增加次数和负荷。

D 训练的顺序原则

在良好的训练计划中，每个大肌群至少有一个动作来加以训练。但在训练过程中不要将相同的肌肉群安排在一起，以免造成过度疲劳。

2.2.2.2 肌肉力量训练的方法

增加肌力、肌肉耐力的方法主要有三种，即等长训练、等张训练和等速训练。

A 等长训练

等长训练又称静态训练，是以最大力量施加给不动的固体，使其肌肉长度不变而张力改变的训练。通常每个肌肉要以最大用力收缩约六秒，每天反复五、六次左右。此方法会增高血压，因此有高血压症状者应避免实施，常用于受伤后康复、防止肌肉萎缩或训练静止拉力的运动（如射箭）。

由于它不需要器材即可训练，如在教室或办公室，可以利用椅子墙壁或伙伴做不同肌肉群和不同方位的推拉（上压、上推、外展内侧等运动），可以借此增强肌力和肌肉耐力。但由于等长训练的效果仅限于特殊的角度，并无法移至其他角度，这是等长训练的限制。

B 等张训练

等张训练是在用力收缩时，肌肉长度改变的一种训练。它是最常被使用于肌力或肌肉耐力训练的方式，如用哑铃、杠铃等重量器材做各种训练。等张收缩又分为向心收缩和离心收缩两种。向心收缩时肌肉缩短，而离心收缩时肌肉长度被拉长。离心收缩较易产生肌肉疼痛现象。

要增加肌力，每周要从事三至四次（每两天一次），每次三个回合（set），每回合为 4 ~ 8 次数。但对于刚开始训练的人，回合数可以减少到一或二回合即可。

要增加肌肉耐力，每周要从事三至四次，每次三回合，每回合为 15 次数以上。训练频率最好是每周三次以上，因有研究显示每周三或五次训练效果比两次好，但每周三次与五次之间的效果则没有差异。

C 等速训练

等速训练是肌肉在相同速度下从事最大负荷收缩而且肌肉长度改变的一种训练方式。这种训练需要在特殊仪器，如等动训练器上进行。

2.2.2.3 从事肌力和肌肉耐力指导原则与注意事项

在参与重量训练以改善肌力耐力时，宜依循下列指导原则和注意事项：

（1）开始重量训练或肌力训练前，要做准备活动。训练要兼顾所有大肌肉群，使其能均衡发展。避免从事过重（像用全力只能举一次）负荷的训练，这种训练易造成肌肉拉伤，尤其准备活动不充分时。

（2）做杠铃推举或训练时，要有人在两旁保护。

（3）使用重量器材或仪器前，要知道如何操作。在个人能够负荷范围内，逐渐增加负荷。开始训练大肌肉群，再训练小肌肉群。

（4）相同肌群训练项目勿排在一起，使训练过的肌肉有充分时间休息恢复。实施重量训练过程，不要闭气，上举施力时吐气，下放回原来位置时吸气。不要过度训练，过度训练易造成伤害。以正确的技巧来实施重量训练，不正确的技能易导致运动伤害。在自己的能力范围内运动，勿炫耀自己而勉强从事过度负荷的训练。每次上举下放重量（负荷）的时间约为6s，上举约2s，下放约4s。不要上举重量后，即快速放下。主动肌和对抗肌要均衡训练，以免肌力发展不均衡而造成运动伤害。

2.2.3 体育运动的生理功能

2.2.3.1 儿童少年的解剖生理特点与体育运动

A 骨骼

软骨成分较多，骨组织内的水分和有机物多，无机盐少。骨密质差。弹性好，坚固不足，不宜骨折而易变形。随年龄增大，水分逐渐减少，坚固性增加，柔韧性减低。

在体育运动中应注意：

(1) 养成正确的身体姿势。

(2) 注意身体的全面训练（加强弱侧肢的锻炼，分散专项练习）。

(3) 力量练习时，应注意负荷的重量（10岁前，不宜负重练习，可进行抗体重练习；12～13岁，可稍增加抗阻或哑铃练习等力量练习；15岁以后，较大力量练习，以动力性练习为主，要控制时间，且动静结合）。

(4) 注意练习场地的选择。

(5) 注意预防“骺软骨病”的发生；（不应过度采用静力性练习发展腰柔韧性，注意积极发展腰背肌力量以预防椎骨骺软骨损伤）。

(6) 适当注意营养（注意补钙和磷，同时多参加户外运动）。

B 关节

关节面软骨较厚，关节囊、韧带伸展性大，周围肌肉细长，活动范围大，牢固性差，易脱位。注意保持正确的姿势；练习的负荷要适当（生长高峰期，轻负荷、高频率的练习）；利用儿童关节活动范围大的特点，发展柔韧性。

C 肌肉

水分多，蛋白质、脂肪、无机盐少，肌肉细嫩，收缩机能弱，耐力差，易疲劳。随年龄增大，有机物增多，水分减少，肌肉重量不断增大，肌力提高。

肌肉的发育特点：

(1) 躯干肌先于四肢肌，屈肌先于伸肌，上肢肌先于下肢肌，大肌肉先于小肌肉。

(2) 生长加速期：纵向发展，长度增加较快，但仍落后于骨骼的增长，肌肉的收缩力和耐力都较差。

（3）加速期结束：身高增长缓慢，肌肉横向发展较快，肌纤维增粗，肌力增加。

注意：

8岁前，以大量徒手操及不负重的跳跃为主；12～15岁，以阻力和较轻的负重练习来发展肌力；15～18岁，肌力发展最快，可增加阻力或负重；应以动力性力量为主，配合以适当的静力练习（因为肌纤维细嫩，张力小，神经中枢的兴奋强度和维持高度兴奋的时间比成人差，所以肌肉易疲劳）；注意全面身体训练和发展小肌肉的力量和耐力的训练（少儿神经系统对肌肉的调节不够完善）；应训练少儿的协调性，提高身体感觉，多做使肌肉主动放松的练习。

D 血液循环

（1）合理安排运动负荷：可安排强度较大，持续时间不长的运动。不宜安排长时间紧张的运动，重量过大的力量练习，对身体消耗过大的耐力练习。

（2）不宜做过多和过长时间的“憋气”。

（3）正确对待青春期高血压：消除心理紧张，适当参加强度不大的运动。

（4）采取积极手段，促进血液循环系统的生长发育，提高其机能水平。

E 呼吸系统

胸廓小，呼吸肌力量弱，呼吸表浅，肺活量小；代谢旺盛，对氧需求多，呼吸频率高；随年龄增大，肺活量增大，频率降低。

注意：

（1）注意呼吸卫生：鼻呼吸，运动时口鼻同用；

（2）呼吸与运动配合：呼吸调整至与运动协调；

（3）大强度，长时间的运动可有意识加深呼吸；

（4）突出以强度为主的训练，持续时间不宜过长；

（5）采取积极的手段，提高呼吸机能（游泳、划船、长跑等专项；及参加多种多样的活动)。

F 体育运动对儿童少年的生长发育的影响

经常进行体育锻炼对儿童少年的生长发育有明显的促进作用。对儿童少年的新陈代谢有明显的促进作用，而新代谢是生长发育的基础，这就从理论上说明了体育锻炼促进儿童少年生长发育的作用。

参加体育锻炼必然增加了在户外活动的时间，日光、空气、水等自然因素对增强体质、促进生长发育都有良好作用。

2.2.3.2 体育运动对老年人的影响

A 体育运动对老年人骨骼、关节的影响

(1) 老年人的骨量有所减少，骨质疏松引起骨密度和抗张强度下降，因而易出现骨折。

体育锻炼是防止和治疗骨质疏松最有效的方法。运动可使骨外层密质增厚，而里层的松质在结构上也发生相应的变化以适应于肌肉拉力和压力的作用使骨质更加坚固，可承担更大的负荷。运动还可改善骨骼的血液循环，增强骨骼的物质代谢，提高骨的弹性和韧性，可以延长骨骼细胞的老化过程。

(2) 随着年龄的增长，关节的稳定性和灵活性逐渐变差。关节僵硬，柔韧性差在老年人中是很常见的。

经常运动可以加强关节的坚韧性能，提高关节的弹性和灵活性，对防治老年性关节炎，防止关节附近肌肉萎缩，韧带松弛，滑液分泌减少和关节强直等均有效。

B 体育锻炼对老年人肌肉的影响

老年人肌肉发生显著性的变化，其特点是肌纤维体积缩小，肌纤维的数量减少，肌肉的代谢能力下降，结缔组织和脂肪增多。

生化变化主要表现在琥珀酸脱氢酶，苹果酸脱氢酶的减少并且活性下降。

经常参加运动，可以使肌肉发达，肌纤维变粗。坚韧有力，同时肌肉中糖元，磷酸肌酸和 ATP 等能源物质明显增加，运动能使肌肉中酶的活性增强，从而促进 ATP 的合成。有利于肌肉中糖元的分解与合成。老年男子肌纤维肥大的能力随年龄的增加，肌纤维的增长则变得缓慢。这可能与雄激素减少有关。老年人进行锻炼力量的增长主要是依靠神经调节机能的改善。

C 体育锻炼对老年人循环机能的影响

老年人心肌萎缩，结缔组织增生。脂肪沉积，因而心肌收缩力减弱。代偿能力降低，易发生心功能不全。

人到老年大血管和心脏弹性下降，心脏、骨骼肌和其他器官的血管变得狭窄硬化使外周阻力增加。

经常参加锻炼可大大推迟心血管系统的老化过程，增强心血管系统的机能。特别是进行耐力训练对提高老年人的有氧能力效果明显。

D 体育锻炼对老年人呼吸机能的影响

人到老年随着年龄的增长呼吸系统中发生三个最重要的变化是：肺泡体积逐渐增大，肺的弹性支持结构蜕变和呼吸肌力量减弱。使肺的通气功能和肺的换气功能都会下降从而影响了氧的运输能力。

经常参加体育锻炼可以增加呼吸肌的力量和耐力，提高肺通气量。老年人经常锻炼可以推迟呼吸机能的老化过程。

E 体育锻炼对老年人消化机能的影响

人到老年消化器官会出现胃肠粘膜萎缩，胃容量减少，腺体萎缩，消化酶分泌减少。

经常参加锻炼的人，由于肌肉活动的加强促使物质代谢旺盛，势必加强消化器官的功能，从而促进胃肠道蠕动加速，消化液分泌增多。另一方面由于运动时呼吸加深，膈肌上、下移动的幅度加大，对胃肠发生按摩作用，对增强胃肠消化功能产生良好影响。通过锻炼使胃肠肥厚，弹性增加，蠕动加快，消化系统血液循环改善，这毫无疑问对防止和推迟消化系统的老化十分有益。

F 体育锻炼对老年人神经系统的影响

经常参加体育锻炼对推迟血管硬化是有积极作用，这对脑的供血和供氧是有利的。

G 体育锻炼对老年人体温调节机能的影响

老年人由于衰老，下丘脑体温调节中枢功能较低。经常参加体育锻炼的老年人可以提高体温调节的机能，能够增强人体耐寒耐热的能力。这是因为体育锻炼能使神经系统的机能敏捷，灵活而准确，生理功能健全。

H 老年人参加体育锻炼应注意的问题

（1）在正式参加系统锻炼前，必须进行体格检查，安排一个7～10天的试练阶段，根据身体的反应再调整运动强度和运动量。

（2）进行体育锻炼时，必须遵循经常性、循序渐进性的原则，要掌握运动的量，速度、强度和时间，做到量力而行。

（3）在活动内容上，且选择一些全身都能活动的项目。

（4）要选择适当的锻炼时间，一般每天两次，每次30～40min。

2.2.3.3 运动对内分泌的影响

A 运动对甲状腺分泌活动影响

运动对甲状腺分泌机能的影响：急性运动后甲状腺浓度升高（运动中适当增高，有助于能量物质的分解，供给肌肉更多能量）。长期运动训练对甲状腺的分泌活动影响不大。运动时甲状腺周转率加快，可见，运动时甲状腺分泌活动是加强的。甲状腺可促进能量代谢及生长发育，兴奋中枢神经系统，也能影响心血管系统的活动。

B 运动对胰岛素的影响

运动可使体内胰岛素水平下降，且降低程度与运动强度、运动时间有关。运动结束后，需1h或更多时间，血浆胰岛素才可能恢复到运动前水平。运动中胰岛素下降可促使肝糖原分解的激素作用占优势地位，维持血糖水平。防止血糖下降；抑制运动肌、肝脏、脂肪组织从血中摄取葡萄糖。有利于运动肌组织中糖原和脂肪的分解，促进糖、脂肪的利用。胰岛素的作用：增强糖原、脂肪、蛋白质的合成代谢。

C 运动对胰高血糖素的影响

运动可以提高血浆胰高血糖素水平，运动中胰高血糖素的变化与运动负荷和时间有很大关系（中等强度，或大强度短时，胰高血糖素无明显变化，大强度，则明显增高）。胰高血糖素与胰岛素作用相反，促进分解代谢。

D 运动对生长素分泌的影响

在短时间、中等强度运动后，适应者血浆生长素不变，不适应者升高；在长时间、中等强度运动后，血浆生长素经潜伏期后逐渐升高，达高峰后又逐渐下降；潜伏期运动中的血浆生长素升高的潜伏期长短与运动强度有关。强度大，潜伏期短；运动强度：在一定范围内，随着运动强度的增强，血浆生长素增加。血浆生长素的增加与运动强度并非呈直线关系，一是要达到一定的强度才发生变化，二是运动强度过大，生长素水平反而下降；机能水平：无训练者运动后生长素上升快；同一强度运动，有的训练者升高慢，且能较快恢复到正常水平；生长素的“爆发性”分泌特点：在5～7h的运动中，血浆生长素的变化多次出现高峰现象。

2.2.3.4 用心率评定运动员机能水平

心率与吸氧量呈线性关系，因此，心率快慢能反映运动量和强度的大小。

（1）基础心率：清晨起床前卧位心率为基础心率。基础心率较为稳定，随着训练年限的延长和训练程度的提高而减慢。基础心率突然加快或减慢常常提示有过疲劳或疾病的存在。

（2）安静心率：指空腹不运动状态下的心率。至少休息10min。一般来说，耐力项目运动员的心率低于其他运动员；运动员的心搏量越大，安静心率越慢。评定运动员安静心率时，应采用自身前后比较。安静心率多用于运动时的对照。运动后心率恢复的速度和程度可衡量运动员对负荷的适应水平。

(3) 运动中心率：多用于心率遥测仪测定。在一些高档次的体育器材中配有心率遥测仪，根据运动中的心率控制运动强度。

(4) 最大心率：指从事极限负荷时的心率。最大心率会随着年龄的增长而下降。在一定的时间内，每个人的最大心率是固定的。

(5) 次级限心率：指从事极限下负荷时的心率。无氧阈心率就是一种次极限心率，PWC170 测定的 170 次/min 心率也是次极限心率。运动员在一定的次极限心率下做功增加或成绩提高是工作能力增强、身体机能改善的表现。

(6) 运动后心率：运动后即刻心率可用来估计运动中的心率。运动后心率的恢复过程是评定身体机能的重要指标之一。

2.2.3.5 人体机能评定的常用指标

A 身体形态学指标

机体形态学指标的测定目的是了解身体的一般情况，主要有身高、体重、坐高、胸、腰、臀等部位相关围度及皮摺厚度等指标，可通过人体形态学测量器械测得。这些测量器械有身高计、体重计、坐高计等。

B 生理学评定指标

人体运动机能评定所采用的生理指标主要体现在运动系统、循环系统、呼吸系统和中枢神经系统方面。

(1) 运动系统的生理学指标主要有肌肉力量、肌电图和关节伸展度等。

肌力评定主要包括最大肌力、爆发力和肌肉耐力等，有等长测力（测力计）、等张测力（测力计、杠铃、哑铃及力量练习器械）和等动测力（等动测力计）三种测力形式。

肌电图（EMG）是通过肌电仪将肌纤维兴奋时所产生的动作电位进行放大记录所得到的图形。通过计算机可对其进行振幅、频域和时域分析，从而对肌肉兴奋程度、机能状态进行评定。

关节的伸展度是通过测定相关关节的活动幅度评价被测者的柔韧性。

（2）循环系统指标主要表现在心脏的形态结构和心血管功能方面。

心血管功能指标是机能评定中最重要的部分之一，主要有心率、心电图（ECG）、心输出量、心指数、脉搏输出量、心力贮备、射血分数、心肌收缩性、心肌舒张性和动脉血压等。通过遥测心率计、心电图仪、多道生理记录仪、超声心动仪、核磁共振仪和血压计等仪器测得。

（3）呼吸系统和能量代谢指标。呼吸系统机能指标主要有肺活量、时间肺活量、肺通气量、最大肺通氧量、摄氧量、最大摄氧量、呼吸肌耐力等。通过肺活量计、气体分析仪测得。通过气体分析仪还可测得反映机体能量代谢情况的呼吸商（RQ）、无氧阈（AT）等指标。

（4）神经感觉系统机能指标主要有简单视-动反应时、简单听-动反应时、综合反应时、视觉闪光融合阈值、肢体平衡机能、双手协调机能、前庭器官稳定机能、视深度（立体视觉）、肌肉本体感觉等。通过反应时测定仪、闪光融合仪、平衡测力台、双手协调仪、一维或三维旋转仪、视深度仪及肌肉本体感觉仪等仪器测得。

2.2.3.6 提高有氧耐力的训练方法及其原理

提高有氧工作能力的训练强度要掌握在有氧代谢范畴之内。因此，运动负荷量和负荷强度的安排至关重要。只有在运动负荷量和强度适宜，即在最大限度动用机体有氧代谢系统使其处于最大应激状态下训练，才能有效地提高机体有氧工作能力。目前，用于发展有氧能力的训练方法主要有持续训练法、乳酸阈训练法、间歇训练法和高原训练法。

A 持续训练法

持续训练法是指强度较低、持续时间较长且不间歇地进行训练的方法，主要用于提高心肺功能和发展有氧代谢能力。练习时间要在5min以上，甚至可持续20~30min以上。

长时间持续运动对人体生理机能产生诸多良好的影响。主要表现在：能提高大脑皮层神经过程的均衡性和机能稳定性，改善参与运动的有关中枢间的协调关系，并能提高心肺功能及V_{O_2max}，引起慢肌纤维出现选择性肥大，肌红蛋白也有所增加。

B 乳酸阈强度训练法

个体乳酸阈强度是发展有氧耐力训练的最佳强度。以ILAT强度进行耐力训练，能显著提高有氧工作能力。目前，在田径中长跑、自行车、游泳及划船等训练中，已广泛采用ILAT强度进行训练。

有氧能力提高的标志之一是个体乳酸阈提高。由于个体乳酸阈的可训练性较大，有氧耐力提高后，其训练强度应根据新的个体乳酸阈强度来确定。而优秀的耐力专项运动员（马拉松、滑雪）可以以85% V_{O_2max}强度进行长时间运动。这表明，运动员随训练水平的提高，有氧能力的百分利用率明显提高。在具体应用乳酸阈指导训练时，常采用乳酸阈心率来控制运动强度。

C 间歇训练法

间歇训练法是指在两次练习之间有适当的间歇，并在间歇期进行强度较低的练习，而不是完全休息。由于间歇训练对练习的距离、强度及每次练习的间歇时间有严格的规定，对机体机能要求较高，能引起机体结构、机能及生物化学等方面较深刻的变化。从生理学角度分析，间歇训练主要有以下特点：

（1）完成的总工作量大。间歇训练法比持续训练能完成更大的工作量，并且用力较少，使呼吸、循环系统和物质代谢等功能得到较大的提高。对于发展有氧代谢能力来说，总的工作量远比强度更为重要。

（2）对心肺机能的影响大。间歇训练法是对内脏器官进行训练的一种有效手段。因此，经常进行间歇训练，能使心血管系统得到明显的锻炼，特别会使心脏工作能力以及最大摄氧能力得到显著提高。

目前，在许多项目的训练中，都大量采用了间歇训练法。其方法运用成功与否的关键是要根据不同年龄、训练水平及不同项目的特点，科学合理地安排每次练习的距离、强度及间歇时间。

D 高原训练法

随着运动水平的不断提高，人们在谨慎加大运动负荷的同时，应着眼于提高训练难度，给予机体更强烈的刺激，以调节人体的最大潜力。高原训练法就是基于这种设想逐渐开展起来的一种训练方式。在高原训练时，人们要经受高原缺氧和运动缺氧两种负荷，对身体造成的缺氧刺激比平原上更为深刻，可以大大调动身体的机能潜力，使机体产生复杂的生理效应和训练效应。研究表明，高原训练能使红细胞和血红蛋白数量及总血容量增加，并使呼吸和循环系统的工作能力增强，从而使有氧耐力得到提高。

E 长时间持续运动对人体机能产生的影响

（1）中枢神经系统的机能特点。

长时间持续运动，可提高大脑皮质神经过程的均衡性和机能稳定性。对抗肌的中枢维持长时间节律性活动，机能稳定性表现在有利于克服器官反馈干扰，保证神经冲动发放活动，兴奋和抑制过程强度相应提高。

（2）提高循环机能，特别是心脏工作耐力和心容量。

1）心肌肥厚和心肌纤维变化。

有研究表明，心肌长时间持续运动，会使动物心肌肥厚和心肌纤维数量增多，但有人认为心肌肥厚主要是心肌纤维直径增大，心肌纤维增粗。

2）持续训练可以使冠状动脉口径加大。

动物研究表明，青年成年动物每天进行耐力训练冠状动脉管腔截面积增大，老年动物无次变化。

3）持续训练对心肌线粒体的影响。

对游泳白鼠实验，发现 160h 以上白鼠心肌细胞有线粒体增多现象。

（3）持续训练对呼吸功能影响。

通过耐力训练，呼吸系统机能能力提高，表现出呼吸肌耐力提高，力量增大，肺通气量明显增加，提高工作的耐力，保证长时间供氧能力。

（4）持续训练对最大摄氧量的影响。

长时间耐力训练后最大摄氧量会明显增加，最大摄氧量决定于氧被动输至肌肉的速度和肌肉组织摄取氧的速度。耐力训练后，和最大摄氧量密切相关的主要酶，琥珀酸脱氢酶草酸脱氢酶活性都明显提高，脉搏输出量明显提高，同时训练可以提高肌肉中酶活性。

（5）持续训练后红肌纤维有肥大现象。

研究表明，耐力训练可以引起慢肌纤维选择性肥大，同时肌肉代偿性肥大伴有肌细胞核增多的现象，红肌纤维中有氧代谢的活性较高，当红肌纤维增多时，有氧代谢能力加强，氧利用率高。

（6）耐力练习对肌红蛋白的影响。

研究结果表明，持续训练从理论上讲是强调提高人体运输氧的能力与肌肉中氧的利用能力，所以是发展有氧耐力的一种有效手段，通过耐力训练，肌红蛋白也有所增加，慢肌纤维肌红蛋白量多于快肌纤维。

2.2.4 运动生理学知识在体育器材设计中的应用

2.2.4.1 被动反复冲击式肌力增强训练器的运动生理学原理及应用

肌肉力量是肌肉工作时抵抗阻力的能力，也是肌肉紧张或收缩时表现出来的一种能力。肌肉对抗阻力包括内、外两方面，内部阻力：各肌群间的对抗、肌肉的黏滞性等；外部阻力：重力、伴练者的对抗力、摩擦力、空气阻力等。力量是运动的基本素质，力量训练是培养优秀运动员过程中的基本训练内容和主要训练手段，是身体训练水平中最重要的评定指标，对竞技运动的成绩获得有重要和积极的作用。

肌肉力量可根据性质分为动力性力量、静力性力量、绝对力量、相对力量、力量耐力、速度力量等；还可根据收缩方式分为向心力量、离心力量、等长力量、超等长力量等；还可以根据力量作用结果分为启动力量、制动力量、爆发力量（爆发力）等。

适当的力量训练能够使身体的结构和功能发生适应性的改变：

(1) 肌肉的形态结构变化；

(2) 肌肉生理横断面增大；

(3) 肌肉的结缔组织增厚；

(4) 肌肉中的毛细血管网增多；

(5) 肌肉的能量供应和氧储备能力提高；

(6) 肌肉中的脂肪减少；

(7) 肌纤维类型的改变；

(8) 肌肉的神经调节功能改善。

运动中枢功能的提高，一般人最多只能动员肌肉中60%的肌纤维参加收缩，力量性运动员则可动员90%以上的肌纤维同步参加收缩。各运动中枢之间的协调关系改善。力量提高分两个阶段：初期的力量提高主要靠机体内神经肌肉的协调性升高，肌肉体积没有发生变化是其基本特点。后期的力量提高主要靠肌肉体积增大。

1968年苏联田径教练 Yuri Verkhoshanski 发明了冲击训练法（shock method），它是一种增强肌肉爆发力的训练方法，肌肉预先被强制性拉长，随即再进行快速缩短的方式进行运动，能够产生超常态的爆发力，这种运动方式称为超等长运动（中国台湾和香港地区称增强式训练），利用肌肉的这一特性来提高爆发力为主的训练就称之为超等长训练。超等长训练主要是根据 SSC（Streth-Shorten Cycle）理论基础发展起来的训练模式，一般将 SSC 的过程分成三个阶段：（1）离心收缩期；（2）连接期（coupling time，也译“偶联期”）；（3）向心收缩期；其产生的肌力比单纯向心收缩产生的肌力大，主要是因为弹性能量的储存和释放，其更好地利用了神经肌肉的控制能力。在 Plyometrics 过程中，速度（确切的说是肌肉离心-向心收缩的转换速度）是超等长运动的核心。

由于超等长力量练习的肌肉工作方式和专项动作的肌肉工作方式是吻合的。所以，进行超等长训练对这些动作的完成肯定是有益的。它具有其他力量练习无法比拟的独特效果，是现代力量训练中提高爆发力最有效的手段之一。这种训练方法应用在所有与爆发力有关的项目中，如短跑、篮球、排球、足球、跳高、跳远等。绝大多数优秀运动员采用这种方法训练爆发力和最大力量，取得了良好的效果，获得了多枚奥运会、世锦赛奖牌。但是传统的训练方法简单，如跳深，双人超等长练习等方法，这些训练方法也有很多缺点：（1）它没有定量条件；（2）容易导致运动员受伤（使用不当很容易造成肌肉损伤，并且不易痊愈）；（3）无法在很短的时间内达到一定的强度等。这些问题一直困扰教练员和运动员，20 世纪 90 年代以来中国台湾运动科学专家陈全寿、相子元以运动生理学、运动生物力学和肌动学为基础，结合机械工程的原理，研发设计出“被动反复冲击式肌力增强器”（图 2-12），彻底解决了以上问题，为教练员和运动员的训练提供了良好的技术、设备保证。

最新的研究成果显示，超等长训练法同样适用于青少年、女性运动员及普通人群，关键是根据训练者掌握技术的熟练程度和基础力量水平制定合理的训练计划。随着训练评价、康复手段的发展和个性化训练计划的实施，超等长训练有了新的用途：让受伤运动员进行适量的超等长练习（6m 单腿连续跳），结合肌电

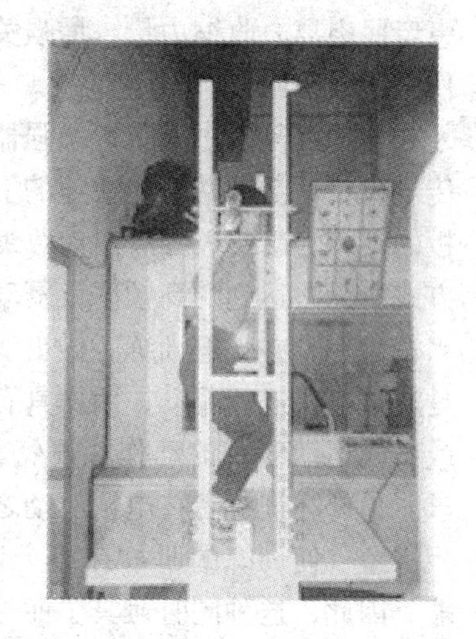

图 2-12 被动反复冲击式肌力增强训练器

图以评价运动员损伤恢复程度和决定其重返赛场的合适时机。甚至还根据运动员超等长训练时的疼痛程度建立了评价标准。康复医学人员已认识到超等长的价值，他们通过超等长这种形式锻炼患者肌肉离心收缩力量，增强关节稳定性，在预防和治疗肌肉损伤方面效果明显。

被动反复冲击式肌力增强器主要是利用电机驱动，由特殊的传导机构使活动踏板能快速的上下移动，如此能促使站于活动踏板的训练者以突破固有肌肉收缩速度的模式，进行一般肌力训练方式所无法达到的高频率反复动作，所以能适当的激发更高神经兴奋频率，并强迫训练者做更快速的收缩。由于肌肉收缩的速度是通过电机进行驱动，因而具有控速的功能，并能针对不同个体或不同运动项目的动作速度特性，提供符合实际动作频率的需求。另外，训练者在电机驱动之前，须尽全力的向横杆和活动踏板推蹬，使训练的肌群在整个训练的过程中均做最大的等长收缩。因此，这种同时兼具了能尽全力的等长收缩，且又能做快速收缩的被动反复冲击式肌力训练法，已突破了力量-速度关系古典理论的限制。

被动反复冲击式肌力训练器（Passive Repeated Plyometric Training Machine，简称 PRP），可进行被动（passive）、反复（repeated）与冲击式（plyometrics）的肌肉增强训练，显著提高肌力和神经反射能力；显示控制面板可控制电源、速度、启动/停止，并可实时显示速度、时间与负载对上肢或下肢肌群做离心与向心的快速伸缩刺激训练；可以最大力量进行等动训练；踏板上有两块测力板，配合电脑和专业分析软件，做运动生物力学分析：速度-力量-功率-做功等参数，并可对左右肢体力量进行比较。

在增进肌肉张力方面，利用肌肉生理学和肌动学特性的冲击式（或称为增强式）训练，以及与实际竞技动作有相同运动型态的弹震式训练等；其中，冲击式训练提升动力水平的效果，已被实际的运动训练成果以及许多学者的研究证实。根据希尔方程所提出的力量-速度关系曲线，可发现肌肉产生张力的大小与收缩速度成反比，要使肌肉产生最大的张力，肌肉收缩速度必须相对地放慢（即等长收缩），反之亦同，这是因为过快的收缩速度无法产生较大的张力；由此可知，肌肉无法在收缩速度最快时，同时产生最大的张力，包括被公认为最具爆发力训练效果的冲击式和弹震式训练，亦无法符合这一要求。针对上述爆发力训练的限制，运动学专家们以运动生理学、运动生物力学和肌动学为基础，结合机械工程的原理，研发设计出被动反复冲击式肌力增强器。

2.2.4.2 美国爱里尔 ACES 智能化力量诊断与训练系统介绍

ACES 是电脑控制的智能化多功能力量诊断、力量训练和康复训练系统。液压阻力数字化控制技术的应用及 ACES 独特而强大的软件功能特点能为科研测试、力量训练和康复训练、监控等提供多指标输出、动态实时反馈以及可按专项要求设置和调整训练方案的数字化信息平台。ACES 在科学训练理念与方法、硬件和软件功能、实效性及安全性等多方面都取得了革命性的突破，使快速、高效发展神经肌肉系统的各种专项力量和耐力、全面提高身体机能及安全有效地康复训练等，在智能化、数字化信息平台上实施成为可能。

A 设备的技术性能

可由电脑设计和监控训练所需阻力、运动速度的大小和变化模式。最大阻力负荷超过 1000Ibs，最大速度超过 1000 度/秒。对速度和阻力变化的采样频率高达 16000 次/s，实现了高精度的动态实时的指标反馈和监控。

ACES 可进行等动、等张、等长多种测试，每种测试均可以得出以下指标参数：

（1）环节位置，关节运动范围、速度、加速度；

（2）任意时刻的力和力矩，训练过程力随时间的动态变化，力随环节位置的动态变化，平均力值、峰力、峰力持续时间；

（3）训练过程做功、功率与时间的关系、疲劳指数、热量消耗等；

（4）耐力随肌肉收缩次数的变化，耐力随训练时间的变化，疲劳曲线变化与波型分析；

所有测试均可消除环节重力对测试指标的影响。

B　设备的功能特点

(1) ACES“金字塔”强度训练模式。由电脑设计和监控训练量和强度的变化模式，使量和强度组合形成“金字塔”强度变化训练模式（ACES 特有功能）。

(2) ACES 设备通过电脑设计和监控阻力及速度变化，可进行等动、等长、等张训练和测试，三种模式训练可独立进行，也可进行多种模式的复合训练（ACES 特有功能）。

(3) ACES 设备能自动进行用户设定的任何训练程序，并提供超过 20 种以上的不同训练方案供训练者选择，其中包括大强度阻力训练、快速力量训练、爆发力训练、可控阻力变化训练、可控速度变化训练、耐力训练等。

(4) ACES 专项力量训练模式。ACES 特有的软件功能，使训练者可根据自身需要在 ACES 设备上进行训练方案设计，按照项目特点、专项要求以及个体化特征等，选择和组合肌肉收缩方式、阻力大小和变化模式、速度和加速度大小及其变化模式、做功和功率、体能分配模式等。使 ACES 力量训练的方法和模式直接实现“专项力量训练”（ACES 特有功能）。

(5) ACES“速度——加速度模拟训练模式”。ACES 提供在该设备上训练时，可设置和调整速度和加速度的变化，实现模拟专项发力速度和加速度特点的训练模式。这是 ACES 独有的功能和革命性突破，它使神经肌肉系统的力量、速度、加速度的专项适应性训练在 ACES 设备上进行成为可能（ACES 特有功能）。

(6) ACES“智能化”最佳训练模式。ACES 独有的软件功能不仅能实现实时动态的训练过程多指标反馈，并可在训练过程中通过各指标实时反馈与 ACES 数据库提供的研究资料（世界冠军，世界级优秀运动员等）进行实时动态的“智能化”对比和调节，形成最佳化模式训练（ACES 特有功能）。

(7) ACES 测试结果、训练方案和模式、训练指标变化结果等，可自动生成数据图表并储存于ACES专用数据库，任何时候研究者和训练者可方便地进行横向和纵向研究比较。

（8）ACES的测试和训练资料自动形成数据库，方便在ACES系统上进行比较和分析。数据库是开放式的，所有数据可方便地切换到其他应用程序如Lotus1-2-3、EXCEL、SPSS等进行统计分析。

（9）ACES可配置肌电信号采集系统，能在ACES的任何训练和康复模式中，同步实时采集训练者肌电信号，通过肌电信号整合可以进行尖峰信号、频率谱分析以及疲劳分析等。

（10）ACES具有自动检测和校准功能，校准方式采用动态校准，美国宇航局标准，克服了传统等速设备静态校准的缺陷。

（11）ACES下肢固定支撑式专用力量诊断与训练系统（Leg System）及上下肢开放支撑式多功能力量诊断与训练系统（Multi-Function System）为力量诊断与训练、康复诊断与训练等研究与应用提供了从固定到开放的姿势和支撑方式自由选择和组合，既能满足严谨的科学研究测试条件控制要求，又能灵活的自由选择和组合方式，充分考虑了科研和专项训练的多功能性。

（12）可自动检测环节位置和合理运动范围，自动诊断运动环节因损伤而出现的疼痛点和发力障碍位置，在疼痛点和发力障碍位置自动降低阻力和速度，最大限度地预防运动性损伤。

C 测试结果分析

（1）ACES测试结果、训练方案、模式、训练指标变化结果等，可自动生成数据图表并储存于专用数据库，任何时候研究者和训练者可方便地进行横向和纵向研究比较。

（2）训练与康复过程中实际训练情况与设定目标的动态实时直观对比。

（3）训练效果实时对比。

（4）康复效果实时对比。

（5）个体化训练与最佳训练模式对比。

（6）左右力量对比，屈伸力量对比。

（7）力量、速度、功率等所有指标的任意组合对比。

2.2.4.3 艺术体操旋转训练仪的研制

A 艺术体操运动员转体的生理学基础

从运动生理学角度来讲，艺术体操的转体动作是运动员凭借听觉与视觉、本体感觉和前庭感觉的共同参加、综合分析活动来感知与控制的技术动作，这些感官能够准确地感知空间位置、协调动作的节律和速率，对保持身体平衡具有重要的作用。其中，前庭感觉是由前庭器官来完成的，是专门的位觉与平衡器官，它在感受人体在空间的体位变化、直线运动和旋转加速度的变化以及保持人体平衡等机能上起着极为重要的作用。前庭器官的不同部分有不同的适宜刺激，椭圆囊与球囊内的囊斑的适宜刺激为耳石重力作用与直线运动的加减速度，而半规管中壶腹嵴毛细胞的适宜刺激才是旋转运动的加减速度。艺术体操的转体动作主要是旋转动作，因此，转体训练主要训练的是半规管的适应性。其生理学机理是：当旋转开始或旋转停止时，内淋巴因惯性而流动，冲击终幅使之弯曲，从而刺激了毛细胞，产生神经冲动，经前庭神经传入中枢。如果旋转以等速持续进行下去，内淋巴本身也获得了与半规管相同的旋转速度，毛细胞就不再受到刺激。正是由于人体有这种感受器，才能感知身体位置的各种变化，并借助于各种反射来调节肌紧张，保持身体的平衡。由刺激前庭感受器、产生神经冲动引起机体的各种前庭反应的程度，叫做前庭器官的稳定性。前庭器官稳定性较好的人，在前庭器官受到刺激时所发生的反应就弱，也可以说，前庭器官稳定性好的人，他们的前庭器官耐受刺激的限度较大。从训练学的角度来讲，对艺术体操转体动作的专项训练，就是要提高运动员前庭器官的稳定性，即提高运动员对于转体动作的生物适应性。

B 艺术体操旋转训练仪的研制原理

a 旋转训练仪的研制目标

前面所述是对艺术体操转体动作的技术特点、动力学模型以及生理学基础的讨论，逐渐形成了艺术体操旋转训练仪的研制目标，概括起来有以下三点：（1）能够提高运动员转体启动阶段获得更多来自外界的反射性冲量矩的能力；（2）能够提高运动员调整相对转动轴的自身转动惯量的能力，即人体姿态的自身调整能力，特别是保持人体转动轴始终通过人体总重心且垂直于支撑面的能力；（3）能够提高运动员前庭器官的稳定性，即提高运动员对转体动作的生物适应性。上述三个目标的确立总的来说就是为了能使艺术体操运动员尽快形成转体动作的动力定型，提高转体能力。

b　旋转训练仪的机械系统

旋转训练仪机械系统如图 2-13 所示，主要由回转机构和夹紧机构组成。回转机构包括两个转臂、两个立柱以及转盘、中心轴、底座、传动皮带和电机等。转盘上固定着两个立柱，每个立柱上分别固定着一个转臂、转盘、立柱和转臂可共同旋转；中心轴固定在底座上，底座是封闭的箱形焊接结构件；电机也固定在

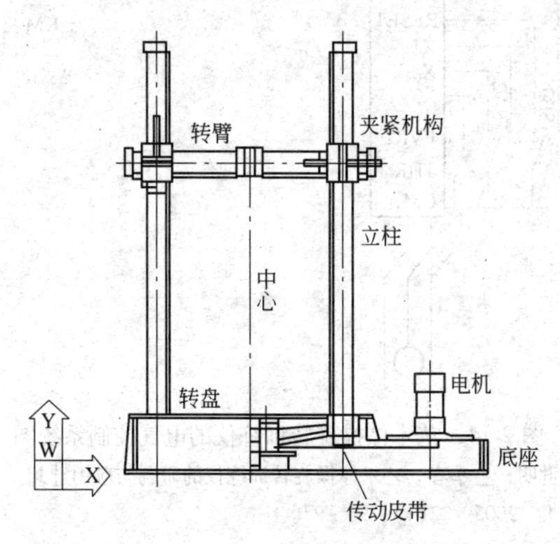

图 2-13　艺术体操旋转训练仪的机械系统图

注：李世明，金季春. 艺术体操旋转训练仪的研制与应用［J］. 西安体育学院学报，2005，22(1)：93～97。

底座上，通过传动皮带与转盘相连。旋转训练仪回转机构的工作原理是：电机带动传动皮带，皮带驱动转盘，转盘带动立柱和转臂围绕中心轴回转。夹紧机构可以在立柱上上下移动，其横梁可在水平方向调整位置。

c 旋转训练仪的电气控制系统

旋转训练仪电气控制系统主要由变频器、计数器、交流电机、减速器、接触器、中间继电器、主令开关及按钮开关等构成，实现了旋转速度调节、旋转方向选择和旋转圈数设定等功能，旋转训练仪的电气控制原理如图 2-14 所示。

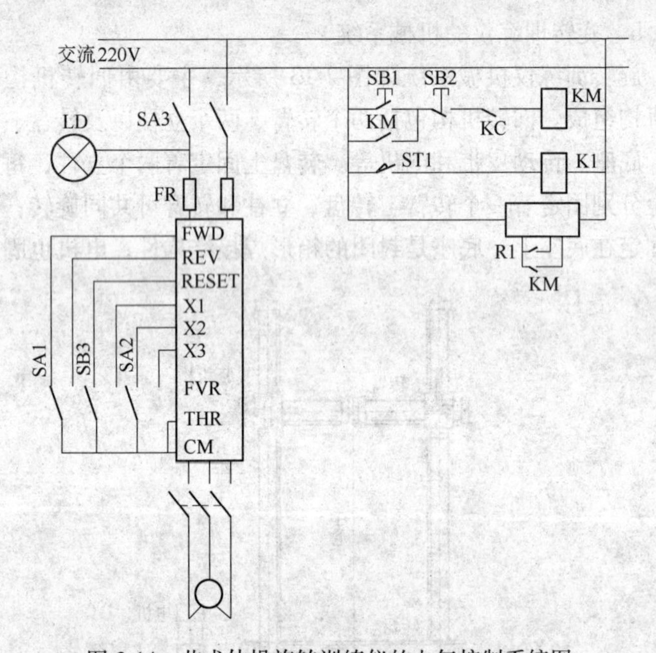

图 2-14 艺术体操旋转训练仪的电气控制系统图

注：李世明，金季春．艺术体操旋转训练仪的研制与应用［J］．西安体育学院学报，2005，22(1)：93～97。

系统供电电压为交流 220V；变频器是旋转训练仪电气控制系统的主要部件，可以实现速度调节、方向选择以及异常情况处理等多种电气控制功能。在研制时选用日本富士生产的变频器，型号为 FVR-0.75-E9S-2JE，两相交流 220V 输入，三相交流 220V 输出，功率为 0.75kW；所使用的接线端子有正转（FWD）、反转（REV）、故障复位（RESET）、三种频率选择（X_1、X_2、X_3）、外部报警信号（THR）和公用口（CM）。变频器的三相输出通过接触器（型号 B16-3）的三个主触点与三相交流 220V 异步电动机连接。电动机型号 PHSV400—5CM，三相 220V，减速比 5∶1，功率 400W，额定转速 1600r/min。

（1）旋转速度调节：当合上总开关 SA_3 时，变频器通电，同时电源指示灯 LD 点亮；选择开关 SA_2 有四个位置，即 X_1 接通、X_2 接通、X_3 接通和均不接通，由此能通过变频器面板设定四种理想频率，即可以设定对应于适合运动员训练的四种快慢不同的转速。

（2）加、减速时间修改：在设定四种快慢不同的转速时，也可以通过调节变频器来修改电机的启动加速时间和停止减速时间。

（3）旋转方向的选择：选择开关 SA1 可在正反转之间切换，以选择转台的旋转方向。

（4）旋转圈数的设定：计数器选用日本松下公司的产品（型号为 NAIS · LC4H，额定电压交流 220V），用于控制转盘的旋转圈数，用面板按键设定圈数，设置范围 0 ~9999 圈。当转盘启动后，装在转盘侧边的接近开关（日本 OMRON 公司产品，220V 电压，三线制，检测距离 5mm，直径 18mm）ST_1 检测转动圈数，每转一圈，ST_1 的触点闭合一次，中间继电器 K_1 也得电一次，其常开触点使计数器计数一次；到达设定圈数时，计数器的常闭触点打开，接触器 KM 失电，电机停转，装在电机内的电磁制动器得电制动，转台停止转动；同时 KM 的常闭触点断开，使计数器复位。

（5）旋转转盘的启动：启动训练转台时，按下 SB_1，接触器 KM 得电，辅助的常开触点形成自保回路，以保证接触器在 SB_1 回弹后仍保持得电状态；同时 KM 的三个主触点接通电机，转盘开始旋转。

(6) 异常情况的处理：当变频器由于过负荷等原因出现报警而不能正常工作时，按下 SB_3 开关，给出一个复位信号，即可消除故障，使变频器恢复正常状态。

C　艺术体操旋转训练仪的应用方法

旋转训练仪的研制遵循了易用、安全的原则，在需要启动电机的情况下，所有的操作均在控制面板上进行，不与内部电路发生接触，以确保艺术体操运动员的人身安全。其操作顺序为：(1) 首先调节转臂在立柱的上下位置以及转臂横梁在水平方向上的位置，固定在人体的适宜位置上，使人体能够带动转盘或转盘能够带动人体一起旋转；(2) 转动操作箱侧面的“总开关”至“开”位；(3) 用“速度选择开关”选择4种快慢不同的速度中的一种；(4) 用“转向选择开关”选择转盘的旋转方向；(5) 用“圈数选择开关”设定转盘的转动圈数；(6) 按动“启动按钮”，转盘开始旋转；圈数到达设定圈数后，自动停止；(7) 在转动中，如出现异常情况，则立刻按下“停止按钮”，转盘立即停止；(8) 如变频器显示报警状态，按动“复位按钮”，恢复系统正常状态。根据旋转训练仪的研制目标，可以采用不同的训练方法与技巧以保证目标的实现。从训练方法上来讲，可以分为主动训练泆和被动训练法；从训练技巧上来讲，可以采用旋转速度、启动加速时间及停止减速时间、旋转方向和旋转圈数的不同组合来对运动员的转体动作进行多方面训练，寻找每一个运动员的合理组合形式，以达到个性化训练的目标。

(1) 主动训练法。该训练仪的研制目标之一是能够提高艺术体操运动员转体启动阶段获得更多来自外界的反射性冲量矩的能力（目标1），为了实现这一目标，可以利用该设备进行主动训练法。卸掉连接在电动机与转盘上的传动皮带，这样可使转盘与电机的转子脱开，在转臂固定人体以后，人体就可以进行负重转体启动的主动训练。因为，运动员在这种情况下的转体启动，必须带动转盘一起启动，可以达到启动训练的目的。

（2）被动训练法。在传动皮带连接电机与转盘的情况下，可以让运动员接受旋转的被动训练。旋转的被动训练法就是启动电机，电机通过传动皮带带动转盘，转盘带动立柱、转臂以及人体一起旋转。这种训练法可以实现前述的后两个训练目标：一方面可以让运动员达到在旋转过程中调整自身转动惯量的目的（目标2），另一方面可以提高运动员对旋转的生物适应性，即提高运动员前庭器官的稳定性（目标3）。目标二的训练方法：我们在转盘的中心轴放置脚掌的地方设立了标志圆圈，它可以指示出运动员旋转的优劣。如果运动员的脚掌在转动中没有转出标志圆圈，则说明该次旋转是成功的，否则为失败。因为如果运动员在转动中不能够保证转动轴始终通过人体重心且垂直支撑面，脚掌就会在转盘上画弧，而不会固定在一点上旋转。这样，就可以使运动员不断地体会到旋转成功与失败的感觉，不断地调整自身的身体姿态以调节人体自身的转动惯量和重心与转动轴的位置关系，从而，使运动员能够建立正确的转体概念，经由泛化、分化等阶段达到转体技术的自动化阶段。目标三的训练方法：调整旋转的速度、启动加速时间及停止减速时间、旋转方向和旋转圈数的组合形式可以增加人体对不同旋转速度、不同的启动加速时间及停止减速时间、不同的旋转方向及不同的旋转时间等等各个方面变化的适应能力，从而达到提高运动员前庭器官稳定性的目的。

2.2.4.4 瑞典 MONARK 839E 专业测功仪

功能简介：瑞典 MONARK 839E（如图 2-15 所示）电脑功率自行车采用机械阻力原理，可以做恒功率和恒力矩测试，用于体育医疗机能测试及体能评估，研究，康复等领域。在机器内部有一个微电脑，内存四个预制好的测试程序：

（1）Astrand 是测试受试者在次极限负荷下稳定心率时的最大吸氧量。

（2）YMCA 是青年联合会编制一个程序，是用来测试受试

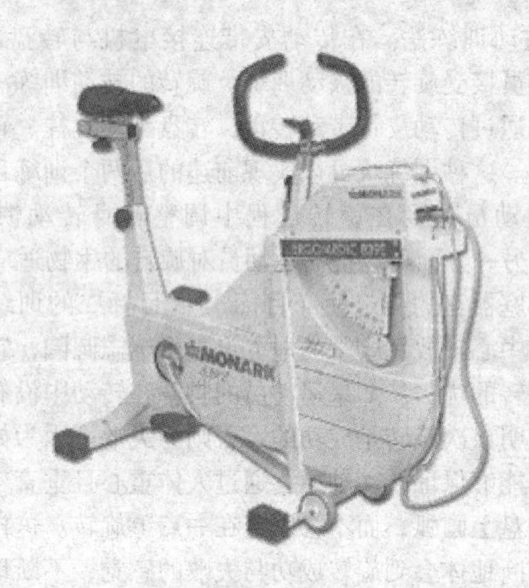

图 2-15 瑞典 MONARK 839E 专业测功仪

者体能强弱的程序。

（3）WHO 是测试受试者在单位时间内，单位体重的最大吸氧量。

（4）Naughton 也是测试最大吸氧量的，但它是以 3.5 $mL \cdot kg^{-1}/min$来递增负荷的。

机器自带一套软件系统，通过软件控制功率车的自动运行，可通过软件内置的四个程序进行测试，也可以按照自己的思路和用途来编制自己的测试程序，并把自己编制的程序存储到电脑中，以备以后使用。测试时，分析软件会实时显示受试者的转速、心率、阻力、功率，并绘出这些参数的变化曲线；测试结束后，系统会自动对结果进行分析，显示每一秒钟的心率、转速、功率等指标。同时在分析时，可以做纵向和横向的比较，即可以对同一个人在不同时间测试的结果进行比较，也可以对不同人测试结果进行横向比较。所有的测试结果都可以通过计算机打印出来。测试数据也可以存在计算机的硬盘中作进一步的分析和比较。

2.2.4.5 等速肌肉测试和训练技术的应用

等速运动的概念由Hislop和Perrine于20世纪60年代末首先提出。近30年来，等速肌肉测试和训练技术在运动医学、矫形外科、康复医学的临床和科研中得到广泛的应用和不断发展。国内于80年代初开始引进等速仪器，并逐渐应用于体育科研和训练及临床中。

A 等速运动的定义及特点

等速运动是指在关节运动过程中，运动速度一旦预先设定，无论受试者肌肉收缩产生多大的张力，肢体的运动始终在某一预定的速度（等速）下进行，肌肉张力大小的变化并不能使肢体产生加速或减速（运动开始和末了的瞬时加速度和减速度除外）的一种运动。

在等速运动过程中，等速仪器提供一种与肌肉实际收缩力相匹配的顺应性阻力。这种顺应性阻力使肢体在整个关节活动范围内的每一瞬间或不同角度下均承受相应的最大阻力，使肌肉产生最大的张力和力矩输出。在等速运动时，肌纤维伸长或缩短，引起明显的关节活动，是一种动力性收缩，类似等张收缩。而肌肉收缩时因阻力可变，在每个角度上都能承受最大阻力，产生最大肌张力，又类似等长收缩。因此，等速肌肉收缩兼有等张和等长收缩的某些特点。但也有人认为，等速运动提供的动作较简单局限，与肢体运动时的自然动作有一定差距，在肌肉测试和训练中存在一定的局限。

B 等速肌肉测试的应用

传统的等长肌肉测试仅反映关节运动中某一角度肌力的大小；等张肌肉测试只能反映关节运动过程中最弱的肌力。而等速肌肉测试可同时测试关节运动中主动肌和拮抗肌的任何一点肌肉输出的力矩值，得到力矩曲线，并可同时进行肌肉作功能力、爆发力及耐力等功能的测试，上述各项参数经等速仪器的计算机处理后，可作为评价肌肉功能的指标。弥补了前两种肌肉测试方法的缺陷。

等速肌肉测试作为一种新的肌肉功能测试和评定方法，在临床应用中，不少学者运用测试数据的组内相关系数（*ICCs*）进行等速测试的可靠性研究，结果表明，等速肌肉测试的可信度较高，具有较好的可重复性。在各项测试数据中，峰力矩（*PT*）值的可信度最好，总功（*TW*）和平均功率（*AP*）中等，而肌肉耐力略低。肌肉向心收缩测试的 *ICCs* 值高于肌肉离心收缩。

等速肌肉测试临床应用较多的是四肢大关节及腰背部的肌肉测试、功能和疗效评价等方面：

（1）对运动系统肌肉功能进行评价。用等速测试仪器（如图 2-16 所示）对运动系统进行肌肉功能评价，可提供较为准确

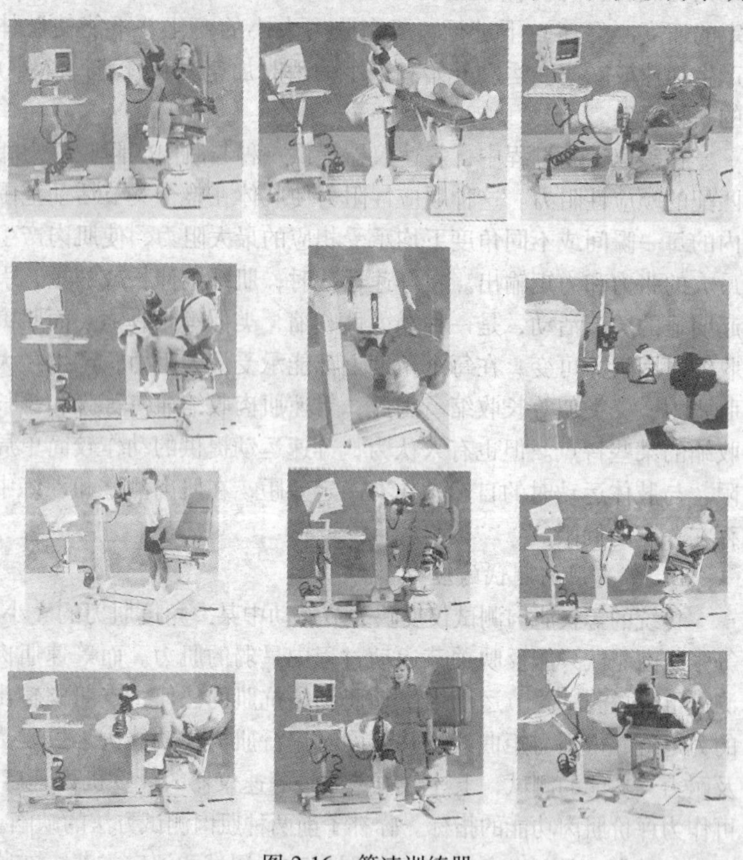

图 2-16　等速训练器

的多种反映肌肉功能的定量指标，不仅可建立肌肉功能的正常基础值数据库，而且通过对患有肌肉、神经或骨骼系统运动功能障碍者进行测试参数的分析，有助于了解肌肉和神经的病损程度，对设计合理的、有针对性的康复训练方案起指导作用。目前临床上研究最多的是膝关节的肌肉功能测试，这可能与膝关节作负重关节，容易造成损伤，以及膝关节测试时固定较为完全，测试结果可信度较高，力矩曲线较为清晰，容易判断有关。另外，除手部小关节外，四肢其他关节及腰屈伸肌的肌肉功能测试也有一定的报道。

（2）对运动系统伤病进行辅助诊断。肌肉关节的病变情况在等速肌肉测试的力矩曲线上可得到反映，通过分析力矩曲线的变化可获得一定的客观信息，可作为临床的一种辅助诊断。但这种变化不很敏感，对各种病理变化也无明显的特异性。因此，不能完全作为诊断依据。在力矩曲线分析方面研究最多的是膝关节的各种病理情况，据报道膝关节骨性关节炎（OA）患者力矩曲线常表现中段伸肌力矩曲线下降，出现切迹、不光滑或呈双峰样改变，而屈肌力矩曲线则可能表现正常。其他如 ACL 损伤、半月板损伤、髌骨半脱位、肩关节撞击综合征、肩周炎等在运动中出现疼痛或关节不稳时，在力矩曲线的一定部位都可出现不同大小或形态的切迹。

（3）在运动系统伤病预防中的应用。等速肌肉测试可提供一系列的肌肉功能指标，以及拮抗肌群对比的定量资料，这对判断肌肉关节功能，预防运动系统伤病的发生有重要意义。研究表明，两侧肢体的肌力存在一定的生理差别。尤其是上肢差别较为明显，可能和优势手有一定关系。但两侧下肢肌力的差值较为稳定，一般认为应在 10% ~15% 以内，并且在不同测试速度下变化不大。如果两侧肌力的差值超过 20%，表明两侧的肌力不平衡，弱侧的肌肉和关节容易受伤，应加强弱侧肌肉的训练。运动员伤后重返赛场时，患侧肌肉的力矩值如达到健侧的 85% ~ 90% 以上，发生再损伤的机会将相应减少。

主动肌与拮抗肌力矩比值可作为预测运动系统损伤的指标之一。目前研究最多的是膝关节屈/伸肌力比值（H/Q），对正常膝关节进行慢速测试的结果（60°/s）表明，膝关节 H/Q 值为60%～80%。该值偏高或偏低使弱肌易受损伤。一般康复训练常偏重膝伸肌的练习，而忽视屈肌的训练，致使 H/Q 偏低，应予纠正。

（4）评价康复治疗的疗效。通过对康复治疗前后的肌肉功能进行等速测试，可了解康复治疗的效果，评价不同康复治疗方案的有效性。对膝前十字韧带损伤（ACLI）后膝关节肌肉功能测试表明，患者须强调胭绳肌的训练，同时对股四头肌进行特殊训练，适度增加 H/Q 值，这样可增强胭绳肌对 ACL 的协同作用，改善关节稳定性。并且在对康复疗效进行评价时应将峰力矩、功率、力矩加速能和耐力等指标结合起来评价，以制定特定化的康复训练。

C 等速肌肉训练在临床中的应用

根据患者肌力情况的不同，常选用不同的训练方法。肌力达4级时宜用肌肉对抗外加阻力作主动收缩的抗阻训练。对肌力较弱、无法对抗阻力者可先在持续被动活动（CPM）状态下进行功能训练，以后逐渐过渡到抗阻训练。

等速抗阻训练明显优于传统的等长及等张抗阻训练，其优点表现为：（1）提供顺应性阻力，使肌肉在整个关节活动范围内始终承受最大的阻力；（2）同时训练主动肌和拮抗肌；（3）提供不同的训练速度，适应功能速度的需要；（4）较好的安全性；（5）提供反馈信息，进行最大肌力收缩及次大收缩练习，同时可对患者起到鼓励作用；（6）作全幅度及短弧度练习；（7）可进行 CPM、向心及离心收缩练习。

但在临床应用中也存在一些不足：（1）花费时间较多；（2）需要受过专门培训的操作人员；（3）仪器费用较高，不易普及。

等速肌肉训练的一般原则：不禁忌肢体活动时，等速肌肉康复训练即可开始。循序渐进、适当间歇、避免引起疼痛。活动度过小、肿胀、疼痛明显时可先作等长练习及 CPM 训练。

等速肌肉训练方式主要有以下几种：

(1) 等速向心训练：常采用速度谱训练的方式，即在等速仪器上选择一系列不同的运动速度进行肌肉训练。一般将运动速度分为慢速（1~60°/s）、中速（60~180°/s）、快速（180~300°/s）及功能性运动速度（300~1000°/s）。等速向心肌肉训练一般有 30°/s 运动速度的生理溢流作用，快速运动训练可向慢速运动方向溢流，但不能向快速运动方向溢流。但也有研究认为生理溢流同样可向快速方向扩散。一般认为，等速肌肉训练应按每种运动速度间相隔 30°/s 的运动速度谱进行训练。根据不同病程阶段，选用不同运动速度进行训练：

1）早期：选用较快的运动速度（180°/s 以上），因为运动速度越快，对关节表面产生的压力越小，不影响损伤部位的愈合。

2）中期：选用慢速及中速，对增强肌张力、加速肌力恢复较为有利。每次训练的常用运动速度依次为：60°/s、90°/s、120°/s、150°/s、180°/s、180°/s、150°/s、120°/s、90°/s 及 60°/s 共 10 种运动速度，每种运动收缩 10 次，共收缩 100 次为一个训练单位。根据肌肉功能适应情况，逐渐增加到 2~3 个训练单位。

3）后期：进行高速、次大收缩及多次重复的功能适应性训练，运动速度接近日常活动及竞技运动时的收缩速度（300°/s 以上）。对恢复日常活动能力，重返运动场有重要作用。

对膝关节术后患者进行患侧膝屈、伸肌等速向心速度训练后表明，尽管患膝伸肌的萎缩较为明显，肌肉功能受损较早，但早期给予适当的等速向心肌力训练，可明显增加膝屈伸肌的肌力，恢复肌肉功能，特别对膝伸肌功能恢复似更有利。

(2) 等速离心肌肉训练：肌肉的离心收缩能力在维持关节的稳定性及日常生活活动能力方面有重要意义，因而离心训练价值不可低估。研究表明，离心收缩产生的最大肌力大于向心收缩及等长收缩的肌力，这是因为离心收缩过程中有非收缩成分的介入，使肌肉的力矩输出明显增大，具有力量大、耗能小的特点。在离心收缩后次日可逐渐感觉肌肉疼痛，称迟发性肌肉酸痛（DOMS），一般不需处理，3～5天可自行消失。如开始时采用较低的肌肉训练强度，可预防DOMS的发生。对膝OA患者进行亚极量的CPM等速离心肌肉训练后发现，患者膝关节疼痛明显缓解，膝屈、伸肌力增强，同时下肢ADL功能显著改善。

（3）短弧等速肌肉训练：运动系统伤病后，疼痛弧内的运动可引起新的损伤，对康复不利。选用短弧等速训练的方法，即限定运动活动范围，在“疼痛弧”的两侧进行等速肌肉训练，避开疼痛部位，有助于疼痛部位症状的减轻。训练中，如果选择的运动速度过快，关节活动不易在小幅度内迅速增速并跟上运动速度，患者常感受不到阻力。因此，选择慢速及中速进行训练较为理想。以后随着患者症状的改善、关节活动范围的扩大，可逐渐增加训练的运动速度。

（4）多角度等长肌肉训练：传统的等长肌肉训练方式的一个明显缺陷是存在角度特异性。即只能增强练习角度上下20°～30°范围内的肌力。利用等速仪器进行多角度的等长肌肉训练，避免了这一缺陷。研究表明，等长肌肉训练具有生理溢流作用，溢流的范围为设定角度的±10°。因此，在关节活动范围内，每间隔20°进行一组适当的等长肌肉训练，可使整个肌群都能得到训练。另一优点是可避开“疼痛弧”。在等速肌肉测试中，力矩曲线的中部如出现凹陷（又称为“疼痛弧”），反映这一部位有病变存在的可能。在制定肌肉训练方案时，可选择疼痛弧的两侧进行多角度等长训练。通过等长训练生理溢流作用，对疼痛弧处的肌力可起一定的增强作用。

多角度等长训练通常采用“10”的原则，即在每个角度用力收缩10s，休息10s，重复10次，在不同角度共做5～10组练习（依据不同关节）。用力收缩时，开始2s达到所需力矩值，然后保持该力矩值6s，最后2s逐渐放松。

有报道对膝关节骨关节炎患者经过3~6周的多角度等长肌肉训练，可明显改善肌肉功能，提高功能性行为能力。同时避免了等张练习可能造成关节面磨损的风险。

肌肉抗阻练习的步骤：当肌力恢复到3级以上时，可逐渐增加肌肉抗阻训练。最初的训练应只产生安全的、较低的肌张力，以后逐渐过渡到较大肌张力的训练，以促进肌力恢复。Davies建议，抗阻肌力训练顺序为：1）多角度等长次大强度；2）多角度等长最大强度；3）短弧等速次大强度；4）短弧等张；5）短弧等速；6）全弧等速次大强度；7）全弧等张；8）全弧等速。这一训练顺序并非固定不变，可根据患者的实际情况从其中某一种开始，逐渐增加肌肉训练的强度。

D 未来发展

（1）等速仪器主要用于测试某一肌群的肌力，如果能与肌电图仪相结合，可更好地了解在运动过程中某块肌肉的活动情况。

（2）过去对4级以下的肌力难以进行等速肌肉测试，在一定程度上限制了等速技术在临床上的应用。对只有2级、3级肌力的神经系统疾病的患者如何在CPM程序下进行等速测试，还有待进一步研究。

（3）进一步探讨不同肌肉运动模式训练对提高训练效果的有效性和特殊性。如肌肉离心运动的特性及其在临床上的应用。

（4）等速技术临床应用的发展还有待于等速仪器的进一步改进和更新。

2.3 体育器材的人体工程学分析

分别从运动解剖学和运动生理学对开发的体育器材进行分析。运动解剖学方面主要是结合体育器材进行动作分析，在运动生理学方面主要是对体育器材的功能分析。

2.3.1 运动解剖学方面

2.3.1.1 动作分析的步骤

（1）确定动作的开始姿势。
（2）划分动作阶段。
（3）各阶段分析内容。
1）关节或环节名称。
2）关节运动形式。
3）与外力关系。
4）原动肌。
5）肌肉工作条件。
6）肌肉工作性质。
（4）小结与建议。

2.3.1.2 动作分析举例（低拉机动作）

（1）开始姿势：如图2-17所示。两脚开立，脚尖朝上，两

图2-17 高拉机练习器

腿伸直，躯干与下肢垂直，两臂伸直手握手柄。

(2) 划分动作阶段：

第一阶段“下拉阶段”。

第二阶段“还原阶段”。

(3) 列表分析（如表2-1和表2-2所示）。

表2-1 下拉阶段

环节或关节名称	关节运动形式	与外力关系	原动肌	肌肉工作条件	肌肉工作性质
肩关节	伸	反同	三角肌、背阔肌、肱三头肌	近固定	向心工作
肘关节	屈	反同	肱二头肌、肱桡肌、肱肌	近固定	向心工作
肩胛骨	后缩	反同	斜方肌、菱形肌	近固定	向心工作
肩胛骨	下回旋	反同	胸小肌、菱形肌	近固定	向心工作

表2-2 还原阶段

环节或关节名称	关节运动形式	与外力关系	原动肌	肌肉工作条件	肌肉工作性质
肩关节	屈	反同	三角肌、背阔肌、肱三头肌	近固定	离心工作
肘关节	伸	反同	肱二头肌、肱桡肌、肱肌	近固定	离心工作
肩胛骨	前伸	反同	斜方肌、菱形肌	近固定	离心工作
肩胛骨	上回旋	反同	胸小肌、菱形肌	近固定	离心工作

2.3.2 运动生理学方面

主要体现在体育器材的功能、作用方面，如通过此器材的锻炼所起到的作用，可发展哪些身体素质，对供能系统有何影响，对人体发展的作用。甚至可以预防哪些疾病等。

2.3.2.1 对供能系统的影响

对体育器材的供能系统可分为无氧运动器材和有氧运动器

材。力量训练设备斯密斯基、铅球、标枪、链球、铁饼等属于无氧运动器材；跑步机、椭圆机、有氧功率车等属于有氧运动器材。但有时他们是相互的；力量训练设备减少重量增加组数，又具有氧训练器材的功能。当跑步机速度增加到一定程度，就变成了无氧运动器材。

这要看设计的器材主要发展哪个供能系统？要是单纯的增加力量就属于无氧训练器材，可以提高人体的无氧供能能力。在体育器材设计中要加以说明阐述。

2.3.2.2 对发展身体素质的作用

人体的身体素质包括力量、速度、耐力、灵敏、柔韧等。设计的体育器材是提高人体哪方面的身体素质？在体育器材设计中要加以说明阐述。

2.3.2.3 对人体发展的作用

对人体发展的作用有：

（1）促进血液循环，提高心脏供能。

（2）促进骨骼发育，使肌肉结实有力、美观。

（3）使人头脑发达，思维敏捷。

（4）增进健康。

（5）改善呼吸供能。

（6）促进新陈代谢。

2.3.2.4 对能量消耗与减肥作用

主要是针对有氧训练器械，长时间的有氧训练，再与饮食相结合就可以达到减肥的目的。但无氧的训练器材也可以达到减肥的目的，这就要求减少重量增加次数。因为脂肪的消耗量会随着训练时间的增加而增加，随运动强度的增大而减少。所以要想减肥就得减少运动强度增加运动时间。

2.3.3 其他方面

2.3.3.1 体育器械的运动轨迹与人体的各环节运动轨迹

体育器械随人体运动的应符合人体各运动环节的运动轨迹。针对不同的人群，要考虑身高、臂长、腿长、坐高等。符合人因尺寸，考量肢体，身体的活动度。有适度的调整机构。设计最佳的人因操作。

2.3.3.2 安全性分析

体育器材设计要考虑人体的生理极限，若超过人体生理极限，就不安全，就存在安全隐患。力量训练器械重量负荷的设计，跑步机速度的设计等。

钢材料抗拉强度应力要计算验证。

手柄是否安全可靠。要按钢丝的强度计算。

2.3.4 人体工程学在体育器材设计中的应用

2.3.4.1 专业电脑波浪轮滑健身机（如图 2-18 所示）

外展、外旋、伸展立体式三维运动轨迹。

四种肌肉锻炼方式，分别为锻炼臀大肌、腰腹部肌肉、下肢肌肉群及全身协调性。

双独立脚踏板的面板中央配有百分比数字式仪表盘，用于训练目标的适时反馈。

目标训练：可分别以时间、距离、卡路里、消耗为目标进行设定。

扶手处设有阻力调节快捷按钮。

扶手处均设有手握式心率测试系统。

配有心率带，通过遥测测试心率。

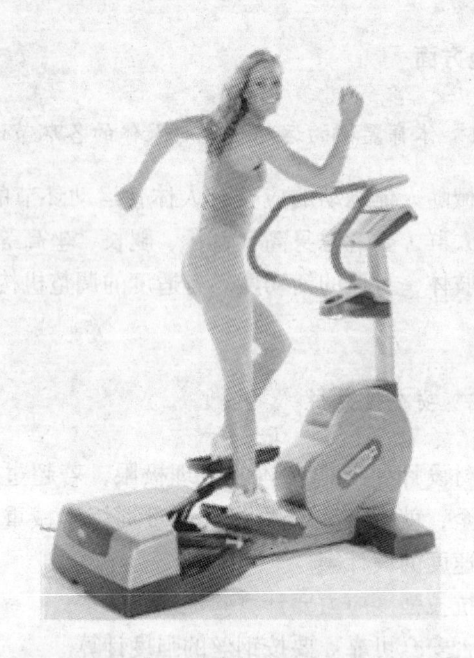

图 2-18 电脑波浪轮滑健身机

2.3.4.2 震荡训练器的原理

震荡训练器的原理是通过机械振动来刺激肌肉。其工作原理类似跷跷板的左右振动来诱发身体左右两边交替式进行生理条件反射性运动。其频率直接源自生理的神经肌肉能力，很易达到最佳训练效果。这些身体条件反射都是无意识控制的，快速、准确。与有意识控制的动作相比，无意识条件反射之间的协调性更好，基本不需要受训者付出努力。

训练设备的用途主要有：

（1）增强肌肉力量和爆发力；

（2）预防跌倒（提高平衡能力）；

（3）提高灵活性和肌肉弹性；

（4）增进血液循环；

（5）缓解肌肉紧张；

（6）治疗背部疼痛；

（7）预防骨质疏松；

（8）本体感觉训练；

（9）增强神经肌肉训练。

2.3.4.3 向心离心电动力量训练器材介绍

有一种用于肌肉力量训练的设备，它的阻力来源于电机，无极变阻直到足够大，能够满足多项目运动员的需求。其产品显示板上的加载负荷和数据就是被施加部位的真正所承受的公斤数，因而它具有精确的力量测试功能，而以往的肌肉力量测试设备如BIODEX等主要用于诊断和研究，而且价格昂贵，一件设备是其产品一件设备的7倍左右，并只能同时一个人使用，这样就不能够满足运动员作为肌肉和关节主动康复的设备来用。而这种产品是一套具有测试功能的运动员肌肉和关节主动训练的专门设备，它既可以进行肌肉向心收缩训练同时进行肌肉离心收缩训练的肌肉力量训练设备，它可以离心收缩阻力自动加载，可比向心收缩大30%。

3 体育器材设计的人机工程学应用

为更好的发展体育仪器器材在我国体育产业中的重要作用，体育工作者首先要面对的问题就是如何能够在新兴的体育产业中很好地开发、利用体育仪器器材。而设计开发体育仪器器材是为提高人体的机能，达到锻炼身体、提高运动能力的最终目的。这就需要在设计开发过程中考虑到人的因素，应以人为本，所以越来越多的厂商将“以人为本”、“人机工程学的设计”作为产品的特点来进行广告宣传，尤其是体育仪器器材这样直接接触的产品。实际上，让体育仪器器材及其周围环境的设计适合人的生理、心理特点，使得人能够在合理、舒适、便捷的条件下使用和锻炼，人机工程学就是为了解决这样的问题而产生的一门科学。

3.1 体育器材设计与人机工程学关系

随着科技生产的不断进步，人机工程学作为一门重要学科，在各个领域中的应用也越来越广。人机工程学主要是按照人的特性设计和改善人-机-环境系统的科学，在操作者-机械-环境系统中，操作者是人机工程学研究的核心对象。在体育仪器器材的人-机-环境中，人主要是体育仪器器材的使用者或者被测试者；机主要是体育训练器材、测试仪器及比赛器材等；环境主要指体育器材使用的空间及周围环境等。人-机-环境系统是体育器材的使用者及体育仪器器材以及在使用仪器器材过程中所处的环境。人机工程学的研究成果对于体育仪器器材的人性化设计有着非常重要的意义。根据人机工程学的理念，人是体育器材中的核心因素，体育器材的设计应符合人的生理和心理特点，在这方面的考虑失误，可能会影响体育器材的使用效果，甚至会影响使用者的安全。

3.1.1 人机工程学概述

21世纪的市场竞争是科学技术的竞争，同时也是产品设计的竞争。设计的主体是人，设计的目的是为人所用，所以产品设计的主导思想应以人为中心，着重研究“物”与“人”之间的协调关系，强调“用”与“美”的高度统一，“物”与“人”的完美结合。由于体育仪器器材开发研制过程中离不开人的因素，因此有必要对人机工程学整体有一个准确的认识。

人机工程学正是在“以人为中心”思想的指导下，从20世纪40年代开始迅速发展起来的研究人、机械及其工作环境之间相互作用的学科。该学科在其自身的发展过程中，逐步打破了各学科之间的界限，并有机地融合了各相关学科的理论，不断完善自身的基本概念、理论体系、研究方法以及技术标准和规范，从而形成了一门研究和应用范围都极为广泛的综合性边缘学科。人机工程学把人的因素作为产品设计的重要条件和原则，使设计出的机器操作简便、省力、安全、可靠、高效和舒适。现在，由于科技的进步导致产品在质量上的差距不断缩短，很多设计都申请了知识产权。产品不仅要满足功能、美学要求，更重要的是使用者的舒适，安全，有利健康和操作简便，以及与使用环境相一致。因此，如何寻找人-机-环境间的最佳匹配关系，探索工业产品以人为中心的设计理念、设计手段与方法，成为现代体育仪器器材设计必须关注的重要课题。对体育仪器器材人机工程学设计方法进行系统地研究，用人机工程学作为设计体育器材的指导思想，从而提高产品设计水平和产品的竞争力，这是很有意义的。

3.1.2 体育仪器器材中的人机工程学应用现状

体育仪器器材是与人体直接相联系的，因此要应用人机工程设计的理论和方法，分析产品的系统设计思想，分析研究人、机、环境三个因素对产品使用效果的影响，提出体育仪器器材人机工程设计的基本要求与原则、设计方法步骤、设计规范的确定等定性、定量的要求，为体育仪器器材的人机工程设计提供指导和依据。将器材、人、运动这三者之间的关系联系起来，考虑运动中人体的生理、心理以及运动的特点，按照人机工程学的原理来设计体育仪器器材，使之具有相应的训练、健身、测试等功能，使体育器材满足消费者的需求。

现在体育产业潜力巨大，被称为朝阳产业，虽然现在市场上体育器材产品琳琅满目，但是很多都比较注重产品的功能和外观结构上的设计，对体育器材使用者的运动生理及心理方面不够重视，缺乏对使用者全方位的考虑，出现了很多人机界面关系不合理，功能尺寸设计不科学，安全可靠性做得不够全面等。如某种用于锻炼腹肌力量的器材，要求双手握中间把手，依靠腹肌力量，将双腿举起与身体呈90°，但该器材的立柱到把手的距离，比中等身材人群的前臂还短；有些云梯，在高度和宽度上进行双手握杠交替前行是困难的；一些进行伸展练习的体育器材，在伸展的高度和角度方面上，都应从运动生理及生物力学方面进行认真的考虑；健身水车，锻炼时要求双脚站立在滚筒上，要求将身体前倾靠向扶把，但滚筒到扶手距离较短，锻炼者站到滚筒上，无法使身体前倾靠向把手。类似这样的问题很多，体育器材出现的以上设计问题关键是设计中缺少人机工程的设计意识，缺少以健身者为中心的设计理念，缺少健身器材人机工程理论的分析和指导，而当前国内体育器材人机工程设计理论的系统化研究缺失。因此，对家用健身器材的人机工程理论的分析研究非常必要。

现在国内外对体育器材的研究主要集中在运动健身的生理学方面及器材功能方面。而从人机工程学领域，对体育器材及使用者之间良好的适配关系方面的研究较少，尤其国内问题更加突出。我国体育器材设计与生产起步较晚，总体来说大部分产品都是模仿国外的设计，器材设计参数直接从国外产品中获取。我们知道中国人的人体参数与外国人，尤其是西方人有很大的区别，简单的例子就是我国人均身高要较西方国家低2cm，这样看来照搬国外的体育器材设计明显不适合我国人民的生理特点和心理特点，同时器材的功能组合、结构尺寸、运动参数方面也需要进一步的分析与研究。而体育器材是否能够从各个方面更好的适合于健身者的使用，是否从健身者的体质特征和锻炼特点，是否从健身者的心理感受方面，是否从不同健身者的操作方式方面，更合理地确定健身器材的功能、尺寸、参数、界面、使用方式，以此达到健身器材使用的方便性、舒适型、安全性、合理性。因此体育仪器器材必须应用系统的人机工程理论进行指导，使体育器材更加适合使用者。

3.1.3 体育仪器器材中的人-机-环境系统分析

人-机-环境系统是普遍存在的，只有把人-机-环境作为一个整体加以研究，才能获得最佳的工作效果。因此，在本节中应该对体育仪器器材的人-机-环境系统进行一定程度的探讨，实现以使用者为中心的体育仪器器材的人-机-环境系统的最佳协调性。

在体育仪器器材人-机-环境系统中，主要目的是使用者通过体育器材实现更有效、更合理地运动、训练方式，以增强肌体的相关身体素质，达到强身健体的目的。系统主要包含三大部分即使用者、体育器材和使用环境。三者之间协调性直接关系到体育器材使用目的的实现。同时系统中可分为在使用者、体育仪器器材之间的关系、使用者和使用环境之间的关系、体育仪器器材和环境之间的关系。正是这三者之间的系统联系，才实现了人们使用体育器材所要达到的目的。这三者之间也只有从系统整体的角度有了比较好的协调匹配关系，才能够最终满足使用者的要求。因此，从使用体育仪器器材的目的来看，必须从人机工程学的角度，研究使用者、体育仪器器材和使用环境在这个系统中的关联和配合关系。

3.1.3.1 系统中人-机的关系分析

在体育器材人-机-环境系统中，使用者和体育器材是系统中最重要的组成要素，它们之间的匹配度，直接关系到器材的合理性，关系到人们的使用效果，关系产品的相关认可度。在分析体育器材的人机关系时，有必要将体育器材的软件及硬件系统结合起来进行分析。两者缺一不可，优良的软件系统是实现相关体育器材科学性的重要保证。所谓的软件是相对于有形的硬件而言，它是指那些没有具体外形的信息、知识等一类东西，还包括记录信息、知识的东西，如印刷品等。在体育器材中，就可以具体为训练程序和运动检测的根据和效果。同时硬件也是不可忽视的。如功率自行车是通过提高与有氧运动能力相关的心肺功能，从而达到锻炼效果，预防成人疾病的。不像训练机械可达到肌肉突出爆起的效果，它提高的是人的耐力，这是一种人眼看不出的效果。心肺功能最常用的指标是最大耗氧量，如果确定最大耗氧量在一定范围内有所增加，就可确切地了解心肺功能提高的程度，从而评价耐力提高的效果。

3.1.3.2 系统中的机-环境的关系分析

体育器材种类繁多，在本书中将其分为六大类，即竞技器材、训练器材、健身器材、康复器材、助残器材、检测器材。不同的体育器材，所处的环境也不相同。但是，总体上说，可认为体育器材要适应使用的环境，不可让环境适应体育器材。因此在进行对体育器材系统中的机-环境分析时，主要是研究体育器材对使用环境的适应。

3.1.3.3 系统中的人-环境的关系分析

人机系统的环境因素是多方面的，对一般人-环境系统产生影响的因素主要有：热环境、照明、噪声、震动、粉尘以及有毒物质等。研究人-机-环境系统中的环境因素，就是将环境因素进行合理组合，满足系统的最优要求，保证系统高效、安全、经济的运行。体育器材的使用效果除了和人-机的系统密切相关外，使用环境也是影响最终器材效率的重要环节。舒适的体育器材使用环境有助于提高器材的使用效率，提高体育运动的积极性。在体育器材人-机环境系统中，影响环境因素主要有热环境、照明、噪声等。热环境是影响使用效果环境因素中最重要的一个内容。热环境的直接体现是有效温度，它具有三个影响因素：温度、湿度和风速。照明环境对运动的效率也会产生一定的影响，过暗或过明都不利于人们的体育活动。

3.1.4 人机工程学研究的主要内容

3.1.4.1 人与机器关系的设计

要设计体育器材的使用者与体育器材之间的关系，主要就是研究使用者，也就是人的自然特性和社会特性。在人的自然特性方面，应以研究人体形态特征参数、人的感知、反应特性以及人在使用过程中的心理特征等为主。在人的社会特性方面，应以研究人在使用过程中的社会行为等为主。

3.1.4.2 人-机系统的总体设计

人-机系统设计的目的是创造最优的人-机关系、最佳的使用效果、最舒适的工作环境，充分发挥人-机各自的特点，相互配合、协调工作。人-机系统的基本设计问题是人和机器之间如何有效的交流信息等。

3.1.4.3 工作场所和信息传递装置的设计

工作场所设计的合理与否，将对人的舒适健康和使用效果产生直接的影响。工作场所的设计一般包括：使用空间设计、辅助装置设计以及作业场所的总体布置等。这些设计都需要应用到人体测量学和生物力学等知识和数据。

3.1.4.4 环境控制和安全保护设计

在环境控制方面应保证照明、气候、噪声、振动等常见作业环境条件适合使用者舒适健康的要求。人-机系统设计的首要任务是保护使用者的人身安全。这方面的内容包括：防护装置、保险装置、冗余性设计、防止人为失误装置、事故控制方法、求援方法、安全保护措施等。

3.1.5 体育仪器器材中的人机工程学的发展趋势

随着机械化、自动化和信息化的高度发展，人的因素在体育器材的开发与设计、生产中的影响增多，人-机和谐发展的问题也就显得越来越重要，人机工程学在体育器材的开发与设计的地位与作用愈显出其重要性。体育仪器器材与其他机器有很大区别，其他机器是人在工作、劳动、生活过程中使用的，最终的目的是为了提高效率、提供方便等，而体育仪器器材是为了提高人体的机能、提高运动能力，最终为人体本身服务。所以在体育仪器器材开发研制过程中，更应该重视人体的相关知识。所以，我国体育仪器器材未来的发展，主要依靠自我研发，依据我国国民的相关参数，进行合理的开发设计，在这过程中一定要考虑到人机工程学的相关知识。

3.2 体育仪器器材中人体特性的研究

体育仪器器材设计开发中离不开人体特性的研究，在体育产品开发中应考虑“人的因素”，提供人体尺度参数：应用运动人体测量学、运动生物力学、运动生理学、运动心理学等学科的研究方法，对人体结构特征和机能特征进行研究，提供人体各部分的尺寸、体重、体表面积、密度、重心以及人体各部分在运动时相互关系和可及范围等人体结构特征参数，提供人体运动过程中各部分的用力范围、活动范围、动作速度、频率、重心变化以及动作连贯惯性等动态参数，分析人的视觉、听觉、触觉、嗅觉以及肢体感觉器官的机能特征，分析人在运动时的生理变化、能量消耗、疲劳程度以及对各种运动负荷的适应能力，探讨人在运动中影响心理状态的因素，及心理因素对运动效率的影响等。人体工程学的研究，同时结合其他学科，为体育器材的开发全面考虑“人的因素”提供了人体结构尺度，人体生理尺度和人的心理尺度等数据，这些数据可有效地运用到体育仪器器材的设计中。

3.2.1 人体测量基本知识

随着生活水平的提高，越来越多的体育仪器器材走进了人们的生活，如健身路径、健身器材等。当使用这些器材的时候，是否注意到这些体育器材的尺寸？这些器材的规格有一定的国际标准，这些标准的确定，以及进行新的器材的开发，都离不开人体测量所提供的数据。

人体测量学是通过对人体整体的测量与观察及对测量结果的分析探讨人体的特征、类型、变异和发展规律的科学。人体测量学是一门新兴的学科，它是通过测量人体各部位尺寸来确定个体之间和群体之间在人体尺寸上的差别，用以研究人的形态特征，从而为各种体育仪器器材提供人体测量数据。这些数据参数对体育仪器器材的工作空间设计，体育仪器器材设计及控制装置的设计具有重要的意义，并直接关系到合理的场地布置，保证使用者能够合理的、安全的、舒适的、准确的使用体育仪器器材，减少多余能量消耗，提高练习效果，避免运动损伤。

人机工程学范围内的人体形态测量数据主要有两类，即人体构造尺寸和功能尺寸。人体构造上的尺寸是静态尺寸；人体功能上的尺寸是动态尺寸，包括人在工作姿势下或在某种操作活动状态下测量的尺寸。

3.2.2 人体尺寸数据的应用方法

为了使体育仪器器材的设计更加合理，人体测量数据能够有效地利用，因此在应用过程中要注意以下几方面。

3.2.2.1 确定所设计产品的类型

在涉及人体尺寸的体育仪器器材设计中，设定产品的尺寸主要依据为人体尺寸百分位数，而人体尺寸百分位数的选用又与所设计的体育仪器器材类型密切相关。在 GB/T 12985—91 标准中，依据产品使用者人体尺寸的设计上限和下限值对产品尺寸设计进行分类，产品类型的名称及其定义。而体育仪器器材主要为成年男、女通用产品。

3.2.2.2 选择人体尺寸的百分位数

对产品尺寸设计类型，又可按产品的重要程度分为涉及人健康、安全的产品和一般工业产品两个等级。体育仪器器材主要为一般工业产品的等级。在确认所设计的产品类型及其等级之后，应选择人体尺寸百分位数，其选择的依据是满足度。在人机工程学设计中的满足度，是指所设计的产品在尺寸上能满足多少人使用，通常以适合使用的人数占使用者群体的百分比表示。

体育仪器器材由于用途不同，使用人群也不同。如体育测试器材、裁判器材等主要针对运动员、裁判员；健身器材及训练器材主要使用者主要为广大体育爱好者、健身人群等。由于针对不同的使用人群，在确定满足度时要根据实际情况，综合考虑。通常选用男性的 P_{99}、P_{95}或 P_{90}作为尺寸上限值；女性选用 P_1、P_5或 P_{10}作为尺寸下限值的依据。对于助残器材、残疾人比赛用器材，满足度指标除了满足通常选用的指标外，还要满足特殊要求的设计，其满足度指标可另行确定。因此满足度的确定应根据所设计产品使用者的尺寸差异、制造该产品技术上的可行性和经济上的合理性等因素进行综合优选。

按人体尺寸确定相关结构与空间尺寸的基本原则为：

（1）包容空间尺寸设计按第 95 百分位数（P_{95}）。包容空间是指以人为中心，包容人体（或某部分）的空间。例如最小作业空间（区域）、通道、维修空间、肢体自由活动空间、门、舱口等，对于这类空间，要求其可包容大多数人，按大身材设计，小身材的人当然也就包括在内。那么在体育器材中像健身器材，为了操作的舒适性和方便性，活动空间最大化。但从占用空间来考虑，只要保证活动顺利展开就可。这个空间就属于包容空间，要选用 P_{95} 百分位数，保证大身材的人能顺利开展活动。健身器的宽度应按照 P_{95} 的最大肩宽来设计，并加上修正余量；健身器的高度应按照 P_{95} 的立姿双手功能上举高来确定，并加上修正余量。

（2）被包容空间尺寸设计按第 5 百分位数（P_5）。被包容空间是指以人为中心，被人体（或某部分）所包容的空间。例如，肢体的可及范围、椅面高度、搬运物的宽度等，对于这类空间，应使小身材（P_5）能包容其空间，大身材人也就没有问题。例如体育器材肢体的伸及合格性是指人体与产品装配定位后，手、足可否触及产品的特定部分，并实现预定操纵。在人体百分位选用方面，根据一般产品的设计需要，分别满足使用人群的 90% 或 95%。

（3）最佳工作区位置尺寸按第 50 百分位数（P_{50}）。在包容与被包容关系中，要求空间适应人的极限状态，而对于某些频繁使用的操纵器，则希望能以最舒适的状态来进行操作，才不容易疲劳，并达到准确和高效。例如，重要的、使用频繁的或需精细操作的开关、旋钮等控制器的设置，各类机械主要操作手柄的设置等。这时应按中等身材人设计，因第 50 百分位附近，人的密度高，可使大多数人处于舒适、高效的作业状态。

（4）可调节结构尺寸的调节范围为第 5 至第 95 百分位数。由于人体尺寸的差异，欲使每个工作者能处于一种舒适、准确和高效的工作状态，则应将有关结构设计成为可调节的，例如，与控制台有关的座椅高度和脚踏板的高度等，应是可调节的，其尺寸应以 P_{50} 为基准，调节范围扩展到 $P_5 \sim P_{95}$。

3.2.2.3 确定功能修正量

有关人体尺寸标准中所列的数据是在裸体或穿单薄内衣的条件下测得的，测量时不穿鞋或穿纸拖鞋，而设计中所涉及的人体尺度应该是在穿衣服、穿鞋条件下的人体尺寸。因此，考虑有关人体尺寸时，必须给衣服、鞋等留下适当的余量，也就是在人体尺寸增加适当的着装修正量。

首先在考虑人体有关尺寸时，必须给衣服、鞋、帽留下适当的余量，也就是在人体尺寸上增加适当的着装修正量。其次，使用体育仪器器材进行体育锻炼时，身体姿势与自然放松姿势不同，要根据不同的训练部位、不同的训练目的，采用不同的身体姿势，因此，应考虑由于姿势不同而引起的变化量。对于何时采用何种姿势来锻炼，以达到提高身体机能在运动人体科学中进行了介绍，在这里不做详细介绍。最后还需考虑实现产品不同操作功能所需的修正量。所有这些修正量的总计为功能修正量。功能修正量随产品不同而异，通常为正值，但有时也可能为负值。

3.2.2.4 确定心理修正量

为了克服人们心理上产生的“空间压抑感”、“高度恐惧感”等心理感受，或者为了满足人们“求美”“求奇”等心理需要，在产品最小功能尺寸上应附加增量，称为心理修正量。心理修正量也是通过实验的方法求得。一般是通过被试者主观评价表的评分结果进行统计分析，求得心理修正量。

3.2.2.5 产品功能尺寸的确定

产品功能尺寸是指为确保实现产品某一功能而在设计时规定的产品尺寸。该尺寸通常是以设计界限值确定的人体尺寸为依据，再加上为确保产品某项功能实现所需的修正量。产品功能尺寸有最小功能尺寸和最佳功能尺寸两种，具体设定的通用公式为：

最小功能尺寸 = 人体尺寸的分位数 + 功能修正量

最佳功能尺寸 = 人体尺寸的分位数 + 功能修正量 + 心理修正量

3.2.3 体育器材功能尺寸的设计

体育仪器器材的功能尺寸的合理与否是体育器材设计科学性的重要体现，它直接关系到体育器材的使用效率和操作舒适度，关系到体育器材控制的准确率，关系到显示装置信息传达的有效性。因此体育仪器器材功能尺寸的确定在健身器材设计中占有非常重要的位置。体育器材功能尺寸的设计原则及方法，都是以人体测量学为基本理论依据的，科学的计算体育器材的结构部件的功能尺寸数值、取值范围、空间范围。这些功能尺寸数据范围的确立和所获得的计算方法，将对体育器材的设计起到十分重要的作用。

体育仪器器材功能尺寸的设计要满足定位人群大多数使用者能够使用原则；在对器材功能尺寸的设计时，合理分析功能尺寸位置，根据体育器材使用者操作和使用的生理需求，明确功能位置尺寸满足度，选择尺寸百分位，充分分析不同位置的使用特点和操作频率，分析功能修正量和心理修正量，确定不同使用部位的功能尺寸。

3.2.4 人的特性研究

在体育学的学科研究中，很多学科的主要内容就是对人的特性进行研究，像运动人体解剖学，运动人体生理学等。而在体育仪器器材研制过程中，对人的特性的研究仍是主要内容。人的特性研究是人-体育仪器器材-环境系统中的重要研究内容。到目前为止，人类还无法解释自身的所有生命现象。人机工程学研究人的特性，主要是为体育仪器器材设计提供科学的设计依据。其中，人体的感知特性，以及反应时间、生理节律、疲劳、失误等和人-机-环境系统的设计密切相关。视、听、触觉等指示装置的设计需要人体感知方面的生理指标参数，控制装置的设计需要肢体的运动特性参数，而要保证人-机系统正常工作，就需要了解反应时间、生理节律、疲劳、失误等人所特有的生理现象。

对于人-机系统中的操作者，如果把他作为一个独立的系统来研究，完整的人体从形态和功能上可划分为九大系统。各系统的功能活动相互联系、相互制约，在神经、体液的支配和调节下，构成完整统一的有机体，进行正常的功能活动。如果把操作者作为人-机系统中一个“环节”来研究，则人与外界直接发生联系的三个主要系统，即感觉系统、神经系统、运动系统，其他六个系统则认为是人体完成各种功能活动的辅助系统。人在操作过程中，机械通过显示器将信息传递给人的感觉器官，经中枢神经系统对信息进行处理后，在指挥运动系统操纵机器、改变机器所处的状态。对于人体的感知与运动输出的相关内容，在这里我们就不做详细的介绍。

3.3 体育器材设计中应注意的人机工程学

在体育仪器器材的设计中，不能仅考虑器材本身的功能性创作，而不考虑人机工程学的需求。因此，如何解决体育仪器器材与使用者之间在各方面都达到最优化，创造出与人的生理、心理、机能相协调的器材，这将是当今体育器材设计中的新课题。人体工程学的原理和规律是体育仪器器材设计者设计前就应该考虑的问题。

通过研究人体对环境中各种物理因素的反应和适应能力，分析声、光、热、振动等环境因素对人体的生理、心理以及训练效果的影响，确定了人在运动过程中所处的各种环境的运动、舒适范围，从而保证了运动的效果，为体育仪器器材的设计提供了设计方法和准则。这些充分体现了人机工程学，也为体育仪器器材设计开拓了新设计思路，并提供了独特的设计方法和理论依据。

3.3.1 人机界面的设计

人机系统中的人机界面是指人机直接进行信息交换的交换

面，它是人机系统中人与机之间传递和交换信息的媒介。人机界面包括软件人机界面和硬件人机界面。所谓软件人机界面是指人-计算机中人和计算机交互作用的界面，也称为人-计算机接口或用户界面，它是人-软件接口，也称为狭义的人机界面。将人-机器之间的接口广义的称作人机界面，即硬件人机界面。在人机界面中人的要素为感受器、中枢神经系统和运动器官，机的三要素为显示器、机体和控制器。

人机之间可通过显示器、控制器，实现人机之间信息的传递。显示器把机器运转状态的信息以一定的形式反馈于人的感官，控制器实现将机器输出信息转换为机器的输入信息。人机界面的信息转换效率主要取决于显示器与人的感官特性之间和控制器与人的反应器官特性之间的匹配程度（图 3-1）。

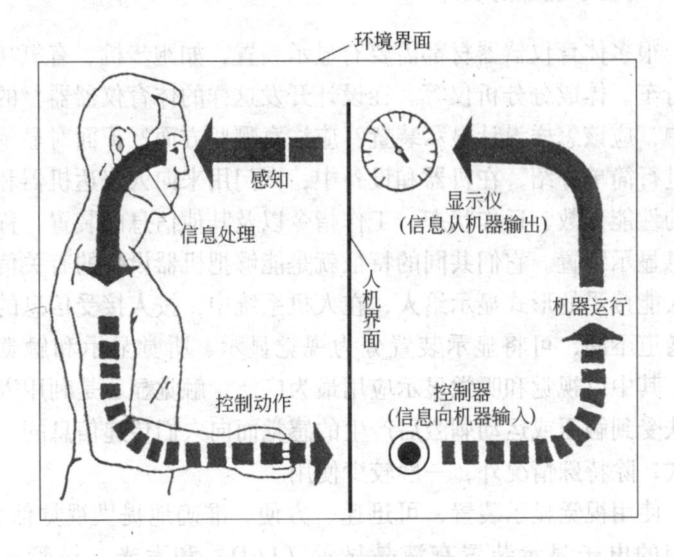

图 3-1 人在人机系统中的作用

体育仪器器材的人机界面是指体育器材使用者和器材之间实现信息传递和交互的显示、操作界面。体育器材的人机界面是用户与体育器材部件沟通的载体，在人机系统中起着人机交互的重要作用。人机界面设计的好与坏，直接关系到使用者对体育器材信息获得的准确率，关系到器材使用的安全性，影响到器材功能发挥的整体性。在体育器材人机界面的设计中，应在遵循一般人机界面设计原则的基础上，根据体育器材使用者的生理特征和行为习惯，结合运动过程中的生理变化，将功能实现的合理性，信息显示的科学性，操控装置的合理性作为分析设计的重点，同时注意体育器材对使用者的情感需求分析，让使用者和体育器材之间进行充分的信息交互，最终实现使用者对体育器材自由、方便、舒适的控制。体育仪器器材人机界面研究的内容主要包括以下几个方面：功能控制装置的人机分析与设计，视觉识别装置的人机分析与设计以及人机结合部位的分析与设计。

3.3.2 显示装置的设计

很多体育仪器器材都需要有显示装置，如跑步机、有氧功率自行车、体成分分析仪等。在设计开发这样的体育仪器器材的过程中，应该怎样设计显示装置？应注意哪些方面？下面对显示装置进行简单介绍。在机器和设备中，专门用来向人表达机器和设备的性能参数、运作状态、工作指令以及其他信息的装置，称为信息显示装置。它们共同的特征就是能够把机器设备的有关信息以人能接受的形式显示给人，在人机系统中，按人接受信息的感觉通道不同，可将显示装置分为视觉显示、听觉显示和触觉显示。其中以视觉和听觉显示应用最为广泛，触觉显示是利用人的皮肤受到触压或运动刺激后产生的感觉而向人们传递信息的一种方式，除特殊情况外，一般较少使用。

使用视觉显示装置，可迅速、方便、准确地提供视觉信息。常用的电子显示装置有液晶显示（LCD）和发光二极管显示（LED）。因此，电子显示器的布置应根据人的视觉特点，按最佳观察方式进行，设置在健身者能够容易准确识别的区域，方能提高视觉认读效率和精度。试验表明（如图3-2所示）在垂直面内水平视线以下30°和水平面内零线左、右两侧各15°的范围内，

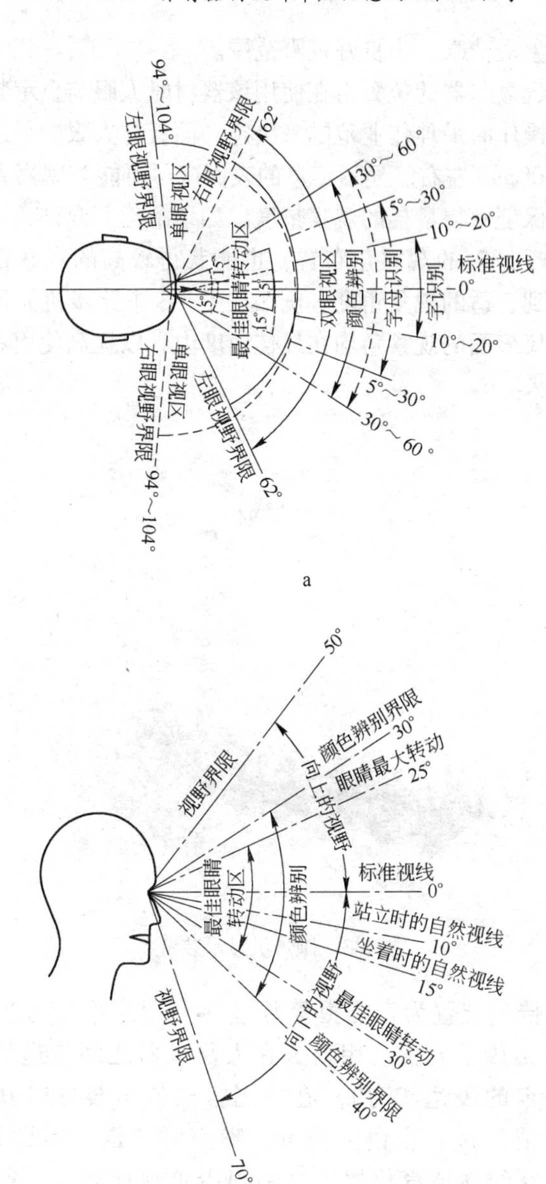

图 3-2 水平视野和垂直视野图示

获得的物象最清晰，为良好视野范围。

因此，显示器的位置由在使用该器材时人眼与显示装置面板的距离和操作时最佳作业范围来决定。面板与人眼的最适当距离为500～700mm左右。显示信息的表面应尽可能与观察者的视线垂直，以保证获得最佳的观察精度。如果条件不允许，显示器表面应按70°～80°的观察角布置，也能获得较高的观察精度。同时要考虑到合适的视角角度。例如在图3-3中跑步机显示仪表的布置，其仪表面的观察角均在最佳角度内，以提高使用者认读的精度和效果。

图3-3 跑步机显示装置

听觉传示装置为音响报警装置（利用示警信号来传达信息）和言语传示装置（用语言在人与机器之间传递信息，使其具有一定的表达能力）。在应用言语传示装置时其设计应注意言语清晰度、言语的强度、噪声对言语传示的影响等。听觉传示系统在体育仪器器材中很少单独使用，一般情况下是配合视觉显示装置，将信息更好的、更清晰、更准确的传达给使用者。

3.3.3 操纵装置设计

对于体育仪器器材中的操纵装置设计，首先要对人体的运动系统掌握清楚。人体的运动系统包括骨骼、关节和肌肉三大部分。骨与骨连接构成骨骼、肌肉收缩时牵引着骨骼围绕关节转动，使人产生各种各样的运动和操纵姿势。按完成操作的情况，动作类型可分为定位动作、重复动作、连续动作、逐次动作和调整动作。只有了解了这些动作类型，才能够更好地将操作装置设计到体育仪器器材中去。

体育仪器器材的操纵装置多为手动操作装置，但也有少量的脚动装置，由于体育仪器器材的最终目的与其他机器不同，体育仪器器材尤其是健身器材，主要的目的是使人体的机能得到锻炼与提高，因此在操纵力的方面，有时要求使用最大肌力。在常用的操纵器中，一般操纵并不需要使用最大操纵力，同时考虑到对操纵精度的要求也不会用力太小。从能量利用的角度来看，在不同的用力条件下，在使用最大肌力的一半和最大收缩速度的四分之一操作时，能量利用率最高，人较长时间工作也不会疲劳。而在体育健身器材中，为了发展肌肉力量，多半都是进行超负荷训练的，因此在进行体育仪器器材的设计时一定要根据实际情况进行操纵装置的设计与开发。例如：设计合理的手把，应考虑到手把的形状应与手的生理特点相适应；手把的形状便于触觉对其进行识别；尺寸应符合人手尺度的需要。在设计手握式工具时，除了要考虑一般的原则，还要考虑到解剖学因素，避免静肌负荷、保持手腕处于顺直状态、避免掌部组织受压力及避免手指重复动作等。而对与脚控操纵器的设计则应考虑适宜的操纵力、脚控操纵器的尺寸、脚踏板结构形式的选择等。

下面以跑步机为例，说明一下操纵装置的人机工程学分析与设计。在跑步机中，操纵装置主要集中在控制面板上，所以控制面板的设计必须保证使用者可以清楚的进行视觉识别以获得显示信息，同时方便、快速准确的进行操作，实现良好的人机交互。

首先要做的就是对跑步机中功能按键的数量及功能进行分析。现在的跑步机所具有的按键主要是开始、停止、模式、加速、减速、倾斜度增加、倾斜度减小、紧急制动（安全锁）等。在这些按键设置时一定要以使用的实际需要及心理感受为出发点，可进行增减功能按钮。

其次要进行控制面板功能区域划分。控制面板是使用者对跑步机进行控制的主要操作界面，因此对功能区域的划分及按键的排列直接关系到使用者及体育器材之间的人机信息交换，同时也关系到操作是否方便及操作效率，因此在设计时一定要考虑到这方面的因素，如人的反应特征，心理特征，行为习惯等。

从人机工程学的角度来看，一个理想的体育器材的设计方案只能是考虑各方面因素的折衷方案，不可能每个单项都是最优的，但应最大限度地减少操作者的不便和不适，达到锻炼的目的。根据人体生物力学、人体解剖学和生理学的特征，合理布置工作空间，将重要的操纵装置布置在最优作业范围内，按操纵装置的使用频率和操作顺序进行恰当布置，将使用频率高的操纵装置尽可能地布置在最优作业范围内，并依据操作顺序的先后，把功能相互联系的操纵装置安排得相互靠近，形成合理的顺序。布置时对于使用频率不高但功能主要的操纵装置，或使用频率很高但并不重要的操纵装置，需要特别注意进行全面的衡量，加以统一安排，作业面的布置要考虑人的最适宜的作业姿势、操作动作及动作范围。应当注意，以上原则往往难以同时得到满足，例如，若按使用功能布置就可能无法符合操作顺序的要求，而若按使用频率布置，很可能使某些重要的操纵装置无法布置在最优作业范围内。因此，在实际运用上述原则时，要根据实际人机系统的具体情况，统一考虑，全面权衡，从总体合理性上加以适当布置。

跑步机的功能区域主要有显示区域、控制区域、声音播放区域及存物区域。设计时要考虑到各区域与使用者之间的关系程度，使用频率及装置的重要程度等之间的权衡，从而达到最佳的人机控制界面。按键控制区域是使用频率最高，操作重要的部位，同时按钮面积较小，因此按键控制区域应该摆放在使用者最容易控制同时准确率最高的区域。通过以前我们所学习的知识可知应将功能按键布置在控制面板的正下方、左上方和右上方的区域内，设计时应根据按键的功能及使用的频率进行适当的调节。如图 3-4 所示。对于显示区域通过上面的分析应放置在控制面板的中间位置，因为这个位置基本上是视野范围良好，使用者能够清楚的获得显示信息。对于声音播放区域和存物区域这两个区域操作频率并不高，其位置的设计主要就是根据使用效果来进行定位。一般可将其分配到如图 3-4 所示的位置。

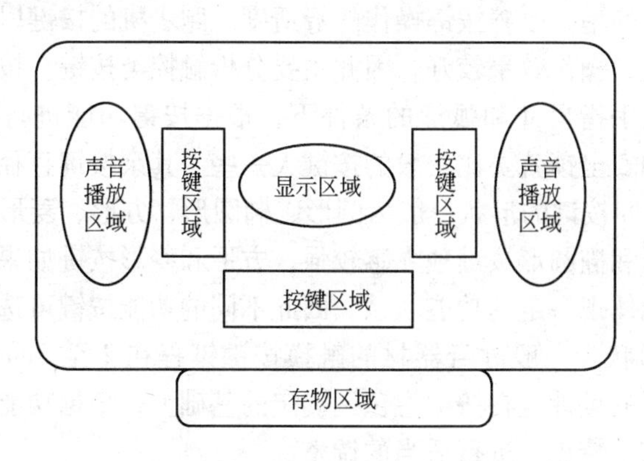

图 3-4 跑步机控制功能区分配

再次，对功能按键的具体位置及排列分析。功能控制按键位置的排列原则是应在满足使用者操作习惯、操纵心理和反应特性的基础上，在操作顺序、操作频率、操作准确性方面进行平衡。要根据操作顺序来确定按钮排列顺序，电源按键、心率测试提示图标、启动按键等，应由左到右设置在操控面板的下部。启动按键和停止按键因功能性质一致，用一个按键就可完成功能控制，第一次按下为启动功能，再次按下为停止运行功能。在操作顺序原则的基础上根据操作频率和操作准确性确定按钮的位置。速度按键是使用频率最高也是要求准确性最高的按键，因此应放在人们操作最快、最准确的位置，通过分析可放在控制面板的右侧。而坡度按钮如果仍放在控制面板右侧或底部则按键过于集中，增加了辨识的难度。因此可放在操作面板的左上方。安全锁是在使用者处于紧急状态下所使用的按键，因此应设计在人们盲目定位率高和操作速度快的位置，同时考虑到人们右手操作居多，同时考虑到使用时不被干扰，因此放在控制面板的下方离右手较近的位置同时与其他按钮有一定的距离。

最后，对按键的尺寸、形状、颜色、键程等方面的大小与颜色进行分析。跑步机功能的控制主要是通过按键的操作来实现的。按键人机工程学分析与设计的目的是提高使用者按键识别和操作的准确率、改善按键操作的舒适度。跑步机的按键以触控类按键为主，操作效果较好。因此主要分析触控类按键。按键大小应在适应手指尺寸和弧形的条件下，根据按键功能进行适当调整，例如安全锁就要比一般的按键大一些。其余按键直径大约在8～20mm。按键的形状一般为圆形、椭圆形、方形、菱形和三角形。圆形和椭圆形按键独立感较强，方形和菱形按键如果连续排列，则能体现一定的功能联系。因此不同的功能按键可选择不同的按键形状。一般健身器材的触摸按键键程在2至3mm为宜。按键色彩的设计应在按键主色调确定的基础上，根据功能和不同按键的使用特点，进行适当的调整。

3.3.4 事故分析与安全设计

保障系统安全是人机工程学追求的目标之一，因而事故分析和安全设计必然是人机工程学研究的主要内容。事故分析可为安全设计提供思路；而安全设计又可为有效控制事故提供措施。显然，事故分析和安全设计的目的是使系统达到最佳安全状态。体育器材的安全问题，有关的国家标准和国际标准均有明确的规定，如固定的训练器材一般安全要求和试验方法（EN957—1—1999），设计时应严格按标准规定执行。

事故原因是多种多样的，但主要有人、物、环境、管理四个方面。在体育仪器器材的事故中，主要的原因为人和物的因素。如人的不当使用、违规使用导致的或仪器器材本身固有的属性及潜在的破坏能力构成的不安全因素等。面对种种不安全因素，只凭人的注意力来确保机器设备的安全是不恰当的，因此对仪器器材进行安全设计是十分必要的。

安全防护是通过采用安全装置或防护装置对一些危险进行预防的安全技术措施，是通过其自身的结构功能限制或防止机器的某些危险运动或限制其运动速度、压力等危险因素，以防止危险的产生或减小风险。安全装置与防护装置的区别是：安全装置是通过其自身的结构功能限制或防止机器的某些危险运动，或限制其运动速度、压力等危险因素，以防止危险的产生或减小风险；防护装置是通过物体障碍方式防止人或人体部分进入危险区。究竟采用安全装置还是采用防护装置，或者二者并用，设计者要根据具体情况而定。安全装置是消除或减小风险的装置，常用的安全装置有连锁装置、双手控制按钮、利用感应控制安全距离、自动停机装置、机械抑制装置、有限运动装置、警示装置、应急制动开关等。防护装置也是机器的一个构成部分，这一部分的功能是以物体障碍方式提供安全防护的。如机壳、罩、屏、门、盖、封闭式装置等。专为防护人身安全而设置在机械上的各种防护装置，其结构和布局应设计合理，使人体各部位均不能直接进入安全区。

体育器材安全性、可靠性方面的人机设计应结合运动生理学和生物力学等相关知识，以人机工程学的思想为指导，把防范使用者在运动过程中出现的危险作为主要目的。主要包括两个方面：一是防范特殊人群出现运动危险；二是防范正常人群在过于剧烈运动或达到运动极限后产生的危险。通过对体育器材的安全性设计，使其具备人性化的防范措施，防备因使用体育器材而发生意外事故。第一个方面可以通过设计不同人群不同功能模式的设计来进行防范。第二个方面，可将使用者的运动心率作为危险防范的参考数值。通过软件的跟踪与控制，当超过运动者自身能力时体育器材发出声音或色彩的警示信息，对使用者进行相应的减缓运动强度提醒，自行调节运动挡次。

再如在跑步机的设计过程中，就有一个急停装置，称为安全锁。安全锁对减小器材的危险性具有重要意义，现有的安全锁以磁铁吸附，通过细绳与使用者连接。启用时，直接拉动细绳，磁铁分离，跑步机停止，从而保证运动者的安全，这就是安全装置的设计。还有史密斯机在设计上的改变，传统的史密斯机支架上只有几个挡来放杠铃，但现在的史密斯机在支架上等距的不同的凹洞处，在杠铃上装上挂钩，可以挂在凹洞里，这样有助于保护使用者。如图 3-5 所示。

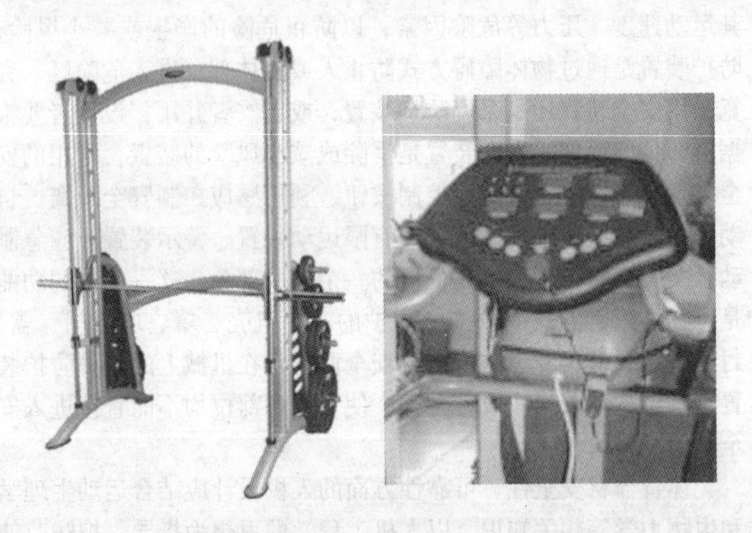

图 3-5　史密斯机及跑步机安全保护设计体现

在体育器材的使用过程中，有可能会触碰到体育器材的某些部分。为保护使用者因触碰发生不必要的伤害，在对体育健身器材设计时，应以圆润部件为主，避免产生尖锐的棱角，并将有可能产生触碰的部位，覆盖上柔软的橡胶垫。处于对老年人的保护在体育器材的高度上应进行适当的考虑与调整。

3.3.5 人机系统的总体设计

体育仪器器材功能效果的高低主要取决于它的总体设计，即在整体上使器材与人体相适应，解决好人与体育仪器器材之间信息交流的问题，使二者能够形成一个整体，达到预想的目的。这就要求了解人的特性、机的特性、环境的特性；处理好人与体育仪器器材的关系、人与环境的关系、体育仪器器材与环境的关系；使人、体育仪器器材和环境三者组成的系统性能最优。人机系统的建立包括系统的设计和系统的设计评价两大部分，设计评价是人机系统设计中的重要一环。在体育仪器器材设计过程中一定要重视系统的设计评价。在人机系统的评价方法中，用检查表进行评价是一种较为普遍、初步定性的评价方法。该方法既可用于系统评价，也可用于单元评价。系统分析检查表是指对整个人机系统，包括人、机、环境，进行检查。

3.4 基于人机工程学体育器材设计的实例分析

本节将参考《基于人机工程学的网球轮椅设计》一文，来举例说明人机工程学在体育器材设计中的应用方法与步骤。轮椅网球是残疾人依靠手臂以车代步在网球场上进行比赛的一种特殊的体育项目，随着人类社会的进步，残疾人体育活动逐步受到重视，由于网球轮椅的运动特点，下肢肢残者可以通过网球轮椅进行适当的户外体育活动，网球轮椅越来越多地被残疾人使用，网球轮椅的安全性、高效率性、乘坐舒适性等人机工程学方面的因素得到了设计者更多的重视。将网球轮椅置“人-机-环境”系统中，按人机工程学原理进行设计。网球轮椅的人机工程设计的好坏直接关系到残疾人的安全与健康，按照“以人为本”的设计理念，在网球轮椅的设计过程中注重“人-网球轮椅-环境”的统一协调。

3.4.1 三维人体模型的建立

3.4.1.1 分析人-网球轮椅-环境系统中人的特性

研究人-机-环境系统的基本目的是为了获得系统的最优效果，即整个系统具有高工效、高安全性，对人有较好的舒适度。在人和网球轮椅的人机系统中，人是人机系统中最重要、最活跃的环节，同时也是最难控制的环节。对人特性的研究，是人机工程学的基础。要使各种装置负荷符合人的生理特性，包括人体尺寸、肢体活动范围、人对各种负荷的承受能力等。

3.4.1.2 建立人体模型的基础数据及处理

根据网球轮椅所面向的市场，选择适合人体测量数据来建立三维人体模型。但由于测量条件及并未提供足够的三维信息，这就在某种程度上来说建立的三维人体模型只能是一种简化的模型。在选用人体测量数据时要遵守应用原则，合理选择百分位数。在采用百分位数据时，有两点要特别注意，首先，人体测量中的每一个百分位数只表示某一项人体尺寸。例如，身高或坐高。其次，根据实际测量的统计一个人的身体各部分尺寸并不是分布在同一百分位上的。各种人体尺寸都处于同一百分位上的人在实际中是不存在的。

3.4.2 网球轮椅的三维设计

3.4.2.1 网球轮椅设计中的人机工程学

“人-机-环境”系统的思想是指导网球轮椅总布置设计的核心。在“人-网球轮椅-环境”系统中，“人”是指运动员，对应为残疾人使用者，“机”对应为运动员操作控制的对象即网球轮椅，“环境”对应为影响运动员驾驶和乘坐行为的作业空间。网球轮椅总体设计中提出的人机工程方面的性能要求，例如姿态的合理性、乘坐舒适性、手脚的伸及性、身体的容纳、上下车的方便性都是以“人”为主体提出来的。网球轮椅人机工程设计主要研究“人-网球轮椅-环境”系统中的乘员、乘员操作控制的对象、作业空间三要素之间的相互作用和相互关系。

A 人机工程学的研究目的、内容

在人与网球轮椅这样一个人机系统中，人的体力负荷相对要高，对于网球轮椅的结构设计就要求较高。对舒适需要的满足，也是人机工程的目的所在；比如提高安全性、减少疲劳和压力、增加舒适感、增加工作满意度和改善生活质量等。人机工程学的研究目的就是如何满足这三个方面的需要并达到最优化。

B 运动员坐姿的生理学特征

坐姿是网球轮椅运动员的主要工作姿势，其舒适性与人体躯干骨的组织结构密切相关。运动员的坐姿对生理的影响程度是随时间的增长而加大的。不正确的坐姿或者不合理的座椅设计会容易使运动员产生疲劳，甚至会给身体造成无法恢复的永久损坏。在坐姿驾驶状态下，与座椅设计合理程度直接相关的几个受影响的人体部位为腿部、臀部、腰部以及颈部等。

（1）腿部。影响腿部的因素主要有座面高度和座面前沿高度两项。座面过高时，腿部肌肉得不到充分放松，血流下沉，会造成腿部酸胀；座面前沿过高或者过于靠前会压迫大腿下侧的血管和神经，产生血流不畅和麻木感。

（2）臀部。对于臀部的影响主要来自座面，平而硬的座面使压力集中在坐骨结节下面的臀部肌肉，时间长了会造成坐疮。太软的座面会使臀部陷得太深，使压力从最主要的支撑点坐骨结节转移到臀部四周的肌肉，造成肌肉的酸痛。

（3）腰部。不良的坐姿对腰部的影响最大，会造成椎间盘突出和腰部肌肉劳损等疾病。腰部挺直的坐姿，可使脊椎保持自然形状，椎间盘内外受压均匀，因此，这种坐姿对脊椎骨十分有利；但另一方面，这种腰部挺直的坐姿会造成腰部肌肉的疲劳。当躯干向前弯曲时，腰部肌肉比较松弛，但脊柱的弯曲会造成椎间盘内外压力不均匀，形成压力梯度，严重的会将椎间盘从腰椎之间挤出来，压迫中枢神经，以致造成坐骨神经极度疼痛，使人失去活动能力。由上面的叙述可以看出，腰部的问题并不简单，其原因在于脊椎和腰肌对坐姿的要求是相互矛盾的，不可能有一种完美的坐姿使两方面都满意。因此，比较有效的方法是使躯干交替地处于两种姿态中，这对两者都有好处。

(4) 颈部。躯干过分前倾或是过分后倾会使头部的重心移出颈部的范围，加重了颈部肌肉的负担，造成颈部肌肉疼痛，严重的会造成颈椎炎症。

除上述几点外，长时间保持坐姿会使腹部脂肪堆积，脏器功能下降，进而造成整个体质下降。显然，坐姿是一个相当复杂的人机问题。一个绝对完美的坐姿是不存在的，相对合理的坐姿只是各种互相矛盾的需要的妥协，可以肯定的只有一点，经常改变姿态对人的各个部分都是有利的，从这个意义上讲，硬度较大的座椅可能比柔软的座椅更适合长时间使用。

C 运动员的运动学特性

在人与网球轮椅构成的系统中，因为人要完成控制和驱动的作用，所以在网球轮椅的设计中应考虑到人自身的特点，这不仅包括人的结构尺寸如身高、肢体长度等，还要考虑到人的一些运动特性。

(1) 人体动作的用力特点。人体大肌肉关节的突然弯曲和伸直，可以产生很大的爆发力，并伴有运动肢体的冲力，可以获得较大的力量。

(2) 人体动作的灵活性的特点。人体肢体在水平面上的运动比垂直面的运动速度快，肢体从上往下较从下往上运动快。

(3) 在网球轮椅前进后退和回转时手臂长时间的往复运动的用力，应尽量避免静态用力，静态用力很容易引起疲劳。

设计中应考虑人的运动特性选择适当的用力方法，尽量按生物学原理用力，把力用在完成某一动作的做功上，避免浪费在身体本身或不合理的动作上，应考虑人在做动作时的自然舒适度，也要考虑减少参与动作的部分，减少相关的动作。考虑到人的生理特点，人的用力特点，减少疲劳的产生等因素。提高网球轮椅省力、安全、高效、舒适等综合性能，将会使网球轮椅的结构发生改变，并使性能有很大的改善。

3.4.2.2 网球轮椅的结构设计

网球轮椅是一种运动轮椅，它的结构设计应符合轮椅网球运动的特点：安全性、平衡性、稳定性。对于网球轮椅的安全结构主要指抗倾翻装置。在设计中基于人机工程学的理论对已有的网球轮椅进行改进、创新，在材料的选择上需要进一步改进。

3.4.2.3 网球轮椅作业空间的概念及设计原则

运动员操纵网球轮椅时所需要的活动空间，称为网球轮椅的作业空间。作业空间的设计应按照人的操作要求进行合理的空间布置。从人的需要出发，对网球轮椅座椅系统进行合理的设计，为操作者创造舒适而方便的工作空间。优良的作业空间可以使操作者工作起来安全可靠、舒适方便，有利于提高工作效率。作业空间设计要着眼于人，在充分考虑人需要的基础上，为人创造既安全舒适又经济高效的作业条件，对于网球轮椅的作业空间设计一般包括空间布置设计、座椅尺寸设计，其人机工程学原则为作业空间设计必须从人的要求出发，保证人的效率、舒适，从客观条件的实际出发，处理好效率、舒适、经济等诸方面的关系。

A 空间布置原则

网球轮椅的作业空间布置，在设计过程中必须遵循一定的设计原则。

（1）作业空间设计必须从人的要求出发，这是保证运动员安全、提高效率和舒适度的最基本的原则。

（2）运动员和操作部件的位置关系，应根据人体生物力学、人体解剖学和生理学的特性。遵循便于运动员重要和常用的部件，应布置在运动员最容易达到的位置。

（3）将功能相互联系的装置布置在一起以利于运动员进行

操纵。操作区域应按运动员在操作过程中的使用顺序合理布置。

(4) 需尽量利用人体的触觉功能和操作习惯定位。

(5) 在进行作业空间设计时，作业空间对运动员心理的影响，也是一个必须考虑的因素。实验证明，操作部件对运动员的人身空间和领域的侵扰，可使人产生不安感、不舒适感和紧张感，难以保持良好的心理状态，进而影响驾驶操作效率。

网球轮椅的使用者采用坐姿操作，其特点是需要连续和较长时间操作、需要精确而细致操作、需要手动操作。作业范围为操作者在正常坐姿下，手和脚可伸及的一定范围的三维空间。随作业面高度、手偏离身体中线的距离及手离中线高度的不同，其舒适的作业范围也在发生变化。

B 网球轮椅运动员的坐姿舒适性

运动员的坐姿舒适性，主要取决于座椅系统能否为人提供舒适而稳定的坐姿，运动员-座椅-操纵系统的几何位置关系能否为运动员提供良好的操纵机构与舒适位置。基于以上舒适性的决定因素，运动员的坐姿舒适性应包括以下内容：

(1) 静态舒适性：指座椅与人体的匹配关系能否为运动员创造舒适坐姿的条件，以及所能提供的舒适程度。静态舒适性所要研究和解决的问题，主要是根据人体适合的坐姿要求和人体测量数据优化设计舒适座椅的结构、尺寸及其调整参数。

(2) 振动舒适性：指座椅及车体支架等部件隔离、吸收、缓和、衰减行驶和作业中所产生的各种冲击和振动的能力，最终能否使传给运动员身体的振动强度处于人体承受振动的舒适性界限之内，以及人体感受舒适的程度。由于轮胎是机体与地面间的唯一弹性支撑元件，这使得网球轮椅运动员所承受的振动负荷大。

(3) 活动舒适性：运动员的操作活动的舒适性，又称为操作舒适性。操作舒适性所要研究和解决的问题，主要是运动员-座椅系统-操纵装置合理匹配。

C 人体肢体舒适活动范围

人体肢体活动范围主要受骨骼和韧带的限制，是影响人的运动能力的主要因素，种族、性别、年龄、行为、习惯的不同也会对肢体活动范围产生影响。因此在确定驾驶姿势时，人体肢体的舒适活动范围是需要考虑的一个重要问题。如图 3-6 所示，为运动员坐姿的舒适活动范围。

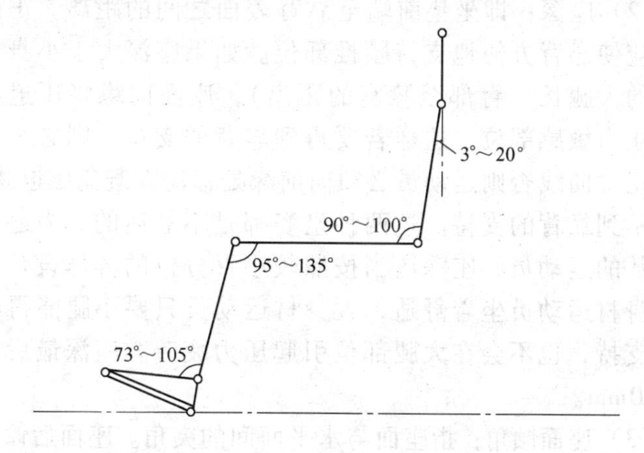

图 3-6 运动员坐姿的舒适活动范围

在这种活动范围的坐姿下驾驶，运动员的腰曲弧线受拉伸最小，腰背部的肌肉处于松弛状态，大腿血管不受压迫，颈曲弧线变化也小，从而被认为是理想的舒适驾驶姿势。

D 网球轮椅座椅空间位置的确定方法

座椅空间位置设计的合适与否，直接影响到运动员能否有一个能达到安全高效操纵的位置和能否有一个舒适而稳定的坐姿。目前普遍采用 SAEJ1517 给出的计算方法来确定座椅位置。

E 驾驶座椅静态参数的选取原则和确定

网球轮椅座椅的几何尺寸应按照《中国成年人人体尺寸》

GB 10000—88 按照 5% 的女性到 95% 男性的人体尺寸确定的。基于人机工程学原理的座椅有关参数的选取方法，确定了网球轮椅的静态几何参数。

(1) 座宽：座宽必须依据大身材人体尺寸进行设计。臀宽以女性群体尺寸上限为设计依据，为使运动员能调整坐姿，座宽应稍大于臀宽。座宽亦不能太大，否则肘部必须向两侧伸展以寻取支撑点，这样会引起肩部疲劳。参照 95% 的成年女子的臀宽尺寸，最后确定为 396mm。

(2) 座深：即坐垫前端至靠背表面之间的距离。正确的座深应使靠背方便地支持腰椎部位。如果座深大于小身材运动员的大腿长（臀部至膝窝的距离），座面前缘将压迫膝窝处的压力敏感部位，这样若要得到靠背的支持，则必须改变腰部正常曲线否则运动员必须向前缘处移动以避免压迫膝窝，却得不到靠背的支持。这两种坐姿都是不舒适的，为适应绝大多数的运动员，座深应当按照较小百分位的群体设计，这样小身材运动员坐着舒适，大身材运动员只要小腿能得到稳定的支持，也不会在大腿部位引起压力疲劳。座深最后确定为 480mm。

(3) 座面倾角：指座面与水平面间的夹角。座面后倾的作用有两点一是由于重力，躯干后移，使背部抵靠靠背，获得支持，可以降低背肌静压；二是防止坐者从座面前缘滑出座面，这对于经常处于震动颠簸环境中的运动员座椅非常重要，但是如果座面过分后倾，进行驾驶操作时，脊椎因身体前曲而会被拉直，破坏正常的腰椎曲线，形成一种费力的姿势，同时还会压迫腹部，长期驾驶会造成生理上的伤害。因此倾角不能太大，一般为 4°~8°，坐垫表面最好有与臀部形态相适应的曲面，最后确定为 5°。

(4) 本文设计的网球轮椅要满足大多数运动员的要求，踏板高度设计为可调。

(5) 椅垫：坐姿状态下，与座面紧密接触的实际上只是臀部的两块坐骨结节，其上只有少量肌肉，人体重量75%的左右由约25cm^{2}的坐骨周围的部位来支撑，这样久坐足以产生压力疲劳，导致臀部痛楚并伴有麻木感。若在座面上加上软硬适度的坐垫，经测试研究表明，坐于坐垫上的臀部压力值大为降低，而接触支撑面积也由900cm^{2}增大到1050cm^2，使压力分散。坐垫的另一优点是能使身体处于一种较稳定的姿势，因为身体可以适度地陷入坐垫，坐垫的软硬要适度。过硬的坐垫不足以起到预想的作用，太软的坐垫则使身体陷入其中，无法得到应有的支持，造成坐姿不稳，而身体为了维持一定的姿势，不得不使肌肉紧张，容易产生疲劳。

根据以上的参数选取原则，我们将对网球轮椅座椅设计效果的综合要求归纳为贴合感、侧向稳定感合、腰椎依托感、震动弹性感、坐垫与靠背的软硬感等。

3.4.3 网球轮椅设计中的人机工程评价

“人-机-环境”系统的思想是指导网球轮椅设计的核心，而网球轮椅人机工程评价就是对这种设计进行的校核和评判，所以同样需要以“人-机-环境”系统的思想为指导。网球轮椅设计中提出的人机工程方面的性能要求，网球轮椅的人机工程设计和评价就是人机工程学在轮椅领域的应用与拓展，主要研究人-网球轮椅之间的相互作用和相互关系。

人机工程评价是人机工程学在网球轮椅设计中的另一任务，是对网球轮椅人机工程设计的评价。所以网球轮椅设计中人机工程评价的内容是由其人机工程设计的内容决定的，网球轮椅实体建模解决了网球轮椅的结构设计，作业空间和座椅系统的设计等问题，两者决定了运动员的驾驶位置以及运动员的姿态，构成了主要影响人体姿态和舒适感的因素，人机工程评价阶段借助于三维实物模型由三维人体模型参与来完成。

在人机工程分析与评价系统中，常用的人机评价方法有舒适度分析、姿势预测、可及范围、疲劳和恢复、手动操作局限分析、姿势分析、预定时间标准法、快速上肢评估、静态受力预测等。针对网球轮椅的特点，考虑到高效、舒适和省力等设计要素，主要实现了作业空间容纳和伸及合格性、平衡、姿态舒适度的分析与评价。

该评价过程建立了一套完整的人机工程分析与评价系统，进行了网球轮椅人机工程仿真，对网球轮椅的作业空间容纳合格性和伸及的合格性、平衡性和人体运动姿态的舒适性进行了分析和评价。

4 体育器材机械运动方案设计

4.1 体育器材机械运动方案设计

体育器材机械系统方案设计是体育产品创新与质量保证的首要环节。

一般而言，机械产品是以机械运动为特征的技术系统，所以体育器材机械系统方案设计的核心是机械运动方案设计，它在体育器材机械系统设计的总体中，占有十分重要的地位，也是最具创造性和综合性的内容。

4.1.1 体育器材机械的基本组成要素

机械通常是由某种或多种机构组成的，各种机构在机械中起着不同的作用。最接近被作业工件一端的机构称为执行机构，其中接触作业工件或执行终端运动的构件称为执行构件。机械中执行机构的协同动作使执行构件能够完成具有特定功能的工作。

一个体育器材机械系统一般包含机械结构系统、驱动动力系统、检测与控制系统。一部完整的体育器材的基本组成如图 4-1 所示。

4.1.2 设计体育器材的一般程序

(1) 计划阶段。在体育器材的设计中，计划阶段只是一个预备阶段，对所要设计的器材仅有一个模糊的概念。在此阶段，通过分析，明确器材所具有的功能，并提出约束条件，写出任务说明书。说明书大致包括：器材的功能，经济性和制造方面估计，使用要求等。如代步康复两用轮椅：

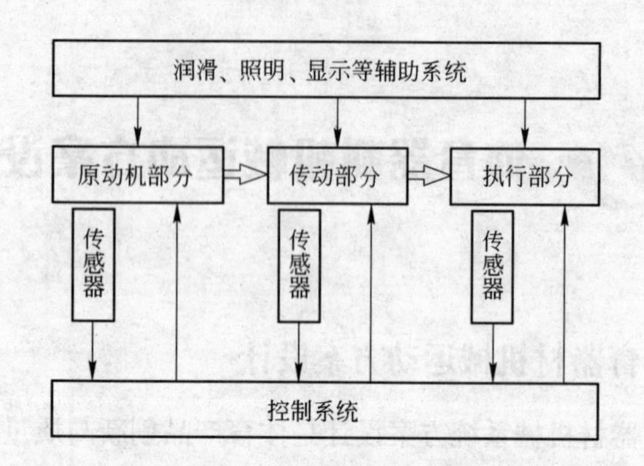

图 4-1　体育器材的基本组成

1）使用轮椅的代步功能的同时使身体得到锻炼。至于锻炼的方法不确定，只是一个模糊的概念。

2）明确轮椅所应具有的功能，因为面向的是行动不便的病人或伤者，所以要以活动四肢为主，轮椅的速度要缓慢，不宜采用电驱动，以人推动作为驱动力。轮椅以代步为主，可以人为的控制锻炼的功能，必要时可以中断锻炼的功能，随时调整锻炼与否和行进的速度。

3）经济性的估计。轮椅不能超出人的购买力，所以在加工、制造等方面要合理安排，既要满足功能要求又要考虑经济性。

（2）方案设计阶段。通过对体育器材功能的分析，提出功能中必须达到的要求、最低要求和希望达到的要求，确定功能的可实现性，最后确定功能参数。

（3）技术设计阶段。技术设计阶段产生部件装配草图和总装配草图。通过装配草图确定零部件外形基本尺寸。其中包括以下工作：

1）器材的运动学设计；

2）器材的动力学计算；

3）零件的工作能力设计；

4）部件图和总装配图设计；

5）主要零件校核。

（4）技术文件编制阶段。常用技术文件有：器材设计计算说明书、使用说明书、标准件明细表。

4.1.3 体育器材机械运动方案设计的主要步骤

（1）工艺参数的给定及运动参数的确定。设计一部体育器材之初，首先要明确其工作任务，周边环境以及详细的工艺要求，即给出工艺参数。工艺参数是一部体育器材进行方案设计和机构设计的原始依据。如代步康复两用轮椅设计，首先应确定轮椅的外形尺寸、手臂伸缩距离及腿摆动角度，据此可确定传动形式，选择动力源及传动方式。

（2）执行构件间运动关系的确定及运动循环图的绘制。一般一部体育器材的工作任务是由多个执行构件共同完成的，所以各执行构件间必然有一定的协同动作关系，如与主动件运动转角间的关系，执行构件之间的时间顺序关系等。运动循环图是最直观表示这种关系的方法。

所谓运动循环图就是标明机械在一个运动循环中各执行构件间的运动配合时序关系图。由于机械可在主轴或分配轴转动一周或若干周内完成一个运动循环，故运动循环图常以主轴或分配轴的转角为坐标来绘制。通常选取机械中某一主要的执行构件作为参考件，取其有代表性的特征位置作起始位置（常以生产工艺的起始点作为运动循环的起始点），由此来确定其他执行构件相对该主要执行构件的先后次序和配合关系。

（3）原动机的选择及执行机构的确定。执行机构是机械运动方案设计的核心部分。执行机构方案设计的好坏，对机械能否完成预期的工作任务、保证工作质量起着决定性的作用。原动机的类型很多，特性各异。原动机的机械特性及各项性能与执行机构的负载特性和工作要求是否相匹配，将直接影响整个体育器材机械系统的工作性能和构造特征。因此，合理选择原动机的类型也是机械运动方案设计中的一个重要环节。

（4）机构的选择及创新性设计。这是方案设计中最关键，也是最活跃的一步。设计者可在种类繁多、五花八门的机构中任意选择，并进行合理组合，一般可以满足机器性能指标的要求。但有时某些运动和动作，又使设计者无法应用已有的机构和机构组合来完成。此时，十分需要设计者开辟新思路，巧妙构思，创造出新的机构或机构组合来，这不但能圆满地达到机器的使用性能指标要求，并且可以创造出机构简单、使用安全、维护方便、满足经济性要求的新设计来。

（5）方案的比较与决策。一个设计可由多个方案实现，每个方案所使用的机构也不尽相同，有时甚至迥异。在达到性能指标的前提下，应根据机构组合的复杂程度、对精度的影响、经济性和易维修性等对不同方案进行比较和决策。一般对重要的、复杂的体育器材的方案设计的取舍有时在结构设计基本完成后进行，因为此时强度、刚度、各机构间是否干涉、经济性和易维修性等许多问题才可能充分暴露出来。

4.1.4 机构选型

4.1.4.1 传动机构

常用的传动机构有：

（1）齿轮机构应用在中心距较小，传动精度较高，各种不同传递动力范围的场合。

（2）螺旋机构。在许多机械设备中大量应用着螺旋机构（又称丝杠传动），它主要用于将回转运动转变为直线运动。

（3）带传动与链传动。带传动及链传动多用于中心距较大的传动。

(4) 连杆机构。连杆机构在机械设备及日常生活中有大量应用。

(5) 凸轮机构。由于凸轮机构是高副接触，决定了这种机构主要用于传递运动。

4.1.4.2 执行机构

机器中最接近被作业工件一端的机构称为执行机构。执行机构中接触工件或执行终端运动的构件称为执行构件。机器通过执行构件完成作业任务。

执行机构的运动主要分为直线运动、回转运动、任意轨迹运动、点到点的运动及位到位的运动等五种运动形式。实现不同运动形式的典型机构主要有：

A 直线运动的机构

(1) 齿轮-齿条机构。齿轮的正、反向回转可以使齿条做往复直线运动，如图 4-2 所示。

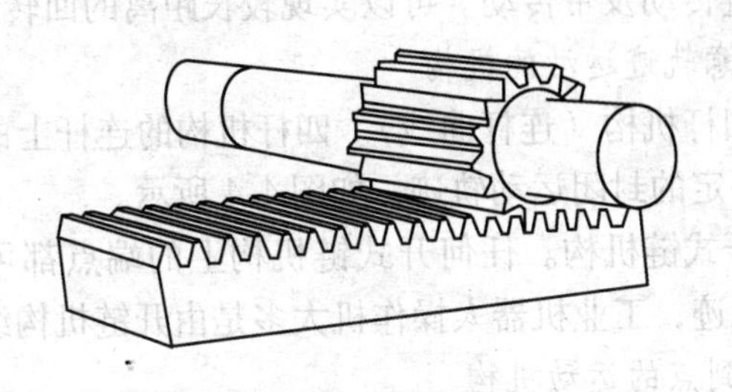

图 4-2 齿轮-齿条机构

(2) 螺旋机构。丝杠的回转可以使螺母实现往复直线运动。

(3) 曲柄滑块机构。当曲柄连续回转时，滑块可做往复直线运动，如图 4-3 所示。

(4) 有特定尺寸的四杆机构（连杆曲线在某一区段的直线运动）。当四杆机构中的杆件尺寸满足 $BC = CD = CM = 2.5AB$，$AD = 2AB$ 时，曲柄连续回转，则连杆上的 M 点在某一运动段上的轨迹为近似直线。

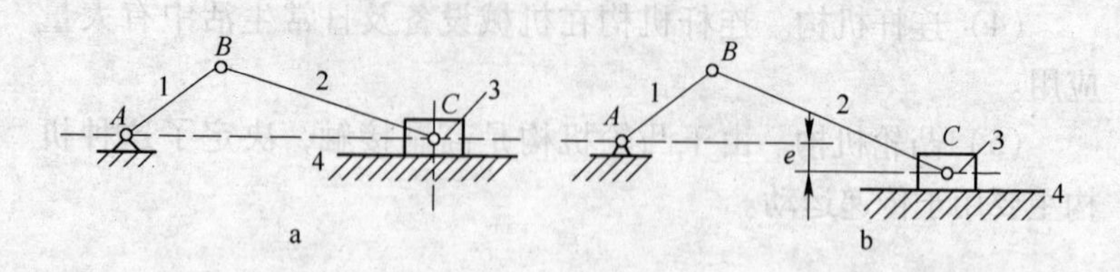

图 4-3 曲柄滑块机构

a—对心曲柄滑块机构；b—偏心曲柄滑块机构

1—曲柄；2—连杆；3—滑块；4—机架

（5）链传动（直线段部分的运动）。带有翼片的链传动，可以拖动被作业件在两链轮间的直线段做直线运动。

B 回转运动的机构

（1）齿轮传动机构。

（2）双曲柄机构。一曲柄回转可带动另一曲柄做等速或不等速的回转运动。

（3）链传动及带传动。可以实现较长距离的回转运动。

C 任意轨迹运动的机构

（1）四杆机构（连杆曲线）。四杆机构的连杆上的每一点均可以实现一定的封闭运动轨迹，如图 4-4 所示。

（2）开式链机构。任何开式链机构上的端点都可以实现一定的运动轨迹，工业机器人操作机大多是由开链机构组成的。

D 点到点的运动机构

（1）曲柄滑块机构。合理的设计曲柄滑块机构的尺寸，可以实现滑块点到点的运动。

（2）凸轮机构。摆动从动件凸轮机构及直动从动件凸轮机构均可实现点到点的运动，如图 4-5 所示。

4.1.5 组合机构的组成

单一的基本机构往往由于其本身所固有的局限性而无法满足多方面的要求。为了满足生产发展所提出的许多新的、更高的要

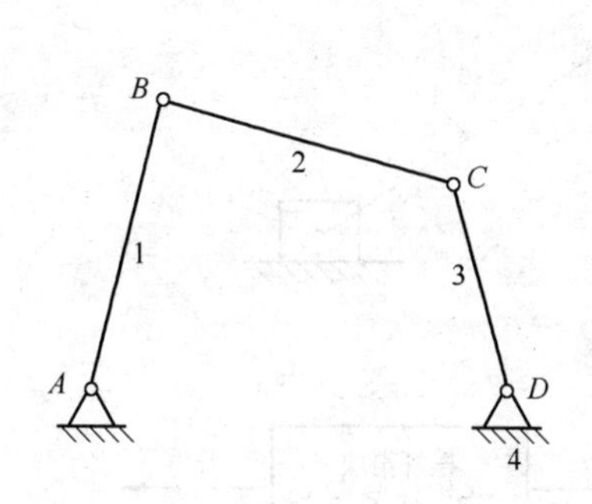

图 4-4 铰链四杆机构的组成

1，3—连架杆；2—连杆；4—机架

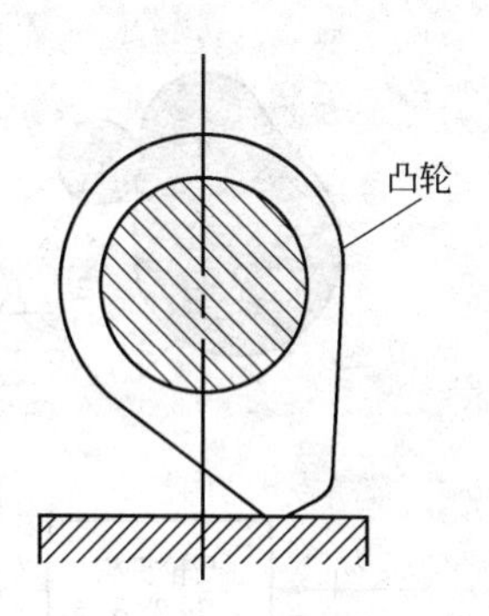

图 4-5 凸轮机构

求，人们尝试将各种基本机构进行适当的组合，使各基本机构既能发挥其特长，又能避免其本身固有的局限性，从而形成结构简单、设计方便、性能优良的机构系统，以满足生产中所提出的多种要求并提高生产自动化的程度。

将几个基本机构按一定原则或规律组合成一个复杂的机构或体育器材机械系统，称为机构的组合（combination of mechanisms）。机构的组合，其实质就是通过各种基本机构间的一定形式的相互连接，实现前置输出运动的变换、叠加和组调，得到输入—输出不同于任何基本机构的运动学、动力学特征的新的机构或体育器材机械系统。

基本机构主要是指连杆机构、凸轮机构、齿轮机构、间歇运动机构等。通过不同的组合方式将各种基本机构进行组合得到的新的机构或体育器材机械系统称为组合机构(combined mechanism)。

4.1.5.1 凸轮-连杆机构组合

图 4-6 为凸轮摆杆滑块机构，它由凸轮机构 1-2-3 和摆杆滑块机构 2′-4-5-3 串联组合而成。由于凸轮轮廓曲线可按任何运动规律进行设计，使执行构件滑块 5 的运动规律充分满足生产工艺的要求。

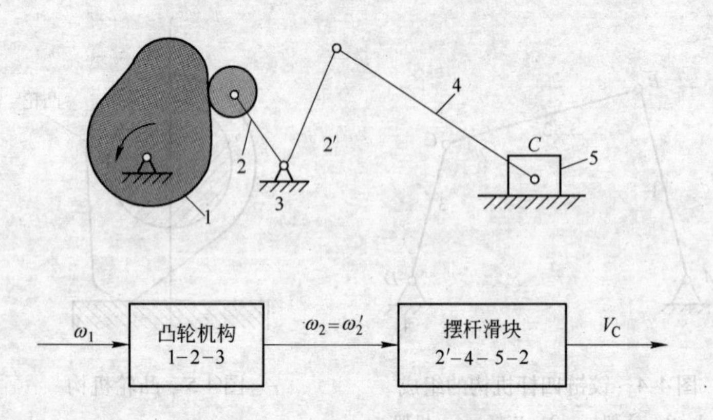

图 4-6 凸轮-连杆机构组合

1—凸轮；2，4—连杆；3—机架；5—滑块

例如要求滑块 5 在工作行程等速运动，而在工作行程开始的一小段和结束的一小段，设计成局部的加速段和减速段，以避免在工作行程的两端发生较大的冲击。同时在回程设计成具有一定的急回特性。可见该组合机构运动规律的选择余地较大。

4.1.5.2 齿轮-连杆机构组合

齿轮-连杆机构是应用最广泛的一种组合机构，它能实现较复杂的运动规律和轨迹，且制造简单。

图 4-7 为由齿轮-连杆机构实现的间歇性传送装置，该机构

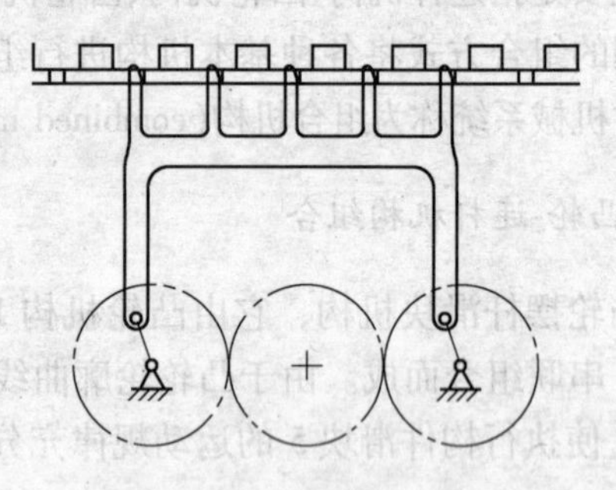

图 4-7 齿轮-连杆机构组合

常用于自动机的物料间歇送进，如冲床的间歇送料机构、轧钢厂成品冷却车间的钢材送进机构、糖果包装机的走纸和送糖条等机构。

4.1.5.3 齿轮-凸轮机构

图4-8为一种齿轮加工机床的误差补偿机构，它由两个自由度的蜗杆作为基础机构，凸轮机构为附加机构，而且附加机构的一个构件又回接到主动构件蜗杆上。机构由输入运动带动蜗轮转动，通过凸轮机构的从动件推动蜗杆做轴向移动，使蜗轮产生附加转动，从而使误差得到校正。

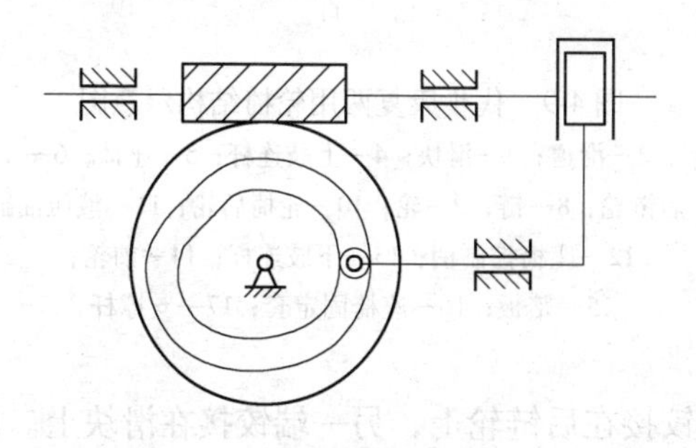

图4-8 齿轮-凸轮机构组合

4.1.6 体育器材机械运动方案设计举例

康复轮椅采用两套传动机构，分别控制人体左侧和右侧的肢体运动，如图4-9所示。

后轮固定在车架上，做为主动轮。销轮用键与主动轴连接，前链轮和主动轴空套，销轮可沿轴线滑动，实现与前链轮的离、合，从而控制前链轮的运动。下肢运动采用连杆机构带动，连杆机构由下肢连杆和支撑杆组成。下肢连杆一端铰接在后链轮上，另一端通过支撑杆和踏板铰接在一起。用把手推动轮椅，后轮转动，带动销轮、链轮、下肢连杆，并带动踏板摆动。上肢运动采用连杆滑块机构带动，连杆滑块机构由上肢连杆和滑块组成。上

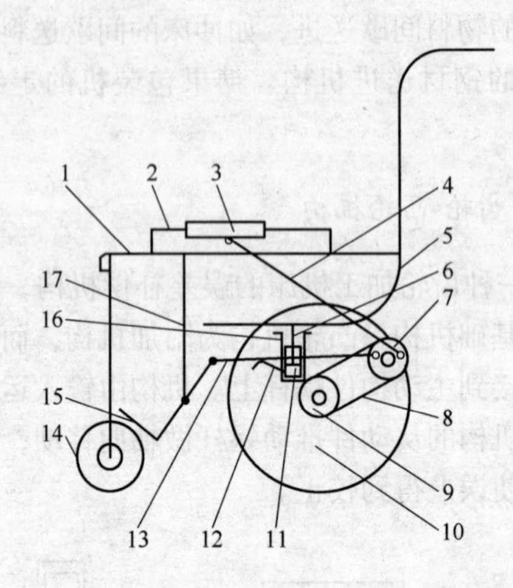

图 4-9 代步康复两用轮椅结构示意图

1—车架；2—滑道；3—滑块；4—上肢连杆；5—座椅；6—支撑轴；
7—后链轮；8—链；9—轮；10—轮椅后轮；11—液压油缸；
12—座椅控制柄；13—下肢连杆；14—前轮；
15—踏板；16—座椅固定套；17—支撑杆

肢连杆一端铰接在后链轮上，另一端铰接在滑块上。用把手推动轮椅，后轮转动，带动销轮、链轮、上肢连杆，并带动滑块前后运动。

4.1.6.1 工艺参数的给定及运动参数的确定

设计一部机器之初，首先要明确其工作任务，周边环境以及详细的工艺要求，即给出工艺参数。工艺参数是一部机器进行方案设计和机构设计的原始依据。如代步康复两用轮椅：原始数据及设计要求：

（1）外形尺寸：1100mm×600mm×900mm；

（2）转弯半径：120mm；

（3）手臂伸缩距离：250mm；

（4）腿摆动角度：45°；

(5) 承载：100kg。

4.1.6.2 执行构件间运动关系的确定及运动循环图的绘制

一般一部机器的工作任务是由多个执行构件共同完成的，所以各执行构件间必然有一定的协同动作关系，如与主动件运动转角间的关系，执行构件之间的时间顺序关系等等。运动循环图是最直观表示这种关系的方法。如代步康复两用轮椅：手臂和腿部运动的协调配合，应符合人的运动特点。人在行走时，左腿和右臂协调行动，右腿和左臂协调行动。所以运动循环图中设计成伸左臂摆右腿，伸右臂摆左腿，如图 4-10 所示。

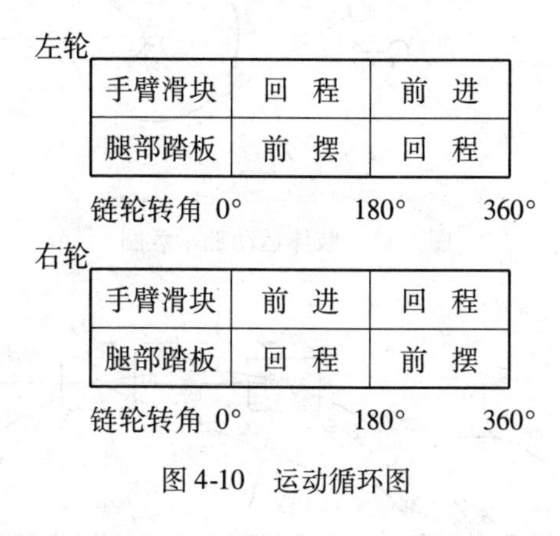

左轮

手臂滑块	回 程	前 进
腿部踏板	前 摆	回 程

链轮转角 0° 180° 360°

右轮

手臂滑块	前 进	回 程
腿部踏板	回 程	前 摆

链轮转角 0° 180° 360°

图 4-10 运动循环图

4.1.6.3 原动机的选择及执行机构的确定

执行机构是机械运动方案设计的核心部分。执行机构方案设计的好坏，对机械能否完成预期的工作任务、保证工作质量起着决定性的作用。原动机的类型很多，特性各异。原动机的机械特性及各项性能与执行机构的负载特性和工作要求是否相匹配，将直接影响整个机械系统的工作性能和构造特征。因此，合理选择原动机的类型也是机械运动方案设计中的一个重要环节。代步康复两用轮椅要求运动缓慢，不能剧烈运动，所以采用人推动轮椅运动。

（1）上肢的运动机构。通过图 4-11 肢体运动部示意图可知，上肢的运动机构就是曲柄滑块机构。若行程速比系数为 K，冲程 H 和偏距 e，该上肢机构可通过作图法确定，过程如图 4-12 所示。

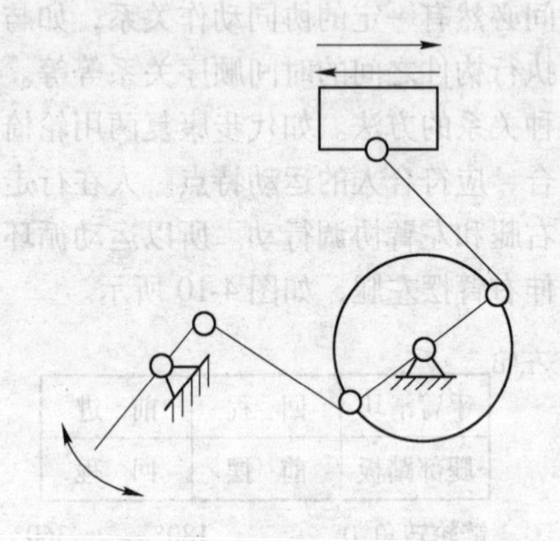

图 4-11 肢体运动部示意图

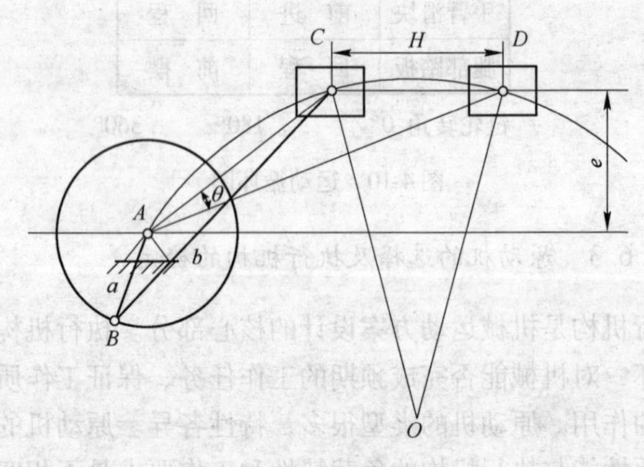

图 4-12 上肢的运动机构

先算出机构极位夹角 θ，然后作 $CD=H$，作 $\angle OCD=\angle ODC=90°-\theta$，以交点 O 为圆心，过 C、D 作圆，则 A 在此圆弧上。再作一直线与 CD 平行，其间距离为偏距 e，则其交点 A 曲柄轴心的位置，故曲柄 a 和连杆 b 的长度随之确定。

（2）下肢的运动机构。通过图 4-11 肢体运动部示意图可知，下肢的运动机构就是摆动导杆机构。若其机架长度为 d，行程速比系数为 K，该下肢机构可通过作图法确定，过程如图 4-13 所示。

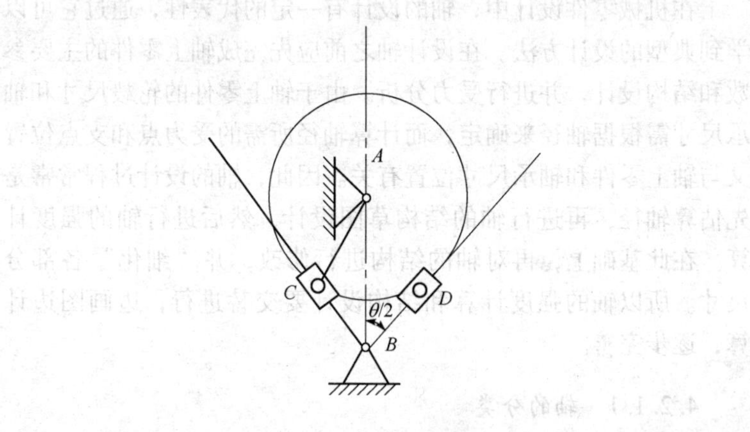

图 4-13 下肢的运动机构

先算出机构极位夹角 θ，然后作 $\angle CBD = \theta$，再作其等分线，并在该线上取 $BA = d$，得曲柄中心 A，过点 A 作导杆任一极位的垂线 AD，即为曲柄。

4.2 体育器材的机械结构设计

体育器材的机械结构设计的任务是在总体设计的基础上，根据所确定的原理方案，确定并绘出具体的结构图，以体现所要求的功能。可将抽象的工作原理具体化为某类构件或零部件，具体内容为在确定结构件的材料、形状、尺寸、公差、热处理方式和表面状况的同时，还须考虑其加工工艺、强度、刚度、精度以及与其他零件相互之间关系等问题。所以，结构设计的直接产物虽是技术图纸，但结构设计工作不是简单的机械制图，图纸只是表达设计方案的语言，综合技术的具体化是结构设计的基本内容。

4.2.1　轴的结构设计

本节主要介绍轴的结构设计，掌握轴结构设计中轴上零件轴向及周向定位方法及其结构的工艺性，并掌握轴上零件定位可靠的安装方法。

在机械零件设计中，轴的设计有一定的代表性，通过它可以学到典型的设计方法。在设计轴之前应先完成轴上零件的主要参数和结构设计，并进行受力分析。由于轴上零件的轮毂尺寸和轴承尺寸需根据轴径来确定，而计算轴径所需的受力点和支点位置又与轴上零件和轴承尺寸位置有关。因此，轴的设计过程常常是先估算轴径，再进行轴的结构草图设计，然后进行轴的强度计算。在此基础上，再对轴的结构进行修改，并“细化”各部分尺寸。所以轴的强度计算和结构设计要交替进行，边画图边计算，逐步完善。

4.2.1.1　轴的分类

轴的分类方法很多。按照轴线形状轴可分为直轴（如图4-14所示）、曲轴（如图 4-15 所示）和软轴（如图 4-16 所示）。

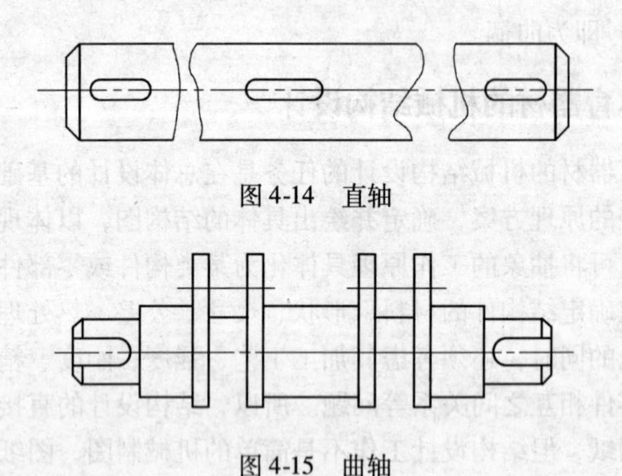

图 4-14　直轴

图 4-15　曲轴

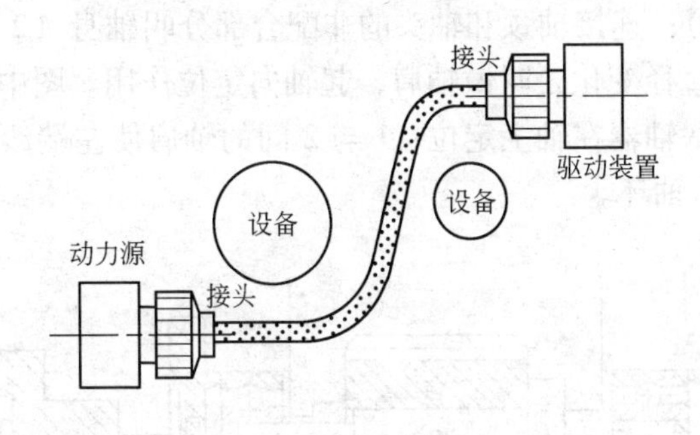

图 4-16 软轴

按照外形，轴可分为光轴（如图 4-14 所示）和阶梯轴（如图 4-17 所示）。

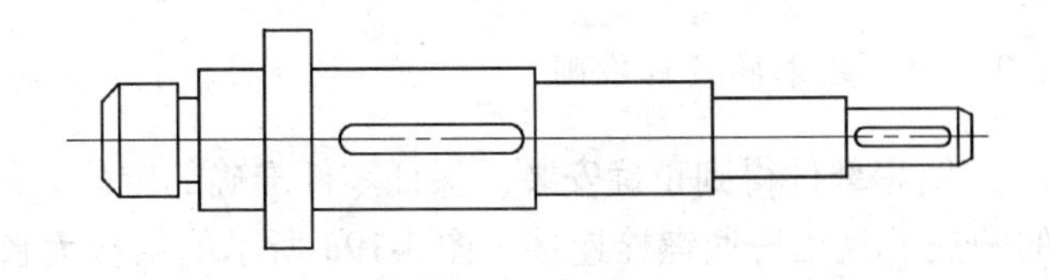

图 4-17 阶梯轴

按照心部结构，轴可分为实心轴和空心轴。这里重点介绍按照承受载荷的不同对轴进行的分类。

（1）传动轴。只承受转矩、不承受弯矩或受很小弯矩的轴。

（2）心轴。通常指只承受弯矩而不承受转矩的轴。心轴按其是否转动可分为转动心轴和固定心轴。

（3）转轴。既承受弯矩又承受转矩的轴。转轴在各种机器中最为常见。如齿轮轴。

4.2.1.2 轴的各部分名称

如图 4-18 所示。轴上被轴承支承部分称为轴颈（1 和 5 处）；与传动零（带轮、齿轮、联轴器）轮毂配合部分称为轴头

(4 和 7 处)；连接轴颈和轴头的非配合部分叫轴身（2 和 6 处)。阶梯轴上直径变化处叫做轴肩，起轴向定位作用。图中 6 与 7 间的轴肩使联轴器在轴上定位；1 与 2 间的轴肩使左端滚动轴承定位。3 处为轴环。

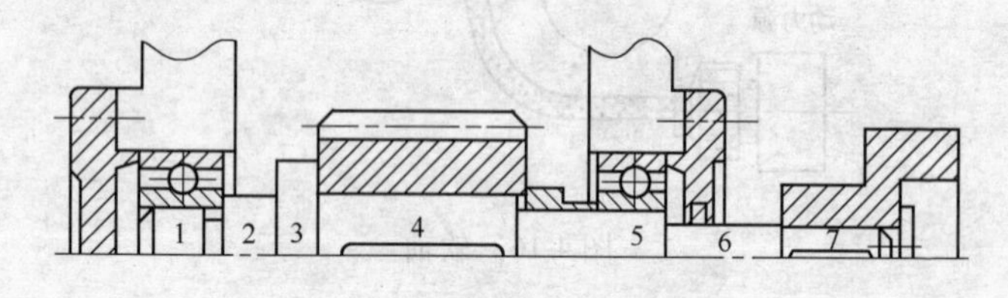

图 4-18 轴的组成

1，5—轴颈；2，6—轴身；3—轴环；4，7—轴头

4.2.1.3 基本的设计准则

（1）使零部件得到正确安装。保证零件准确的定位。图4-19 所示的两法兰盘用普通螺栓连接。图 4-19a 所示的结构无径向定位基准，装配时不能保证两孔的同轴度；图 4-19b 以相配的圆柱面作为定位基准，结构合理。

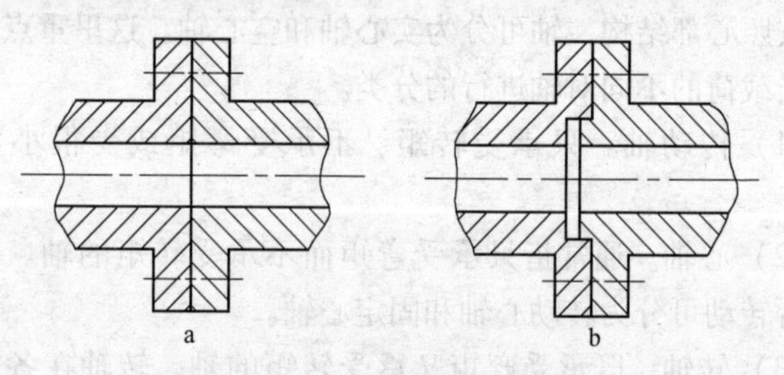

图 4-19 使零部件得到正确安装

a—不合理；b—合理

（2）避免双重配合。图 4-20a 中的零件 A 有两个端面与零件 B 配合，由于制造误差，不能保证零件 A 的正确位置。图 4-20b结构合理。

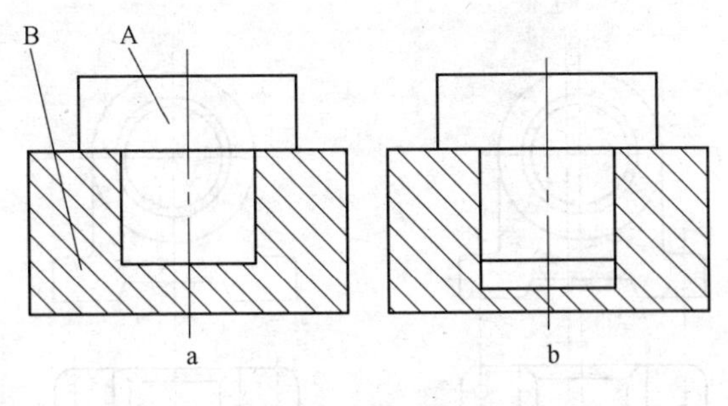

图 4-20 避免双重配合
a—不合理；b—合理

(3) 使零部件便于装配和拆卸。在结构设计中，应保证有足够的装配空间，如扳手空间；避免过长配合以免增加装配难度，使配合面擦伤，如有些阶梯轴的设计；为便于拆卸零件，应给出安放拆卸工具的位置，如轴承的拆卸，如图4-21所示。

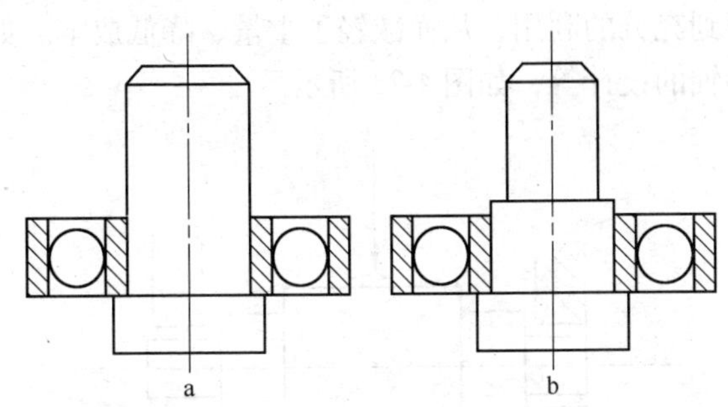

图 4-21 零部件便于装配和拆卸
a—不合理；b—合理

(4) 防止装配错误。图 4-22 所示轴承座用两个销钉定位。图 4-22a 中两销钉反向布置，到螺栓的距离相等，装配时很可能将支座旋转 180°安装，导致座孔中心线与轴的中心线位置偏差增大。因此，应将两定位销布置在同一侧，见图 4-22b，或使两定位销到螺栓的距离不等。

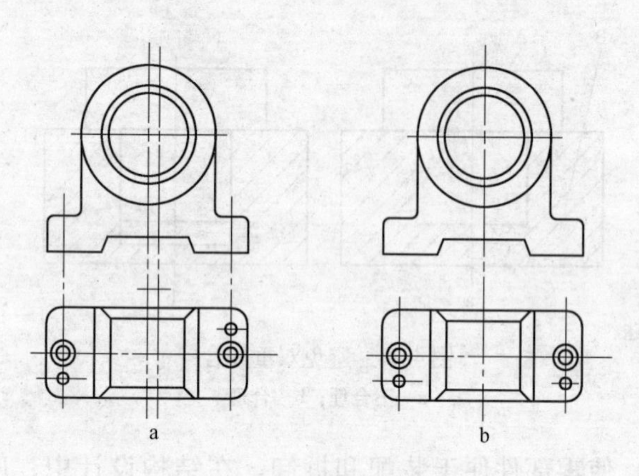

图 4-22 防止装配错误

a—不合理；b—合理

(5) 满足强度要求。零件截面尺寸的变化应与其内应力变化相适应，使各截面的强度相等。按等强度原理设计的结构，材料可以得到充分的利用，从而减轻了重量、降低成本。如悬臂支架、阶梯轴的设计等，如图 4-23 所示。

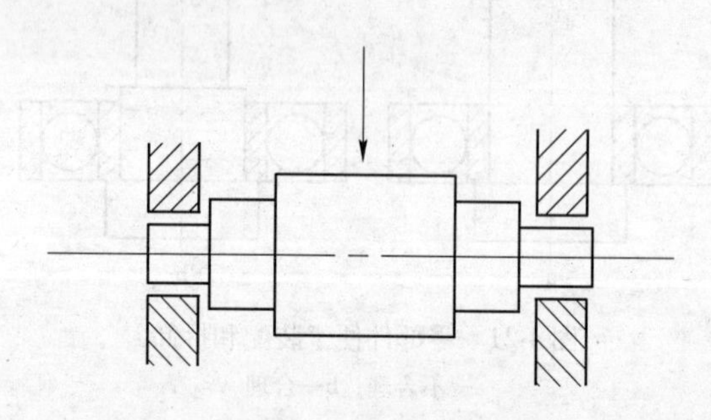

图 4-23 满足强度要求

(6) 减小应力集中结构。当力流方向急剧转折时，力流在转折处会过于密集，从而引起应力集中，设计中应在结构上采取措施，使力流转向平缓，如图 4-24 所示。

应力集中是影响零件疲劳强度的重要因素。结构设计时，应

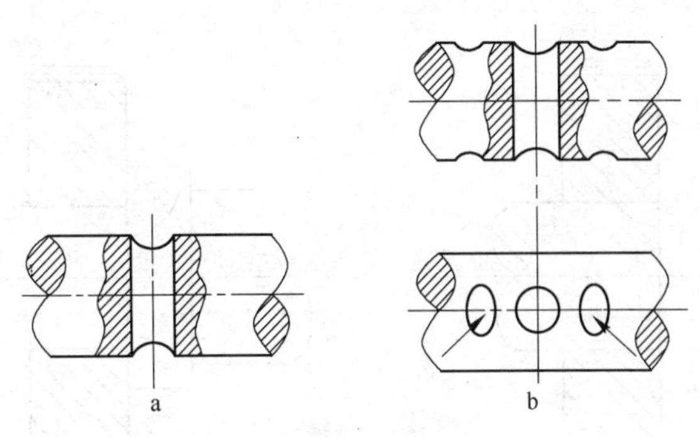

图 4-24　减小应力集中结构

a—不合理结构；b—合理结构

尽量避免或减小应力集中。如增大过度圆角、采用卸载结构等。在实际的零件结构中，为了某些功能的需要，带有孔、槽、螺纹和轴肩等缺口结构，造成零件的截面尺寸突然发生变化，在缺口处应力集中加剧。因此合理的设计缺口结构，对提高零件疲劳强度是极为重要的。

4.2.2　零件在轴上的定位

4.2.2.1　零件在轴上的轴向定位

零件在轴上的轴向定位方法，主要取决于它所受轴向力的大小。此外，还应考虑轴制造及轴上零件装拆的难易程度、对轴强度的影响及工作可靠性等因素。

常用轴向定位方法有：轴肩、轴环、套筒、圆螺母、挡圈、圆锥形轴头等。

（1）轴肩：轴肩由定位面和过度圆角组成。为保证零件端面能靠紧定位面，轴肩圆角半径必须小于零件毂孔的圆角半径或倒角高度，如图 4-25 所示。

（2）轴环：轴环的功用及尺寸参数与轴肩相同。只是轴环的宽度大约为小径切削深度的 1.4 倍，如图 4-26 所示。

（3）轴套：轴套是借助于位置已经确定的零件来定位的，

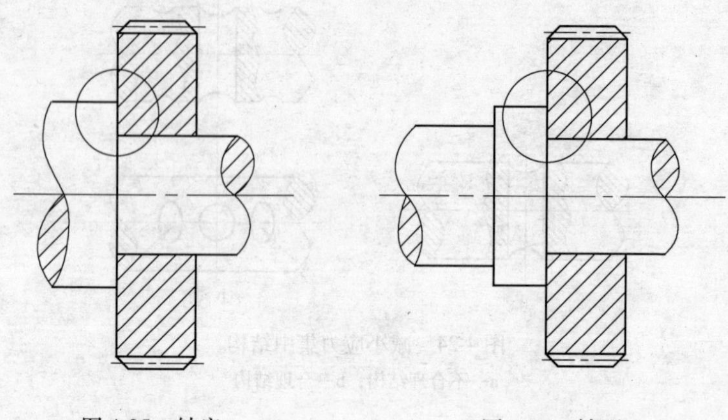

图 4-25 轴肩　　图 4-26 轴环

它的两个端面为定位面，因此应有较高的平行度和垂直度。为使轴上零件定位可靠，应使轴段长度比零件毂长短 2 ~ 3mm。使用轴套可简化轴的结构、减小应力集中。但由于轴套与轴配合较松，两者难以同心，故不宜用在高速轴上，以免产生不平衡力，如图 4-27 所示。

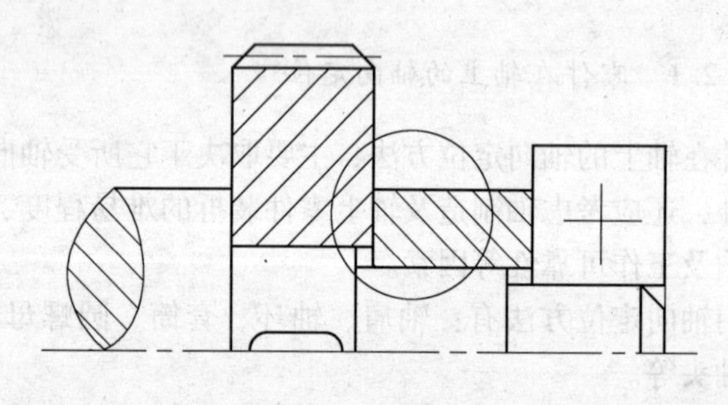

图 4-27 轴套

（4）圆螺母：当轴上两个零件之间的距离较大，且允许在轴上切制螺纹时，可用圆螺母的端面压紧零件端面来定位。圆螺母定位装拆方便，通常用细牙螺纹来增强防松能力和减小对轴的强度削弱及应力集中，如图 4-28 所示。

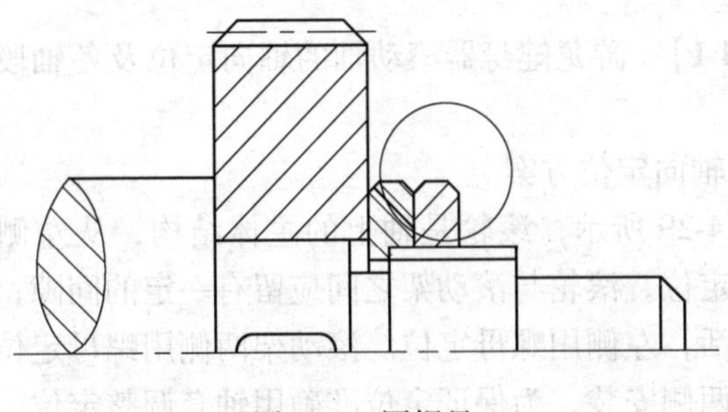

图 4-28 圆螺母

除此以外，还有轴端挡板、圆锥面、弹性挡圈等。

圆锥销、锁紧挡圈、紧定螺钉，这三种定位方法常用于光轴。

4.2.2.2 零件在轴上的周向定位

定位方式根据其传递转矩的大小和性质、零件对中精度的高低、加工难易等因素来选择。常用的周向定位方法有：键、花键、成形、弹性环、销、过盈等联结，通称轴毂联结。

4.2.2.3 各轴段长度和直径的确定

A 各轴段长度的确定

轴的各段长度主要是根据得到轴上零件的轴向尺寸及轴系结构的总体布置来确定的，设计时应满足的要求是：

（1）轴与传动件轮毂相配合部分的长度，一般应比轮毂长度短 2～3mm，以保证传动件能得到可靠的轴向固定。

（2）安装滚动轴承的轴颈长度取决于滚动轴承的宽度。

（3）其余段的轴径长度，可根据总体结构的要求（如零件间的相对位置、拆装要求、轴承间隙的调整等）在结构设计中确定。

B 各轴段直径的确定

轴的各段直径通常是在依据轴所传递的转矩初步估算出最小

直径 d_{min}。

[**例 4-1**] 游龙健身器滚动轴的轴向定位及各轴段长度和直径的确定

（1）轴向定位方案。

如图 4-29 所示，滚轮是轴上的主体结构，从左侧安装，右侧靠轴环定位，滚轮与滚动架之间应留有一定的间隙，以保证滚轮转动灵活，左侧用螺母定位。滚动架两侧用螺母定位。滚动轴承分别从两侧安装，为保证定位准确用轴套调整定位，滚动轴承最外侧用螺母定位。

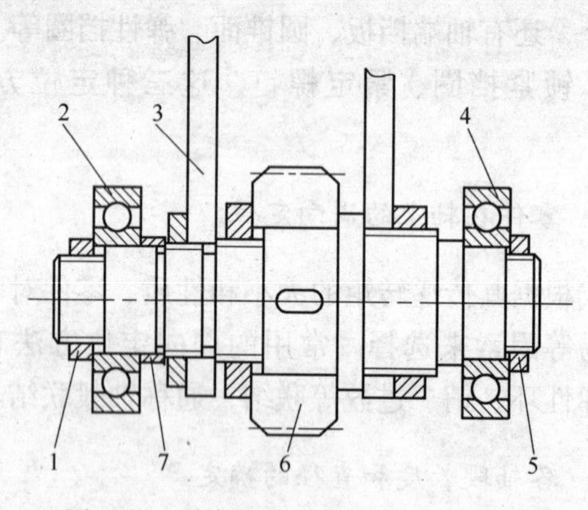

图 4-29 游龙健身器滚动体装配示意图

1，5—螺母；2，4—滚动轴承；3—滚动架；6—滚轮；7—轴套

（2）各轴段长度的确定。轴的中间与滚轮连接部分的长度可根据滚轮的宽度尺寸确定，比它的尺寸要小一点，由滚动架和螺母的宽度可定出两侧螺纹轴段的长度，为保证有螺纹余量可适当加长一些，根据滚动轴承的尺寸可确定与之配合的轴段的长度，固定螺母的宽度可确定两端螺纹轴段的长度，再根据轴的总长可做适当的调整。

（3）各轴段直径的确定。对于转轴，在开始设计轴时，通常还不知道轴上零件的位置及支点位置，弯矩值不能确定，因此，一般在进行轴的结构设计前，先按纯扭转对轴的结构进行估算。对于圆截面的实心轴，写成设计公式，轴的最小直径：

$$d \geqslant \sqrt[3]{\frac{9.55\times10^6}{0.2[\tau_T]}}\sqrt[3]{\frac{P}{n}} = c\sqrt[3]{\frac{P}{n}} \tag{4-1}$$

式中 P——轴传递功率，kW；

n——轴的转速，r/min；

$[\tau_T]$——许用切应力，MPa；

c——与轴材料有关的系数，可由《机械设计基础》教材中的轴常用材料的值 $T[\tau]$ 和 C 值表查得。

4.2.3 转轴的强度计算

下面以游龙健身器的转轴为例，说明转轴强度计算的主要步骤。从游龙健身器滚动体装配示意图中可以得到其转轴结构简图，如图4-30所示。为了便于计算我们可以进一步把它简化为如图4-31所示的结构简图示意图。

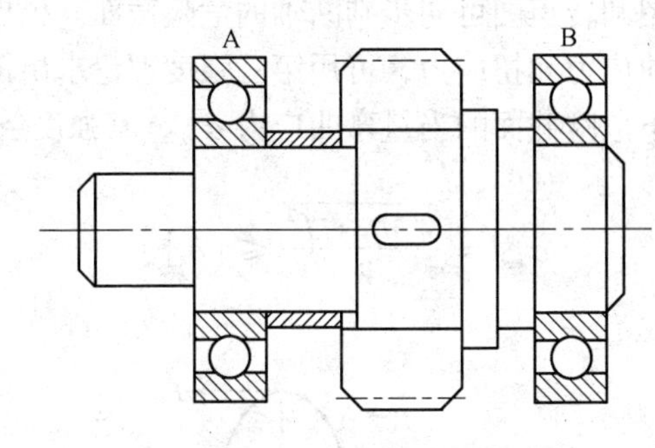

图4-30 结构简图

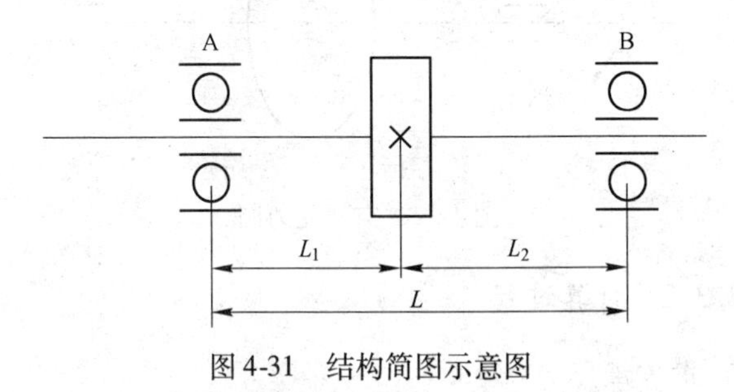

图4-31 结构简图示意图

作用在齿轮上的切向力为 F_t，径向力为 F_r，轴向力 F_x，齿轮分度圆直径为 d。

4.2.3.1 主要步骤

（1）画出轴的空间力系图，如图 4-32 所示。将轴上作用力分解为水平面分力和垂直面分力，并求出水平面支点的反力。

（2）计算水平面 M_H，并画出水平面弯矩图。

（3）计算垂直面弯矩 M_V，并画出垂直面的弯矩图。

（4）计算合成弯矩 $M = \sqrt{M_H^2 + M_V^2}$，画出合成弯矩图。

（5）计算轴的转矩 T，画出转矩图。

（6）计算当量弯矩。根据第三强度理论，当量弯矩 $M_e = \sqrt{M^2 + (\alpha T)^2}$。

（7）校核轴的强度。对选定的危险截面按下式验算：

由弯矩图和转矩图可初步判断轴的危险截面。根据危险截面上产生的弯曲应力和扭应力，可用第三强度理论求出钢制轴在复合应力作用下危险截面的当量弯曲应力 σ_{ew}，其强度条件为：

$$\sigma_{ew} = \frac{\sqrt{M^2 + T^2}}{W} \leqslant [\sigma]_W \tag{4-2}$$

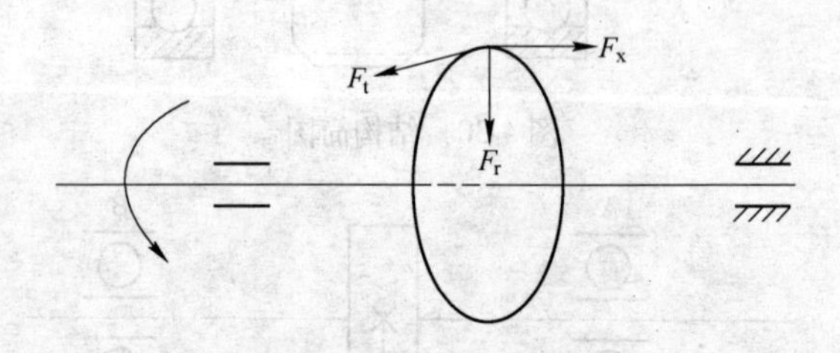

图 4-32 空间受力图

4.2.3.2 计算过程

（1）求支承反力：

$$F_{AH} = F_{BH} = \frac{F_t}{2}$$

（2）求水平面内弯矩，绘制水平面弯矩：

$$M_{CH} = F_{AH}L_1$$

（3）求垂直面支承反力：

由 $\Sigma M_A = 0$ 得 $F_r L_1 + F_x \frac{d}{2} - F_{BV}L = 0$ 可求得 F_{BV}。

由 $\Sigma F_r = 0$ 得 $F_{BV} - F_r - F_{AV} = 0$ 可求得 F_{AV}。

（4）绘制垂直面弯矩图：

$$M_{CV} = F_{AV}L_1 \quad M'_{CV} = F_{BV}L_2$$

（5）绘制合成弯矩图：

$$M_C = \sqrt{M_{CH}^2 + M_{CV}^2} \quad M'_C = \sqrt{M_{CH}^2 + M'^2_{CV}}$$

（6）绘制转矩图：

$$T = F_t \frac{d}{2}$$

（7）绘制当量弯矩。由当量弯矩图和轴的结构图找出可能的危险截面,分别计算其当量弯矩。选取 α,取其中的大者计算。

（8）校核险截面的强度。查轴的许用弯曲应力表，得危险截面轴的当量应力，满足 $\sigma_{ew} \leqslant [\sigma_{-1}]_w$，强度足够。

4.3 体育器材的控制系统设计

自动控制理论与实践的不断发展，为人们提供了设计最佳系统的方法，大大提高了生产率，同时促进了科学技术的进步。所谓自动控制，就是指在没有人直接参与的情况下，利用外加的设备（称为控制器）操作被控对象（如机器、设备或生产过程）的某个状态或参数（称为被控量）使其按预先设定的规律自动运行。

自动控制系统的种类较多，被控制的物理量有各种各样，如温度、压力、流量、电压、转速、位移和力等。组成这些控制系统的元、部件虽然有较大的差异，但是系统的基本结构却相同，且一般都是通过机械、电气、液压等方法代替人工控制。

雷达跟踪和指挥仪所组成的防空系统能使火炮自动地瞄准目标，无人驾驶飞机能按预定轨道自动飞行，人造地球卫星能够发射到预定轨道并能准确回收等等，都是应用自动控制技术的结果。自动控制理论就是研究自动控制共同规律的技术科学。

4.3.1 自动控制技术中的基本控制方式

（1）系统。即为达到某一目的，由相互制约的各个部分按一定规律组成的、具有一定功能的整体。

（2）自动控制系统。指能够对被控对象的工作状态进行自动控制的系统，它一般由控制装置（控制器）和被控对象组成。

（3）控制装置。指对被控对象起控制作用的设备总体。

（4）被控对象。指要求实现自动控制的机器、设备或生产过程。例如汽车、飞机、炼钢、化工生产的锅炉等。

（5）开环控制是一种最简单的控制方式，其特点是在控制器与被控对象之间只有正向控制作用而没有反馈控制作用，即系统的输出量对控制量没有影响。开环控制系统的示意图如图 4-33 所示。

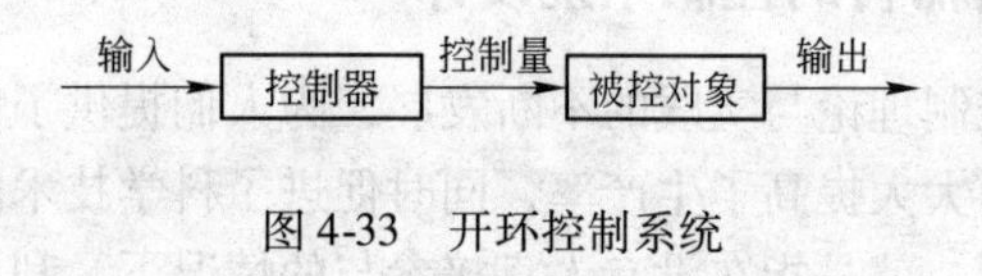

图 4-33 开环控制系统

（6）闭环控制是指控制装置与被控对象之间既有正向作用，又有反向联系的控制过程，即如果控制器的信息来源中包含有来自被控对象输出的反馈信息，则称为闭环控制系统，或称为反馈控制系统。闭环控制系统的示意图如图 4-34 所示。

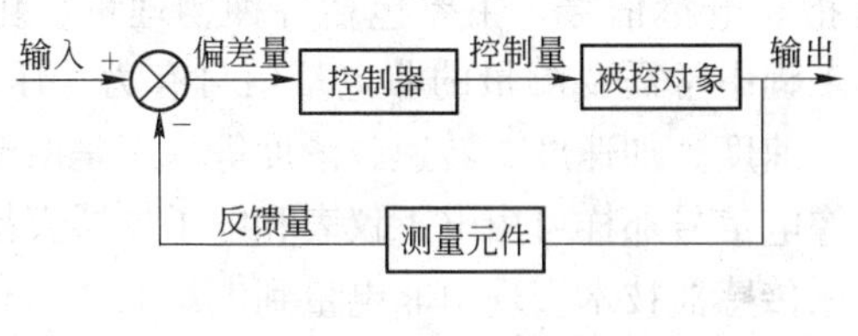

图 4-34 闭环控制系统

(7) 其他控制方式。随着空间技术的发展，特别是电子计算机已作为自动控制系统的一个重要组成部分，现代控制理论正日益显示出其强大的生命力，并在实践中得到成功的应用。在此基础上，一些其他的控制方式也已经在工业控制过程中得到了相应的应用，如最优控制、自适应控制和智能控制等现代高精度的自动控制系统，已在国防和工业生产中得以实现。

4.3.2 传感器

在当今的信息时代，人们越来越迫切地希望能准确地掌握自然界和生产领域更多的各类信息，而传感器则是人们获取这些信息的主要途径和手段，因此传感器与人们的关系越来越密切。传感器是实现自动检测和自动控制的首要环节，它对提高生产的自动化程度、促进现代科学技术的发展具有极其重要的作用。

4.3.2.1 传感器的组成

传感器是能感受规定的测量量并按一定规律转换成可用输出信号的器件或装置。也就是说，传感器是一种按一定的精度把被测量转换为与之有确定关系的、便于应用的某种物理量的测量器件或装置，用于满足系统信息传输、存储、显示、记录及控制等要求。

传感器定义中所谓“可用输出信号”是指便于传输、转换及处理的信号，主要包括气、光和电等信号，现在一般就是指电信号（如电压、电流、电势及各种电参数等），而“规定的测量量”一般是指非电量信号，主要包括各种物理量、化学量和生物量等，在工程中常需要测量的非电量信号有力、压力、温度、流量、位移、速度、加速度、转速、浓度等。正是由于这类非电量信号不能像电信号那样可由电工仪表和电子仪器直接测量，所以就需要利用传感器技术实现由非电量到电量的转换。

传感器的种类繁多，其工作原理、性能特点和应用领域各不相同，所以结构、组成差异很大。但总的来说，传感器通常由敏感元件、转换元件及测量电路组成，有时还加上辅助电源，如图4-35所示。

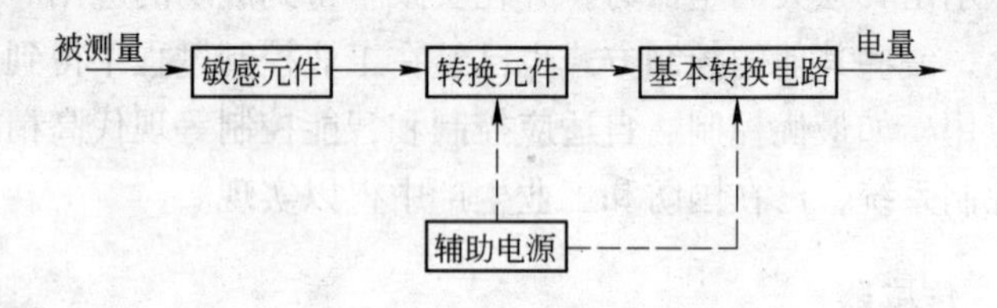

图4-35 传感器的组成

(1) 敏感元件：是直接感受被测量，并输出与被测量成确定关系的某一物理量的元件。

(2) 转换元件：敏感元件的输出就是它的输入，它把输入转换成电路参量。

(3) 基本转换电路：上述电路参数接入基本转换电路（简称转换电路），便可转换成电量输出。

4.3.2.2 传感器技术在体育领域的应用研究

传感器在体育领域中的应用也是很广泛的，体育场馆中的信息监测系统设备，比赛中的终点摄影计时器、游泳自动计时器等仪器设备，各种训练仪器器材，运动生理学科中生化指标的获得等等都离不开传感器的技术。

随着拳击、跆拳道等在国内外广泛的开展，比赛竞争也日益激烈，同时对该项运动训练水平的要求也越来越高。然而在训练的方法、手段、生理机能检测的器材则是十分贫乏，如打击力量、力量耐力、打击速度、速度耐力、打击冲量、打击功率、拳次及打击时间等参数的技术指标和曲线，是每一个教练员和运动员所必须了解的，也是评价某一运动员身体素质、运动技能好坏的重要因素。这就需要体育工程研究人员能够研发出搏击项目训练测试仪。比如对于打击力量的测试，可以设计击打靶，靶内安装压力传感器，在运动过程中，由于击打产生的作用力使得传感器获取相应的信息，通过电子计算机运算处理，最终迅速而准确的获得打击力量参数的数据，为搏击项目实现定性分析提供有利的数据支持，为教练员提供行之有效的测试手段和可靠的依据。

4.3.2.3 拳击运动中出拳力量的测量

A 工作原理

在搏击手拳套接触靶面的瞬间，靶内的压力传感器受击打力的作用，输出一个与压力成正比的电信号，经放大器放大的电信号，一路送单片机中的 A/D 转换电路转换，得出击打力的相关数据。击打力数据采集硬件原理图如图 4-36 所示。

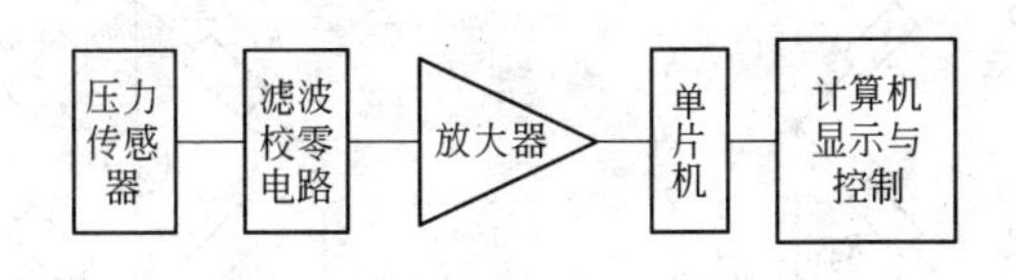

图 4-36 击打力数据采集硬件原理图

其中的压力传感器，可以采用应变式电阻传感器。

B 应变式电阻传感器

应变式电阻传感器是利用应变效应原理制成的一种测量微小机械变化量的理想传感器。它应用于测量力、力矩、压力、加速度、重量等参数。

C 测量电路

应变片将试件应变 ε 转换成电阻的相对变化 $\Delta R/R$，为了能用电测仪表进行测量，还必须经过测量电路将这种电阻的变化进一步转换成电压或电流信号。常用的测量电路是各种电桥。如图 4-37 为基本电桥电路。

D　直流电桥平衡条件

直流电桥是一种用来测量电阻或与电阻有一定函数关系的非电量（如温度）的比较式仪器。它将被测量电阻与标准电阻进行比较而得到测量结果，其测量灵敏度和准确度都较高，也称为惠斯登电桥。

在图 4-38 中，R_1、R_2、R_3、R_4 构成一电桥，检流计 G 中无电流时，电桥达到平衡，电桥平衡的条件为：

$$\frac{R_1}{R_2} = \frac{R_3}{R_4} \quad 或 \quad R_1 R_4 = R_2 R_3$$

设 $R_1 = R_x$ 为被测电阻，则：

$$R_x = \frac{R_2}{R_4} R_3$$

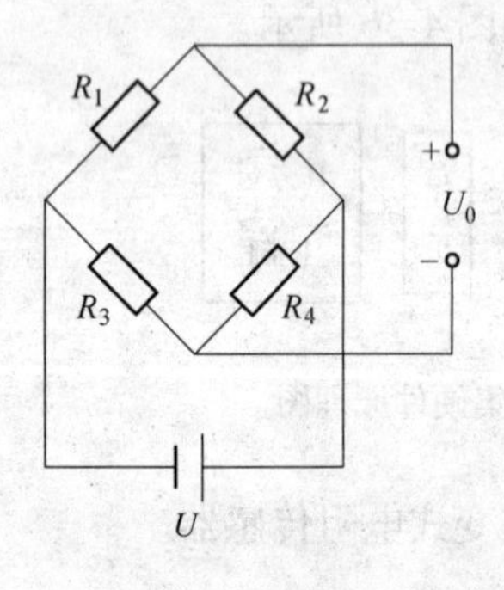

图 4-37　基本电桥电路

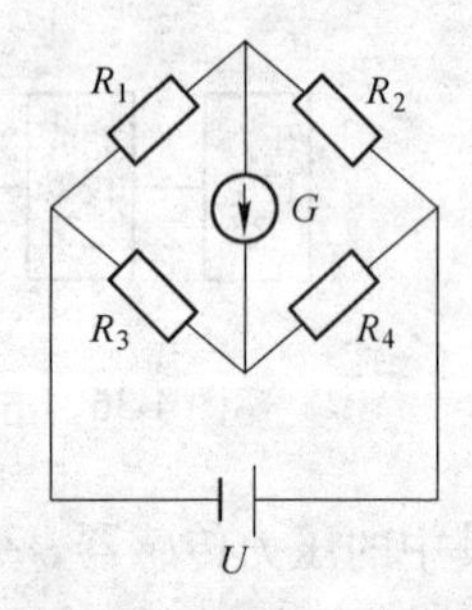

图 4-38　直流平衡电桥

直流电桥的输出通常很小，一般需接放大器，放大器的输入阻抗比电桥的内阻要高很多，可认为电桥的输出端为开路状态，即 $R_L \to \infty$，此时电桥又称为电压输出桥，其输出电压为：

$$U_0 = \left(\frac{R_1}{R_1 + R_2} - \frac{R_3}{R_3 + R_4}\right)U$$

$$= \frac{R_1R_4 - R_2R_3}{(R_1 + R_2)(R_3 + R_4)}U \tag{4-3}$$

E 直流电桥—不平衡测量

这种方法测量的不是电桥恢复平衡所需的作用量，而是测量两个分压器之间的电压差或测量通过跨接在分压器之间的检测器的电流。

在图 4-39 中，根据直流电桥的平衡条件：

$$U_0 = \left(\frac{R_1}{R_1 + R_2} - \frac{R_3}{R_3 + R_4}\right)U = \frac{R_1R_4 - R_2R_3}{(R_1 + R_2)(R_3 + R_4)}U$$

工作时，若各臂的电阻都发生变化，即：

$$R_1 \to R_1 + \Delta R_1, R_2 \to R_2 + \Delta R_2, R_3 \to R_3 + \Delta R_3, R_4 \to R_4 + \Delta R_4$$

电桥将有电压输出。

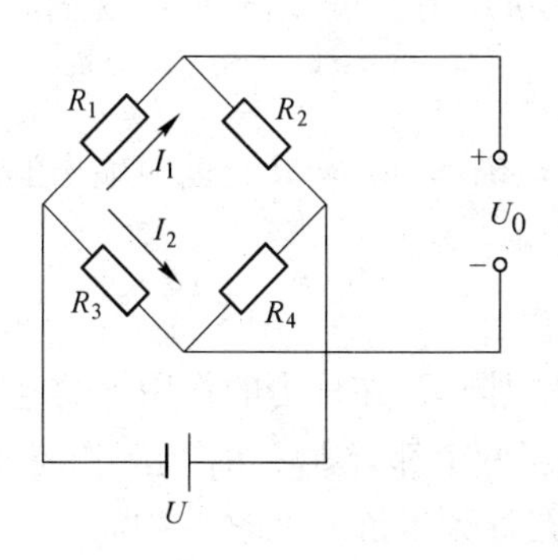

图 4-39 直流不平衡电桥

设 $R_1 = R = R_3 = R_4 = R, \Delta R_i \ll R$

可得：

$$U_0 \approx \frac{U}{4R}(\Delta R_1 - \Delta R_2 + \Delta R_4 - \Delta R_3)$$

F 应变电阻直流电桥测量电路

当直流电桥用于应变电阻的测量时，主要利用直流电桥的不平衡测量法，通常有三种桥路：

（1）单臂电桥：当 R_1 为工作应变片时，R_2，R_3，R_4 为固定电阻时的桥路称为单臂电桥，见图 4-40a。图中 R_1 上的箭头表示应变片的电阻变化方向，箭头向上表示电阻变大，箭头若向下则表示电阻变小。

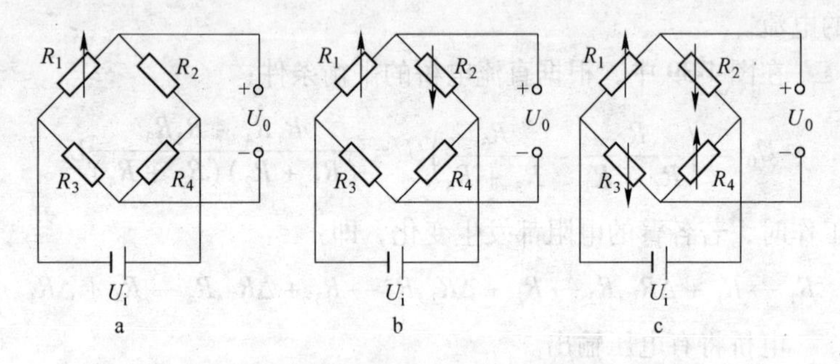

图 4-40 直流电桥用于应变电阻测量电路

a—单桥；b—半桥；c—全桥

令 $R_1 = R_2 = R_3 = R_4 = R$，此时输出电压为：

$$U_0 \approx \frac{U_i}{4R}\Delta R \tag{4-4}$$

式中，ΔR 为应变电阻 R_1 在外力的作用下的电阻变化量。

（2）半桥：当两个邻臂 R_1，R_2 为工作应变片时，R_3，R_4 为固定电阻时的桥路称为半桥，见图 4-40b。

若 $R_1 = R_2 = R_3 = R_4 = R$，$\Delta R_1 = \Delta R_2 = \Delta R$，此时输出电压为：

$$U_0 \approx \frac{U_i}{2R}\Delta R \tag{4-5}$$

（3）全桥：当四个电阻 R_1，R_2 R_3，R_4 都为工作应变片时，称为全桥，见图 4-40c。若 $R_1 = R_2 = R_3 = R_4 = R$，$\Delta R_1 = \Delta R_2$

$=\Delta R_3=\Delta R_4=\Delta R$，此时输出电压为：

$$U_0 \approx \frac{U_i}{R}\Delta R \tag{4-6}$$

在三种桥路中，全桥四臂工作方式的灵敏度最高，双臂半桥次之，单臂半桥灵敏度最低。

4.3.2.4 生物传感器

生物传感器是将生物体的成分（酶、抗原、抗体、DNA、激素）或生物体本身（细胞、细胞器、组织）固定化在一器件上作为敏感元件的传感器称为生物传感器。

生物传感器是一种新型的分析检测工具，它具有敏感性、准确性、易操作性、能在线、在体进行监测等特点，可应用于各行、各业。生物传感器在体育科学中有着其广阔的市场，能应用于运动训练的适时监控，也将成为体育教育和体育科研的重要方法和技术。

各种生物传感器有以下共同的结构：包括一种或数种相关生物活性材料（生物膜）及能把生物活性表达的信号转换为电信号的物理或化学换能器（传感器），二者组合在一起，用现代微电子和自动化仪表技术进行生物信号的再加工，构成各种可以使用的生物传感器的分析装置、仪器和系统。

生物传感器正是在生命科学和信息科学之间发展起来的一门交叉学科。最早的生物传感器利用不同的物质与不同的酶层发生反应的工作原理，在传统的离子选择性电极上固定了具有生物功能选择的酶，从而构成了最早的生物传感器——酶电极。生物传感器的研究在食品工业、环境监测、发酵工业、医学等方面得到了高度重视和广泛应用。目前各种微型化、集成化、智能化、实用化的生物传感器与系统越来越多。

A 工作原理

传感器主要由信号检测器和信号转换器组成，它能感受一定的信号并将这种信号转换成信息处理系统便于接收和处理的信号，如电信号、光信号等。生物传感器是通过生物分子探测生物反应信息的器件。换句话说，它是利用生物的或有生命物质分子的识别功能与信号转换器相结合，将生物反应所引起的化学、物理变化变换成电信号、光信号等。

生物传感器是由生物识别单元，如酶、微生物、抗体等和物理转换器相结合所构成的分析仪器，生物部分产生的信号可转换为电化学信号、光学信号、声信号后再被检测。可见，任何一个生物传感器都具有两种功能，即分子识别和信号转换功能。

B 主要分类

生物传感器的分类方式很多，但根据生物学和电子工程学各自的范畴，主要有以下两种分类方式。

(1) 根据生物传感器中信号检测器上的敏感物质分类。生物传感器与其他传感器的最大区别在于生物传感器的信号检测器中含有敏感的生命物质。这些敏感物质有酶、微生物、动植物组织、细胞器、抗原和抗体等。根据敏感物质的不同，生物传感器可分酶传感器、微生物传感器、组织传感器、细胞器传感器、免疫传感器等。生物学工作者习惯于采用这种分类方法。

(2) 根据生物传感器的信号转换器分类。生物传感器中的信号转换器与传统的转换器并没有本质的区别。例如：可以利用电化学电极、场效应晶体管、热敏电阻、光电器件、声学装置等作为生物传感器中的信号转换器。据此又将传感器分为电化学生物传感器、半导体生物传感器、测热型生物传感器、测光型生物传感器、测声型生物传感器等。电子工程学工作者习惯于采用这种分类方法。

当然，以上两种分类方法之间可以互相交叉。例如：微生物传感器又可以分成电化学微生物传感器，测热型微生物传感器等。总之，生物传感器种类繁多，内容广泛，随着科学技术的不断发展，其内容也将不断丰富。

利用具有不同生物特性的微生物代替酶，可制成微生物传感器，在临床中应用的微生物传感器有葡萄糖、胆固醇等传感器。

若选择适宜的含某种酶较多的组织，来代替相应的酶制成的传感器称为生物电极传感器。如用猪肾、兔肝、牛肝、甜菜、南瓜和黄瓜叶制成的传感器，可分别用于检测谷酰胺、鸟嘌呤、过氧化氢、酪氨酸、维生素 C 和胱氨酸等。

C 生物传感器的基本组成（如图 4-41 所示）

（1）识别元件：生物传感器中分子识别元件上所用的敏感物质有酶、微生物、动植物组织、细胞器、抗原和抗体等。根据所用的敏感物质可将生物传感器分为酶传感器、微生物传感器、组织传感器、细胞器传感器、免疫传感器、基因传感器等。

（2）转换元件：生物传感器的信号转换元件有：电化学电极、离子敏场效应晶体管、热敏电阻、光电转换器等。据此又将生物传感器分为电化学生物传感器、半导体生物传感器、测热型生物传感器、测光型生传感器、测声型生物传感器等。

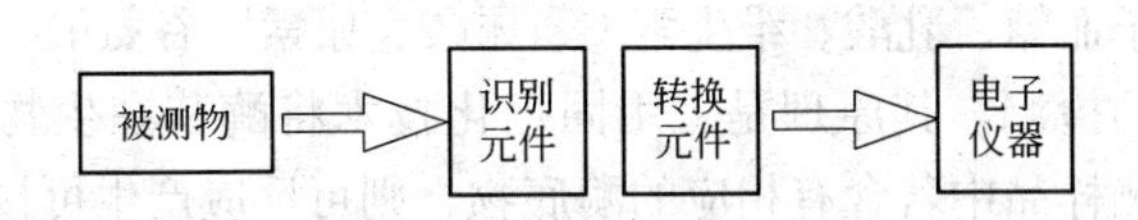

图 4-41 生物传感器的基本构成示意图

D 生物传感器在体育科学中的应用

［**例 4-2**］ 测定运动员锻炼后血液中存在的乳酸水平。

血乳酸浓度变化趋势和变化程度是人体生命体征重要而敏感的指标（如图 4-42 所示）。在正常人的血清中乳酸浓度为：0.5～2.9mmol/L，而运动员在经过无氧运动后血乳酸浓度可以高达 20mmol/L；因此，在运动领域准确快速的检测宽浓度范围

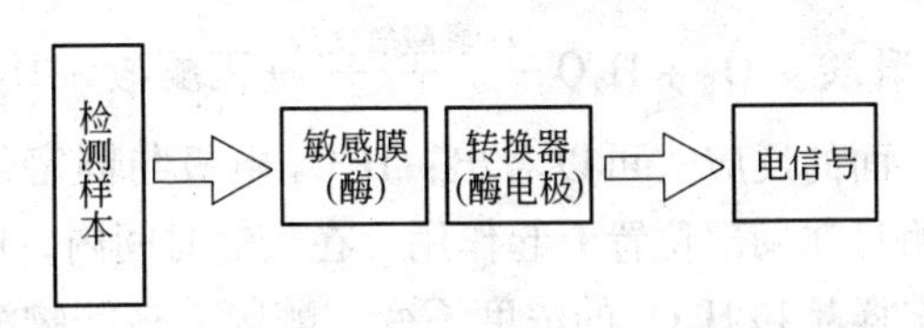

图 4-42 酶传感器测定乳酸水平示意图

血乳酸具有重要价值。

a 酶及酶电极

酶是生物体内产生并具有催化活性的一类蛋白质。此类蛋白质可表现出特异的催化功能，因此，酶被称为生物催化剂。酶在生命活动中起着极为重要的作用，它们参加新陈代谢过程中的所有生化反应，并以极高的速度和明显的方向性维持生命的代谢活动，包括生长、发育、繁殖与运动。可以说，没有酶生命将不复存在。目前已鉴定出的酶有2000余种，其中一半左右已达均一纯度，100余种已能制得晶体。

酶与一般催化剂相同，在相对浓度较低时，仅能影响化学反应的速度，而不改变反应的平衡点，反应前后其组成与质量均不发生明显改变。

酶电极是最早研制且应用最多的一种传感器，目前，已成功地应用于血糖、乳酸、维生素C、尿酸、尿素、谷氨酸、转氨酶等物质的检测。其原理是：用固定化技术将酶装在生物敏感膜上，检测样品中若含有相应的酶底物，则可反应产生可接受的信息物质，指示电极发生响应，即转换成电信号的变化，根据这一变化，就可测定某种物质的有无和多少。

b 酶传感器的工作原理

(1) 检测样本：运动员血液或体液；

(2) 敏感膜：酶；

(3) 转换器：酶电极；

(4) 电信号：可识别的电流、电位等。

图4-43具体表达了酶传感器的工作原理和过程。

$$\text{L-乳酸} + O_2 + H_2O \xrightarrow{\text{L-乳酸氧化酶}} \text{丙酮酸} + H_2O_2$$

通过上面的反应式可以看出：H_2O_2 电极与固定化酶膜紧贴在一起，酶只在局部位置上起作用，在较短时间内，可以认为缓冲液中测定样品和 H_2O_2 的浓度不变，酶膜上被测物浓度是被测物向膜内渗透和酶反应分解的综合结果。在电极表面，H_2O_2 变

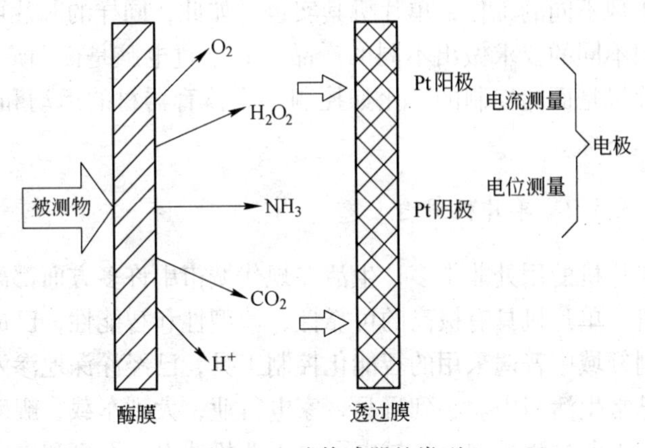

图4-43 酶传感器的类型

化的最大速率与被测物的浓度成正比，通过测定电极表面 H_2O_2 变化的最大速率，并与标准底物作对比，即可计算出被测样品的浓度。

4.3.3 单片机控制系统

把微型计算机的主要功能部件集成在一个芯片上的单芯片微型计算机叫单片机。单片机和我们用的电脑在本质上没有区别，单片机又称单片微控制器，它不是完成某一个逻辑功能的芯片，而是把一个计算机系统集成到一个芯片上。概括地讲：一块芯片就成了一台计算机。

单片机是在一块集成电路芯片上装有 CPU 和程序存储器、数据存储器、输入/输出接口电路、定时/计数器、中断控制器、模/数转换器、数/模转换器、调制解调器以及其他部件等的系统。视其型号不同，其组成部分各异。

4.3.3.1 单片机的结构及组成

单片机是一种能进行数学和逻辑运算可根据不同对象完成不同控制任务而设计的。电脑上我们可以用不同的软件在相同的硬件上实现不同的工作，单片机其实也是如此，同样的芯片可以根据我们不同的要求做出不同的产品，只不过电脑是面向应用的，而单片机是面向控制的。比如控制一个体育器材的运动和停止，上升和下降等。

4.3.3.2 单片机用途

单片机的用处非常多，生活在现代城市中许多方面都离不开单片机。单片机具有极高的可靠性，微型性和智能性，已成为工业控制领域中普遍采用的智能化控制工具，已经深深地渗入到我们的日常生活当中。小到玩具、家电行业，大到车载、舰船电子系统、工业过程控制、机械电子、工业机器人、军事和航空航天等领域都可见到单片机的身影。

（1）智能产品：单片机微处理器与传统的机械产品相结合，使传统机械产品结构简化、控制智能化，构成新一代的机电一体化的产品。例如传真打字机就采用了单片机。

（2）智能仪表：用单片机微处理器改良原有的测量、控制仪表，能使仪表数字化、智能化、多功能化、综合化。而测量仪器中的误差修正、线性化等问题也可迎刃而解。

（3）测控系统：用单片机微处理器可以构成各种工业控制系统、环境控制系统、数据控制系统。

（4）智能接口：微电脑系统，特别是在较大型的工业测控系统中，除外围装置（打印机、键盘、磁盘、CRT）外，还有许多外部通信、采集、多路分配管理、驱动控制等接口。这些外围装置与接口如果完全由主机进行管理，势必造成主机负担过重，降低执行速度，如果采用单片机进行接口的控制与管理，单片机微处理器与主机可并行运作，大大地提高了系统的执行速度。如在大型数据采集系统中，用单片机对模拟/数字转换接口进行控制不仅可提高采集速度，还可对数据进行预先处理，如数字滤波、线性化处理、误差修正等。在通信接口中采用单片机可对数据进行编码译码、分配管理、接收/发送控制等。

下面以单片机的步进电动机控制系统控制跳高横杆自动升降为例，说明一下系统的组成。

步进电动机是一种将数字信号直接转换成角位移或线位移的控制驱动元件，具有快速启动或停止的特点。其驱动速度和指令脉冲能严格同步，具有较高的重复定位精度，并能实现正反转和平滑速度调节。它的运行速度和步距不受电源电压波动及负载的影响，因而被广泛应用于数模转换、速度控制和位置控制系统。

步进电动机不能直接接到工频交流或直流电源上工作，而必须使用专用的步进电动机驱动器，如图 4-44 所示，它由脉冲发生控制单元、功率驱动单元、保护单元等组成。图中点画线所包围的两个单元可以用微机控制来实现。驱动单元与步进电动机直接耦合，也可理解成步进电动机微机控制器的功率接口。

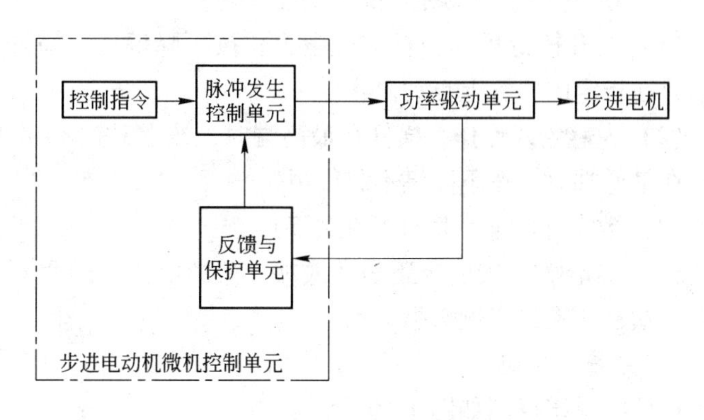

图 4-44 步进电动机驱动控制器

A 步进电动机驱动系统功能简介

本设计是由单片机控制步进电机来实现横杆升、降的自动控制系统，主要由控制电路、步进电机、LCD 显示等部分组成。该自动升、降系统利用步进电机驱动，通过上升键和下降键两个按键控制横杆的升、降，并通过单片机控制步进转换模块来转换控制步进角以实现上升或下降的不同速度，通过开关量的反馈检测旗帜是否达到最低端，通过键盘可以设定横杆的到达位置，高度可以通过LCD实时显示。系统框图如图4-45所示。

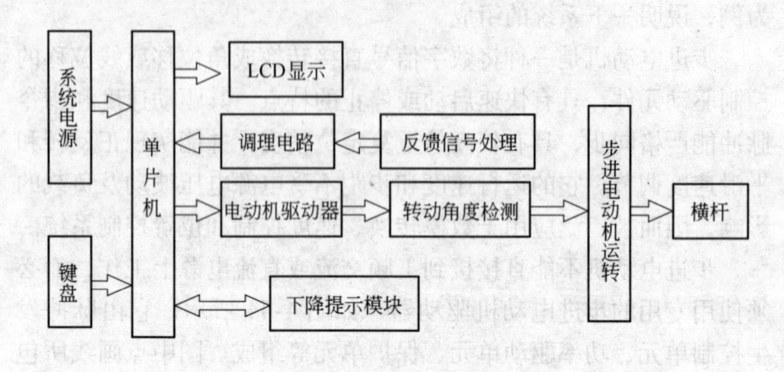

图4-45 系统框图

B 步进电动机驱动系统完成的主要功能

(1) 上升按键后，横杆匀速上升，按下降键后，横杆匀速下降，在指定的位置上自动停止。

(2) 为避免误操作，横杆在最高端时，按上升键不起作用。横杆在最低端时，按下降键不起作用。

(3) 数字即时显示横杆所在的高度。

(4) 不论横杆在顶端还是在底端，关断电源之后重新合上电源，横杆所在的高度数据显示不变。

C 系统硬件组成

设计的系统框图如图4-45所示。

(1) 控制模块：采用单片机作本系统的控制中心，采用大功率步进电动机驱动器实现步进电动机驱动，并通过精确的算法实现动态控制，通过控制系统脉冲来控制步进电动机的速度和精确定位。

(2) 显示模块：单片机控制系统常用的显示器件有LED、LCD等，其中，七段数码管（LED）显示方式是利用七段二极管的亮、暗配合，实现数字和字母的发光显示。

(3) 键盘模块：本控制系统使用了4个独立式按键，分别是升、降键 UP 与 DOWN，停止/确认键 STOP/OK，按键排列图如图 4-46 所示。

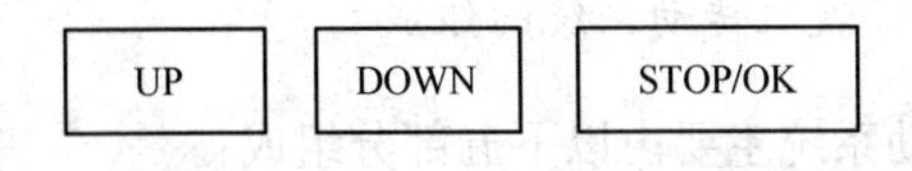

图 4-46 按键排列图

（4）电源模块：采用开关电源作为控制系统所需的稳压电源，其输入是 AC220V，输出是 DC +5V、DC +24V。

D 系统设计的程序流程

系统首先进行 LCD 的显示初始化，然后进行按键扫描，根据按键的信息增加设定值或者减少设定值，改变设定值后调用 PID 算法程序，产生对应控制脉冲并输出，通过调用显示子程序，可以在 LCD 上显示设定值和实际高度值，流程如图 4-47 所示。

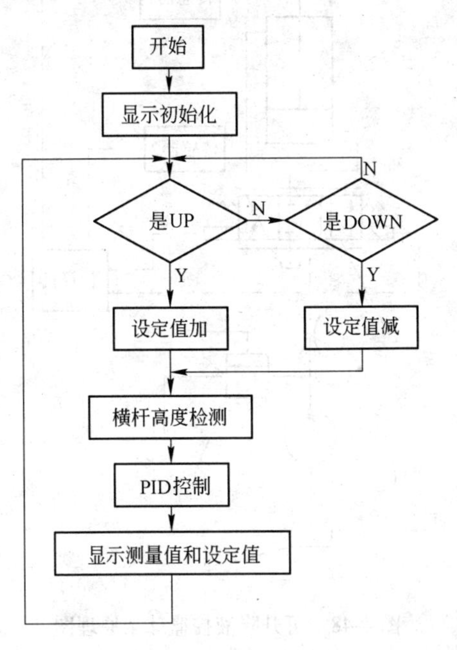

图 4-47 程序流程图

4.3.4　液压控制系统

4.3.4.1　液压传动系统的组成

液压传动系统主要由以下五部分组成：

(1) 动力元件。主要指各种液压泵。它的作用是把原动机（马达）的机械能转变成油液的压力能，给液压系统提供压力油，是液压系统的动力源。如图 4-48 中的液压泵。

(2) 执行元件。指各种类型的液压缸、液压马达。其作用是将油液压力能转变成机械能，输出一定的力（或力矩）和速度，以驱动负载。如图 4-48 中的液压缸。

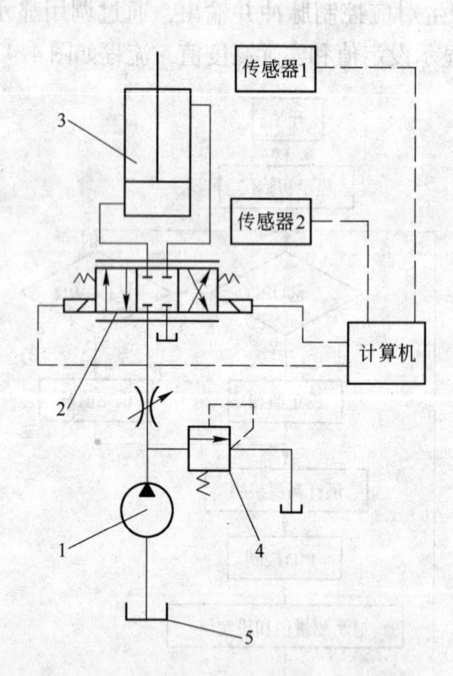

图 4-48　可升降液控篮球架原理图

1—液压泵；2—比例换向阀；3—液压缸；4—溢流阀；5—油箱

(3) 控制调节元件。主要指各种类型的液压控制阀，如溢流阀，节流阀，换向阀等。它们的作用是控制液压系统中油液的压力、流量和流动方向，从而保证执行元件能驱动负载，并按规定的方向运动，获得规定的运动速度。如图 4-48 中的比例换向阀和溢流阀。

(4) 辅助装置。指油箱、过滤器、油管、管接头、压力表等。它们对保证液压系统可靠、稳定、持久地工作，具有重要作用。

(5) 工作介质。指各种类型的液压油。

4.3.4.2 液压基本回路

A 速度控制回路

由定量泵供油，用流量阀调节进入或流出执行机构的流量来实现调速，这就是节流调速原理。节流调速回路是通过调节流量阀的流通截面积大小来改变进行执行机构的流量，从而实现运动速度的调节。进油调速回路是将节流阀装在执行机构的进油路上，调速原理如图 4-49 所示。

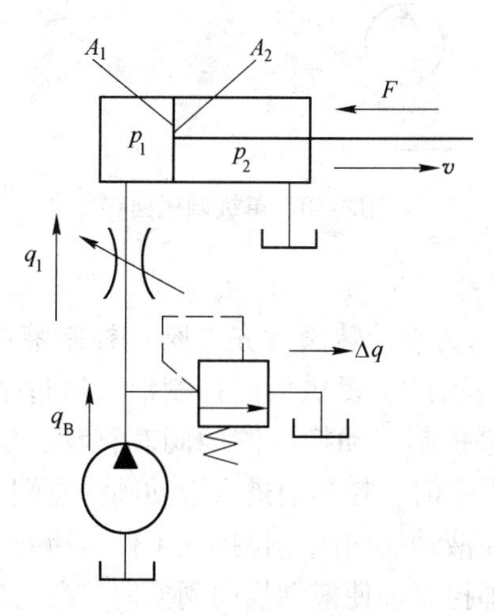

图 4-49 进油节流调速回路

B 压力控制回路

压力控制回路是用压力阀来控制和调节液压系统主油路或某一支路的压力，以满足执行元件速度换接回路所需的力或力矩的要求。利用压力控制回路可实现对系统进行调压（稳压）、减压、增压、卸荷、保压与平衡等各种控制。

如图4-50所示是单级调压回路，通过液压泵和溢流阀的并联，即可组成单级调压回路。通过调节溢流阀的压力，可以改变泵的输出压力。当溢流阀的调定压力确定后，液压泵就在溢流阀的调定压力下工作。从而实现了对液压系统进行调压和稳压控制。

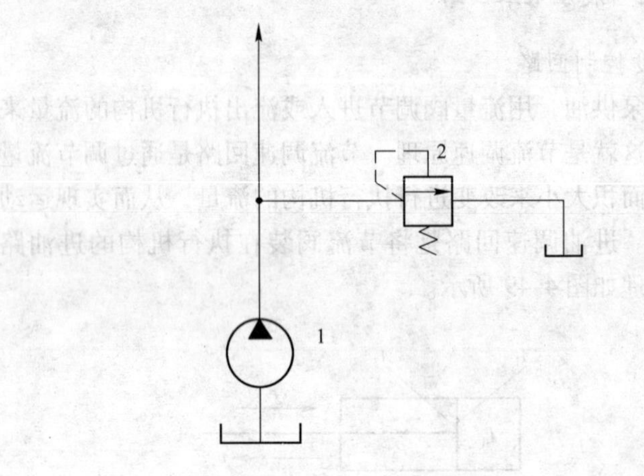

图4-50 单级调压回路

C 方向控制回路

图4-51所示为手动转阀（先导阀）控制液动换向阀的换向回路。回路中用辅助泵提供低压控制油，通过手动先导阀（三位四通转阀）来控制液动换向阀的阀芯移动，实现主油路的换向，当转阀在右位时，控制油进入液动阀的左端，右端的油液经转阀回油箱，使液动换向阀左位接入工件，活塞下移。当转阀切换至左位时，即控制油使液动换向阀换向，活塞向上退回。当转阀中位时，液动换向阀两端的控制油通油箱，在弹簧力的作用

下，其阀芯回复到中位、主泵卸载。

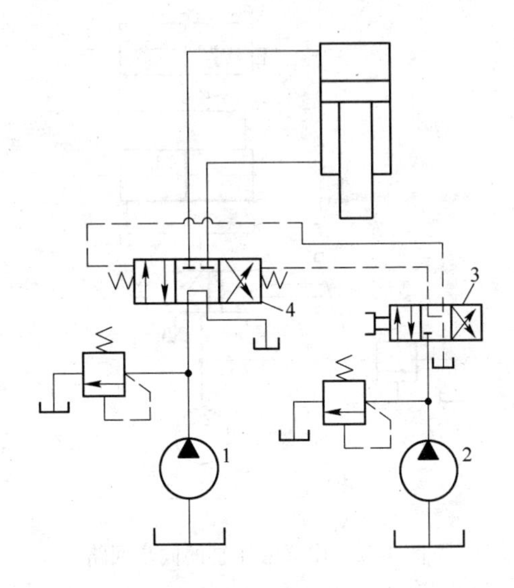

图 4-51　先导阀控制液动换向阀的换向回路

D　同步回路

图 4-52 是串联液压缸的同步回路。图中第一个液压缸回油腔排出的油液，被送入第二个液压缸的进油腔。如果串联油腔活塞的有效面积相等，便可实现同步运动。这种回路两缸能承受不同的负载，但泵的供油压力要大于两缸工作压力之和。

4.3.4.3　案例

［**例 4-3**］　可升降液控篮球架

（1）动力元件：液压泵。

（2）执行元件：液压缸。

（3）控制调节元件：比例换向阀，溢流阀。

（4）辅助装置：油箱，油管等。

（5）工作原理。

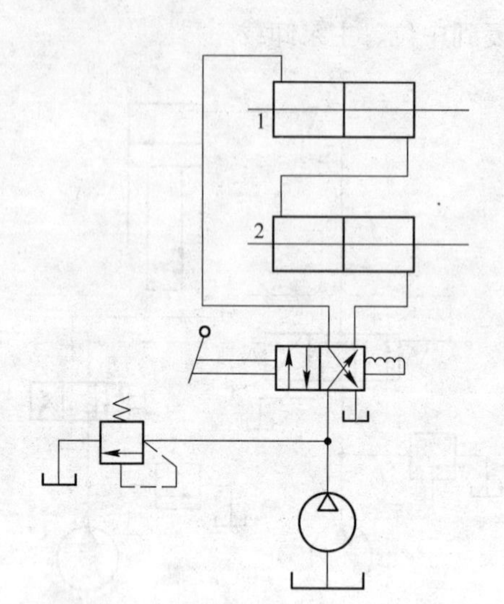

图 4-52　串联液压缸的同步回路

如图 4-48 所示，篮球架上升：计算机发出指令，控制比例换向阀向右运动，液压缸下腔通过泵供油，液压缸活塞向上运动，篮球架上升。上升到指定位置，通过传感器发信给计算机，控制比例换向阀的指令中断，换向阀回到中位，篮球架停止上升，停在指定位置开始使用，此时液压油经溢流阀流回油箱。

篮球架下降：计算机发出指令，控制比例换向阀向左运动，液压缸上腔通过泵供油，液压缸活塞向下运动，篮球架下降。下降到指定位置，通过传感器发信给计算机，控制比例换向阀的指令中断，换向阀回到中位，篮球架停止下降，停在指定位置，此时液压油经溢流阀流回油箱。控制系统方框图如图 4-53 所示。

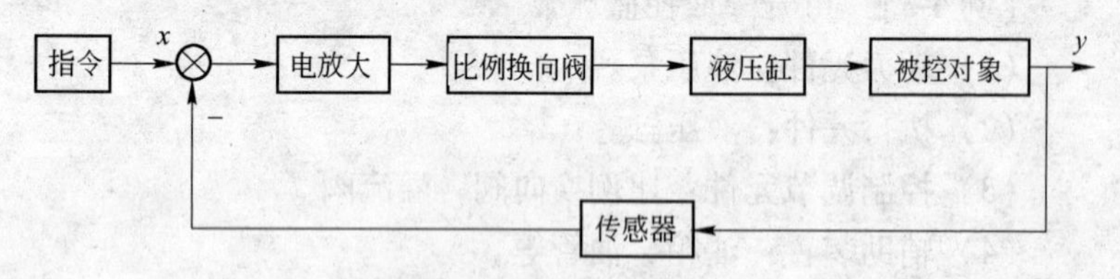

图 4-53　控制系统方框图

(6) 液压传动系统的设计计算。篮球架总重量 G，上升和下降的速度为 v_1、v_2。

1）负载分析。篮球架若是匀速上升和下降，液压缸的摩擦忽略不计，则系统负载主要是篮球架总重量 G。

2）液压缸主要参数的确定。执行元件的工作压力和流量是液压系统最主要的两个参数。这两个参数是计算和选择元件、辅件和原动机规格型号的依据。

根据最大负载选定系统的工作压力 p。

如果液压缸活塞运动的最大速度为 v_{max}，最小速度为 v_{min}，则液压缸所需最大流量 q_{max} 按其实际有效工作面积 A 及所要求的最高速度 v_{max} 来计算，即

$$q_{max} = Av_{max}/\eta_v$$

最小流量 q_{min} 按其实际有效工作面积 A 及所要求的最高速度 v_{max} 来计算，即

$$q_{min} = Av_{min}/\eta_v$$

式中 η_v——执行元件的容积效率。

3）篮球架上升、下降可以采用基本的调速回路，篮球架的运动过程主要是：上升→停止不动→下降→停止不动。所以比例换向阀采用三位四通的。

5 体育器材的材料选择

材料是人们用来制造各种构件的物质，是人类社会发展的物质基础。人类社会的发展伴随着材料的发展。人类最早使用的材料是天然材料（如石头、泥土、树枝、兽皮等）。由于火的发现和使用，人类发明了陶瓷生产技术，其后又发明了青铜、铁等金属的冶铸技术。因此，历史学家根据材料的使用，将人类社会划分为石器时代、青铜器时代、铁器时代。而今，人类已跨进人工合成材料的新时代，金属材料、高分子材料、陶瓷材料、复合材料等新型材料得到迅速的发展，为现代社会的发展奠定了重要的物质基础。

体育器材设计不仅包括结构的设计，同时也包括所用材料和工艺的设计。正确选材是体育器材设计的一项重要任务，它必须使选用的材料保证器材在使用过程中具有良好的工作能力，保证器材便于加工制造，同时保证器材的总成本尽可能低。

5.1 体育器材的失效与失效分析

当材料受外力作用时，一般会出现弹性变形、塑性变形和断裂三种情况。零件在使用过程中通常要传递力或能量，在拉、压、弯、扭、摩擦、冲击等各种载荷作用下，通常会由于发生过量变形而导致表面损伤、尺寸改变或断裂失效。为了防止失效的发生，应从零件的工作条件和失效现象出发，研究材料在不同载荷作用下变形和破坏的规律，从而提出合理的机械性能指标，为零件的设计提供依据，并为合理选用材料和正确制定工艺提供依据。

所谓失效，主要指由于某种原因，导致零件尺寸、形状或材料的组织与性能的变化而丧失指定的功能，无法继续工作而提前大修或报废。零件失效导致的经济损失是惊人的，特别是事前没有明显征兆的失效，会造成重大事故的发生。

体育器材的失效与机械零件的失效类似，一般包括以下几种情况：

(1) 完全破坏，不能继续工作；

(2) 虽仍能安全工作，但不能满意地达到预期的效果；

(3) 严重损伤，继续工作不安全。

5.1.1 失效的分类

对失效通常是按失效模式和其相应的失效机理分类。

失效模式是指失效的外在宏观表现和规律，失效机理则是指引起失效的微观物理、化学变化过程的本质，这种失效模式和失效机理相结合的分类就是宏观和微观相结合，由表及里地揭示失效的物理本质的过程。

表5-1是根据体育器材最常见的失效模式进行的分类,归纳为畸变失效、断裂失效、表面损伤失效三大类型,每一类型又可细分为几种不同的情况,同时列出了各种类型的失效所相应的失效机理。

表5-1 体育器材失效的模式及其失效机理

失效模式		失效机理
畸变失效	弹性变形失效	弹性变形
	塑性变形失效	塑性变形
	翘曲畸变失效	弹、塑性变形
断裂失效	韧性断裂失效	塑性变形
	低应力脆断失效	断裂韧性
	疲劳断裂失效	疲 劳
	蠕变断裂失效	蠕变断裂
	介质加速断裂失效	应力腐蚀
表面损伤失效	磨损失效	磨粒磨损、黏着磨损
	表面疲劳失效	疲 劳
	腐蚀失效	氧化、电化学

5.1.2 失效的基本因素

影响体育器材失效的基本因素可以归结为设计制造过程因素（原始因素）和使用维修过程因素（使用因素）两大方面。

5.1.2.1 设计因素

为了保证器材质量，必须精心设计，精心施工。施工的技术根据是设计图纸和设计计算说明书，其设计计算的核心是该器材在特定状况、结构和环境等条件下可能发生的基本失效模式而建立的相应设计计算准则，即在给定条件下正常工作和使用的准则，从而定出合适的材质、尺寸、结构，提出必要的技术文件：图纸、说明书等。如设计有误（例如设计时对工作条件估计错误，对过载估计不足，忽视结构工艺性等），则体育器材将不能使用或过早失效。

5.1.2.2 制造（工艺）因素

工艺制造条件往往是达不到设计要求而导致器材失效的一个重要因素。

零件加工工艺不正确可造成各种缺陷，如在锻造过程中产生的夹层、冷热裂纹，焊接过程的未焊透、偏析、冷热裂纹，铸造过程的疏松、夹渣，机加工过程的尺寸公差、表面粗糙度不合适，热处理工艺产生的缺陷，如淬裂、硬度不足、回火脆性、氧化、脱碳、硬软层硬度梯度过大，精加工磨削中的磨削裂纹等。

5.1.2.3 装配调试因素

在安装过程中，未达到所要求的质量指标，如啮合传动件（齿轮、杆、螺纹等）的间隙不合适（过松或过紧，接触状态未调整好），配合过紧、过松，对中不好，连接件必要的“防松”不可靠，铆焊结构的必要探伤检验不良，润滑与密封装置不良等，都可使零件不能正常工作。在初步安装调试后，未按规定进行逐级加载跑合。

5.1.2.4 材质因素

选材不当，对零件失效形式判断错误，所选用材料的性能不能满足工作条件；或选材所依据的性能指标，不能反映材料对实际失效形式的抗力，错选了材料。此外，材质内部缺陷、毛坯加工（铸锻焊）工艺或冷热加工（特别是热处理）工艺过程产生的缺陷也是导致失效的重要因素。

5.1.2.5 运转维修因素

使用和维修时不遵守操作规程。首先是对运转状况参数（载荷、速度等）的监控是否准确，定期大、中、小检修的制度是否合理。润滑条件是否保证，包括润滑剂和润滑方法是否选得合适，润滑装置以及冷却、加热和过滤系统功能是否正常。

最后，在影响失效的基本因素中，特别要强调人的因素，即注意人的素质条件的影响。

零件失效的实际情况往往很复杂，失效通常不是由单一因素造成的，而是多种因素共同作用的结果。必须进行综合分析，找到零件失效的真正原因，特别是主要原因。

5.2 体育器材的失效形式

零件的主要失效形式是变形、断裂和表面损伤三大类。变形和表面损伤是慢性破坏，而断裂是爆发性破坏。

5.2.1 变形失效

变形是指在某种程度上减弱了零件规定的功能，是一种不正常的变形。变形失效可分为弹性变形失效和塑性变形失效两种。

从形貌上看，变形有两种基本形式：尺寸变形和形状变形（如弯曲或翘曲）。例如，受轴向载荷的撑杆可产生轴向变形和弯曲而丧失工作能力，如球拍网线的变形等。

变形失效的零件体现为：

(1) 不能承受所规定的载荷；

(2) 不能起到规定的作用；

(3) 与其他部件的运转发生干扰。

5.2.1.1 弹性变形失效

零件受力或者温度的作用会产生弹性变形。弹性变形的变形量在弹性范围内变化，其不恰当的变形量与材料的强度无关，是刚度问题。

对于拉压变形的撑杆、单双杠、垫子等体育器材，其过大的变形量会导致器材因丧失尺寸精度而造成动作失误等。

影响弹性变形的主要因素是零件的形状、尺寸，材料的弹性模量，使用的温度和载荷的大小。在材料和外加载荷一定的条件下，形状和尺寸是影响变形大小的关键因素。例如，在受相同载荷作用下，等量相同的材料，工字形刚度最大（变形量最小），矩形次之，方形更次，薄板形最差（变形量最大）。当选用不同的材料时，相同结构的零件，材料的弹性模量越大，则其变形量越小，例如，选用碳钢所发生的弹性变形量就小于铜、铝合金。

当温度升高、载荷加大时，弹性变形量通常呈线性增大。温度升高还会导致零件的蠕变（即在外加载荷不变的条件下不断产生变形），而温度下降到一定值（即低于韧-脆转变温度）会发生脆性断裂。

5.2.1.2 塑性变形失效

塑性变形是外加载荷超过材料的屈服极限时发生的永久变形。引起塑性变形的因素，除在弹性变形中所讨论的有关影响因素外，常见的还有材质缺陷、使用不当、设计有误等，尤其是热处理不当更为突出。实际上，塑性变形往往是多种因素综合作用的结果。

(1) 材质缺陷包括材料本身的冶金缺陷和热加工缺陷，较为常见的是热处理不当造成的缺陷。例如，淬火时，加热温度或冷却速度不当，形成较软的组织，从而达不到所需的硬度和屈服强度，导致零件在使用过程中发生塑性变形失效。

(2) 使用不当是导致塑性变形失效的另一主要原因，主要是严重过载和润滑不当。

(3) 设计失误主要表现在对载荷估计不足，对温度的影响、材质缺陷估计太低，以及缺少对一些重要零件的全面质量管理要求。

5.2.1.3 翘曲变形失效

翘曲变形是一种大小与方向上常产生复杂规律的形变，最终形成翘曲的外形，导致零件的失效。翘曲变形是由温度、外加载荷、受力截面、材料组成等引起的不均匀性变形，其中以温度变化，特别是高温所导致的形状翘曲最为严重。

5.2.2 断裂失效

体育器材的断裂失效，尤其是竞技器材的突然断裂，会对使用者造成人身伤害，带来巨大的损失。人们长期以来就非常重视断口的观察及其分析技术的研究，寻找断裂的原因和影响因素。

对断裂的分类方法很多，是按具体的需要和研究的方便而进行的，按断裂性质可将断裂分为以下几种。

5.2.2.1 韧性断裂

韧性断裂时名义应力高于材料的屈服强度，韧性断裂是屈服变形的结果，材料断裂之前发生明显的宏观塑性变形。

韧性断裂是金属材料破坏的主要形式之一。当韧性较好的材料所承受的载荷超过该材料的屈服强度时，就会产生韧性断裂。韧性断裂是一个缓慢的断裂过程，在断裂过程中需要不断消耗能量，与之相伴的是产生大量的塑性变形。宏观塑性变形的方式和大小取决于外加应力的状态和材料的性质。

5.2.2.2 脆性断裂

脆性断裂指材料在断裂之前不发生或发生很小的宏观塑性变形的断裂，脆性断裂时名义应力低于材料的屈服强度，又称低应力脆性断裂。脆性断裂经常发生在有尖锐缺口或裂纹的零件中，在低温或冲击载荷作用下更易产生脆性断裂。产生脆性断裂前往往没有预兆，裂纹长度一旦达到临界长度，即以声速扩展，并发生瞬间断裂。脆性断裂往往造成灾难性的后果。

5.2.2.3 疲劳断裂

疲劳断裂是零件在交变循环应力作用下发生的断裂。疲劳断裂时的最大应力远低于材料的强度极限。因疲劳而失效的零件约占失效零件总数的80%以上。

无裂纹疲劳断裂由三个基本过程组成：裂纹萌生、扩展和断裂。根据应力循环的周次，疲劳断裂可分为高周疲劳断裂（周次$\geqslant 10^4$）和低周疲劳断裂（周次$\leqslant 10^4$）两种。高周疲劳断裂应力值小于材料的屈服强度，低周疲劳断裂应力值大于材料的屈服强度。

5.2.3 磨损失效

两个相对运动零件接触表面的材料以细屑的形式逐渐磨耗、零件的尺寸逐渐减小，精度丧失而失效，称为磨损失效。磨损是零件表面失效的主要原因之一，直接影响零件的使用寿命。

磨损失效按其成因可分为：黏着磨损、磨粒磨损、表面疲劳磨损、冲刷磨损、腐蚀磨损等五种类型。在实际的分析中往往遇到多种磨损类型的复合状况，即“复合磨损失效”。

5.2.3.1 黏着磨损

黏着磨损是指两个相对运动零件表面的微观凸起在局部高压下产生焊合（或黏着），在继续作相对运动的过程中，零件的黏着面发生分离，使材料从一个表面转移到另一表面，造成表面严重损伤。在接触应力很大、润滑不良和相对运动速度较低的情况下容易发生黏着磨损。黏着磨损也称擦伤、磨伤、胶合、咬合、结疤等。

黏着磨损使零件降低了使用性能，严重时可产生“咬合”现象，完全丧失使用功能。

5.2.3.2 磨粒磨损

磨粒磨损是指有相对运动的零件表面之间，因嵌入外来硬质颗粒或表面微突体的作用将零件表面切削成沟槽（拉毛），造成表面损伤的磨损。

磨粒磨损的主要特征是零件表面被犁削形成沟槽。

5.2.3.3 表面疲劳磨损

两个接触面作滚动或滚动滑动复合摩擦时，在交变接触压应力作用下，使工作表面产生疲劳点蚀损失的现象称为表面疲劳磨损。

表面疲劳磨损是在交变载荷的作用下，产生表面裂纹或亚表面裂纹（一般是夹杂物处），裂纹沿表面平行扩展而引起表面材料小片的脱落，在材料表面形成麻坑。兼有磨损和疲劳破坏的特点。这种失效可看成一种特殊形式的磨损。

5.2.3.4 冲刷磨损

冲刷磨损是由于含固态粒子的流体冲刷零件表面而造成表面损失的磨损。

冲刷流体中所带固体粒子的相对运动方向与被冲刷表面相平行的冲刷称为研磨冲刷，如水流中的泥沙对赛艇表面的纵向冲刷；液体中固态粒子的相对运动方向与被冲刷表面近于垂直的冲刷称为碰撞冲刷。

5.2.3.5 腐蚀磨损

腐蚀磨损指零件表面在摩擦过程中，同时与周围介质发生化学或电化学反应，产生表层材料的损失或迁移现象。化学反应会增强机械磨损作用。

5.2.4 腐蚀失效

腐蚀是指材料暴露于活性介质中，产生电化学或化学反应，使材料表面变质而失效，它是材料与环境介质之间发生的化学和电化学作用的结果。

腐蚀常可与其他形式失效相互作用，所以腐蚀失效是多种多样的。如化学腐蚀、晶间腐蚀和应力腐蚀等。

按腐蚀的程度不同，可将腐蚀失效分为下列几种基本类型。

5.2.4.1 均匀腐蚀

均匀腐蚀是在整个材料的表面均匀发生。

腐蚀均匀性的前提是：被腐蚀的材料表面具有均匀的化学成分和显微组织，同时腐蚀环境是均匀且不受限制与障碍地包围材料表面。例如质量保证的钢材在大气中所产生的锈蚀。

均匀腐蚀可在大气、液体以及土壤里发生，且常在正常条件下发生。

5.2.4.2 点腐蚀

点腐蚀指腐蚀集中于局部，呈尖锐小孔，进而向深度扩展成孔穴甚至穿透（孔蚀）。

点腐蚀是由于洁净表面上钝化膜的破坏或起防护作用的防蚀剂局部破坏而产生的。材料表面受破坏处和未受破坏处形成“局部电池”，产生电化学反应，形成腐蚀孔。

5.2.4.3 晶间腐蚀

晶间腐蚀指腐蚀发生于晶粒边界或其近旁。晶间腐蚀会使材料机械性能显著下降，以致酿成突然事故，危害很大。不锈钢、镍合金、铝合金、镁合金及钛合金均可在某特定环境介质条件下产生晶间腐蚀。

晶间腐蚀的主要原因是晶界处化学成分不均匀。由于晶界是原子排列较为疏松而紊乱的区域，所以在这个区域易于富集杂质原子，易于发生晶界沉淀。例如，不锈钢的晶间腐蚀，是由于碳化铬在晶界析出，使晶界贫铬成为阳极，晶粒本身相对成为阴极，组成“局部电池”而导致晶界腐蚀。

5.3 体育器材选材的一般原则

体育器材设计包括结构的设计和材料设计，材料设计包括材料选用和热处理技术的确定。材料设计是体育器材设计的重要组成部分，它必须使选用的材料保证器材在使用过程中具有良好的工作能力，保证器材便于加工制造，同时保证器材的总成本尽可能低。

新产品开发、老产品更新换代或因市场供应失调需要更换材料时均需要考虑选材问题。材料选择是一个复杂的决策问题，需要在掌握工程材料理论及应用知识的基础上，根据所限定的条件，进行具体分析和选材方案对比，最后确定选材方案。仅凭经验、简单套用相似零件的传统用材方案或盲目追求高级优质材料都不是科学的选材方法，往往会造成质量达不到设计要求或浪费材料，甚至造成事故。

材料选择一般根据以下几个基本原则：

满足使用性能的要求，防止失效事故的发生；满足加工工艺性能的要求，提高成品率；符合经济性原则，降低成本，获得较大的经济效益。此外，还应考虑适应科技发展、社会和市场现状的需要。

5.3.1 使用性能原则

使用性能是保证器材完成规定功能、安全可靠、经久耐用的必要条件。通常情况下，使用性能是选材首先要考虑的问题。使用性能主要是指器材在使用状态下材料应该具有的机械性能、物理性能和化学性能。对大多数体育器材，最重要的使用性能是机械性能；对一些特殊条件下使用的器材，则必须根据要求考虑到材料的物理、化学性能。

使用性能的要求，一般是在分析器材服役条件和失效形式的基础上提出来的。器材的服役条件包括三个方面。

5.3.1.1 受力状况

受力状况主要是载荷类型（例如动载、静载、交变载荷、单调载荷、冲击载荷等）和载荷大小（应力分布及最大应力的确定)；载荷的形式（例如拉伸、压缩、弯曲或扭转等)；以及载荷的特点（例如均布载荷或集中载荷等)。

5.3.1.2 环境状况

环境状况主要是温度特性（例如低温、常温、高温或变温等）以及介质情况（例如有无腐蚀或摩擦作用等)。

5.3.1.3 特殊要求

某些零件还需对其他性能提出要求，主要是对导电性、磁性、热膨胀、密度、外观等的要求。

材料的失效形式则如前述，主要包括过量变形、断裂和表面损伤三个方面。

通过对器材的服役条件和失效形式的全面分析，确定器材对使用性能的要求，然后利用使用性能与实验室性能的相应关系，将使用性能具体转化为实验室机械性能指标，例如强度、硬度、韧性或耐磨性等。这是选材最关键也是最困难的步骤。之后，根据器材的几何形状、尺寸及工作中所承受的载荷，计算出器材的应力分布。再由工作应力、使用寿命或安全性与实验室性能指标的关系，确定对实验室性能指标要求的具体数值。

在确定了具体机械性能指标和数值后，即可查阅手册进行选材。但是，器材所要求的机械性能数据，不能简单地同手册、书本中所给出的完全等同相待，还必须注意以下情况。第一，材料的性能不但与化学成分有关，也与加工、处理后的状态有关，金属材料尤其明显。所以，要分析手册中的性能指标是在什么加工环境、处理条件下得到的。第二，材料的性能与加工处理时试样的尺寸有关，随截面尺寸的增大，机械性能一般是降低的。因此，必须考虑器材尺寸与手册中试样尺寸的差别，并进行适当的修正。第三，材料的化学成分、加工处理的工艺参数本身都有一定波动范围。一般手册中的性能，大多是波动范围的下限值。就是说，在尺寸和处理条件相同时，手册数据是偏安全的。

在选材的同时应考虑相应的热处理工艺，确定热处理技术要求。器材结构设计、材料选择和热处理工艺三者配合得当，才能保证质量，充分发挥材料的潜能。

选材时需根据具体情况，抓住主要矛盾，找到主要性能指标，同时兼顾其他次要性能要求。

5.3.2 工艺性能原则

材料的工艺性能表示材料加工的难易程度。在选材中，同使用性能比较，工艺性能常处于次要地位。但在某些特殊情况下，工艺性能也可成为选材考虑的主要依据。因为，一种材料即使使用性能再好，若加工很困难，或者加工费用很高，也是不可取的。所以，材料的工艺性能应满足生产工艺的要求，这是选材必须考虑的问题。

材料所要求的工艺性能与体育器材生产加工工艺路线有密切关系，具体的工艺性能，要从工艺路线中提出来。下面讨论各类材料一般的工艺路线和有关的工艺性能。

5.3.2.1 高分子材料的工艺性能

高分子材料的加工工艺路线如图 5-1 所示。从图中可以看

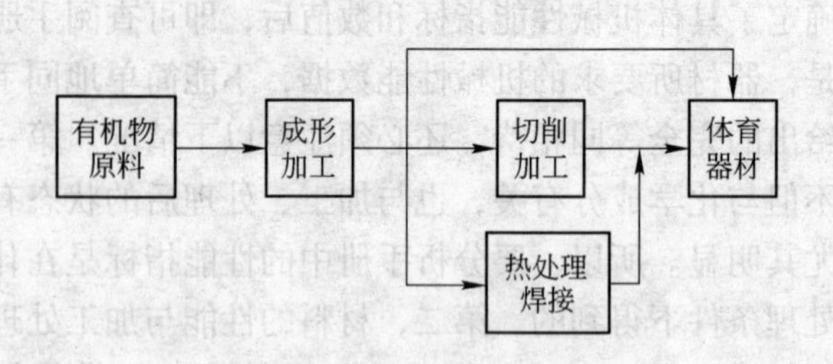

图 5-1 高分子材料的加工工艺路线

出，工艺路线比较简单，其中变化较多的是成形加工工艺，包括热压、注塑、热挤、喷射、真空成形等。

高分子材料的切削加工性能较好。但要注意，它的导热性差，在切削过程中不易散热，易使材料温度急剧升高，使其变焦（热固性塑料）或变软（热塑性塑料）。

5.3.2.2 陶瓷材料的工艺性能

陶瓷材料的加工工艺路线如图 5-2 所示。从图中可以看出，工艺路线也比较简单，主要工艺就是成形，其中包括粉浆成形、压制成形、挤压成形、烧结成形等。陶瓷材料成形后，除了可以用碳化硅或金刚石磨削加工外，几乎不能进行任何其他加工。

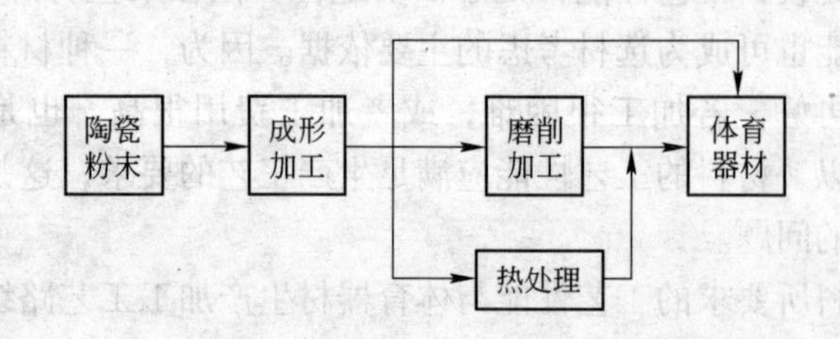

图 5-2 陶瓷材料的加工工艺路线

5.3.2.3 金属材料的工艺性能

金属材料的加工工艺路线如图 5-3 所示。可以看出，金属材料远比高分子材料和陶瓷材料的加工工艺复杂，且变化较多，不仅影响体育器材的成形，还影响其最终性能。

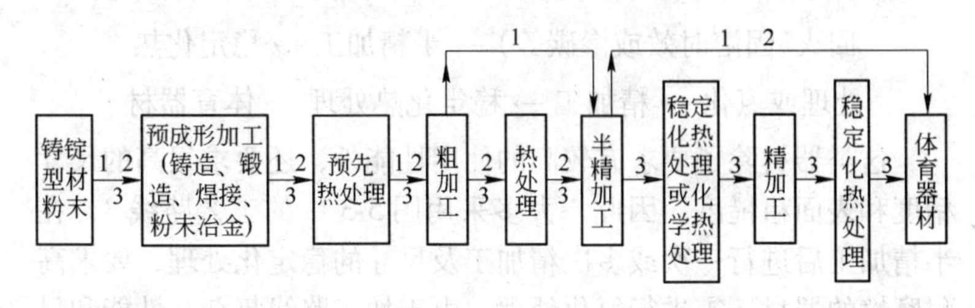

图 5-3 金属材料的加工工艺路线

金属材料（主要是钢铁材料）的加工工艺路线可分为三类：

（1）性能要求不高的器材。

性能要求不高的体育器材的加工工艺路线为：

毛坯 → 预先热处理(正火或退火) → 切削加工 → 体育器材

即图 5-3 中的工艺路线 1。毛坯由铸造或锻造加工获得。如果用型材直接加工，因型材出厂前已经退火或正火处理，不必再进行热处理。毛坯的正火或退火，不只为了消除铸造、锻造的组织缺陷和改善加工性能，还应赋予材料必要的机械性能，因此也是最终热处理。由于器材性能要求不高，多采用比较普通的材料（如铸铁或碳钢）制造，它们的工艺性能都比较好。

（2）性能要求较高的器材。

性能要求较高的体育器材的加工工艺路线为：

毛坯 → 预先热处理(正火或退火) → 粗加工 → 热处理(淬火、回火,固溶时效或渗碳处理等) → 精加工 → 体育器材

即图 5-3 中的工艺路线 2。预先热处理是为了改善机加工性能，并为最终热处理作好组织准备。大部分性能要求较高的器材，均采用这种工艺路线。它们的工艺性能不一定都很好，所以要重视这些性能的分析。

（3）性能要求较高的精密器材。

性能要求较高的精密体育器材的加工工艺路线为：

毛坯→预先热处理(正火或退火)→粗加工→热处理(淬火、回火、固溶时效或渗碳等)→半精加工→稳定化热处理或氮化→精加工→稳定化热处理→体育器材

这类器材除了要求有较高的使用性能外，还要求很高的尺寸精度和表面粗糙度。因此，大多采用图5-3中的工艺路线3，在半精加工后进行一次或多次精加工及尺寸的稳定化处理，要求高耐磨性的器材还需进行氮化处理。由于加工路线复杂，性能和尺寸的精度要求也很高，器材所用材料的工艺性能应充分保证。

金属材料的加工工艺路线复杂，要求的工艺性能较多，如铸造性能、锻造性能、焊接性能、切削加工性能、热处理工艺性能等。金属材料的工艺性能应满足其工艺过程要求。

5.3.3 经济性原则

材料的经济性是选材时必须考虑的重要因素。经济性不仅仅指材料的价格，也就是选用便宜的材料并不一定是最经济的。采用价格合适的材料，把总成本降至最低，取得最大的经济效益，使产品在市场上具有较强的竞争力，始终是设计工作的重要任务。

5.3.3.1 材料的价格

体育器材材料的价格无疑应该尽可能低。材料的成本通常在产品的总成本中占有较大的比重，据有关资料统计表明，在许多工业部门中，材料成本可占产品总成本的30%~70%。因此，材料价格对产品总成本有很大影响，设计人员要十分关注材料的市场价格。在大批量生产中对材料价格要精确计算，以获得最大的经济效益。

5.3.3.2 寿命成本

产品的寿命成本是产品制造成本和产品在规定周期内的附加

成本之和。制造成本即产品出厂时的成本，附加成本是产品在用户手中使用过程中附加的成本，包括维修、停机损失等开支。

制造成本和附加成本适中，寿命成本才能最低。寿命成本最低的设计思想是在保证产品技术功能的前提下，力争最低的寿命成本，这样的产品才会有较大的使用价值。选用技术功能好的材料，初始价格虽较高，但从产品的整体价值看，寿命成本最低，因此最终是经济的。

5.3.3.3 工艺成本

工艺成本即材料的加工费。产品的制造成本除材料成本外，还包括加工费。不同材料的加工工艺和加工的难易程度不同，加工费用也不同，选材时必须考虑这个因素。

5.3.3.4 国家的资源

随着工业的发展，资源和能源的问题日渐突出，选用材料时必须对此有所考虑，特别是大批量生产的器材，所用材料应该来源丰富并顾及我国资源状况，尽量少用含有我国稀缺合金元素的材料。另外，还要注意生产所用材料的能源消耗，尽量选用耗能低的材料。

5.3.3.5 器材的总成本

体育器材选用的材料必须保证其生产和使用的总成本最低。器材的总成本与其寿命成本、加工费用、研究费用和材料价格有关。

如果准确地知道了器材总成本与上述各因素之间的关系，则可以对选材的影响作精确的分析，并选出使总成本最低的材料。但是，要找出这种关系，只有在大规模生产中进行详尽实验分析才有可能。对于一般情况，详尽的实验分析有困难，要利用一切可能得到的资料，逐项进行分析，以确保器材总成本降低，使选材和设计工作做得更合理。即合理选材是上述各因素综合平衡的结果，在不同情况下应做不同选择：

（1）各种因素相近时，选择性能最佳的；

（2）各种因素互相制约时，寻求兼顾各因素的平衡方案；

（3）产品有特殊要求时，尤其对某项要求非常严格时，其他因素要做出必要的让步或牺牲。

5.4　体育器材不同失效形式选材分析

在体育器材设计中零件材料的选择，首先要考虑使用性能，然后根据工艺性能和经济性能进行综合分析。体育器材使用性能确定的主要根据是失效形式。因此，合理的选材方法应按不同的失效形式进行分析，以下介绍几种简单地按失效形式进行选材的方法。

5.4.1　弹性畸变失效的选材分析

弹性失效是由过大的弹性畸变引起的。根据虎克定律，受单向拉伸（或压缩）均匀杆件的截面，其应力-应变关系表达式为：

$$\sigma = \frac{P}{A} = E \cdot \varepsilon_{e} \tag{5-1}$$

式中　σ——弹性应力，MPa；

P——外加载荷，N；

A——杆件的截面积，mm^2；

E——弹性模量，MPa；

ε_{e}——弹性应变。

由式（5-1）可以看出，在一定的外加载荷作用下，弹性应变的大小取决于以下两个因素：一是零件的承载面积（即零件的几何尺寸）；二是材料的弹性模量。截面积越大，材料的弹性模量越高，零件越不容易发生弹性变形失效。因此，从选材的角度出发，为防止零件的弹性变形失效，应考虑选用弹性模量较高的材料。

各种材料的弹性模量相差较大：金刚石和各类陶瓷材料的弹性模量较高，其次为难熔金属，钢铁材料的弹性模量也较高，有色金属的弹性模量较低，弹性模量最低的是高分子材料。

下面以一矩形截面的悬臂梁为例，分析其不发生弹性变形失效的选材问题。如图 5-4 所示。

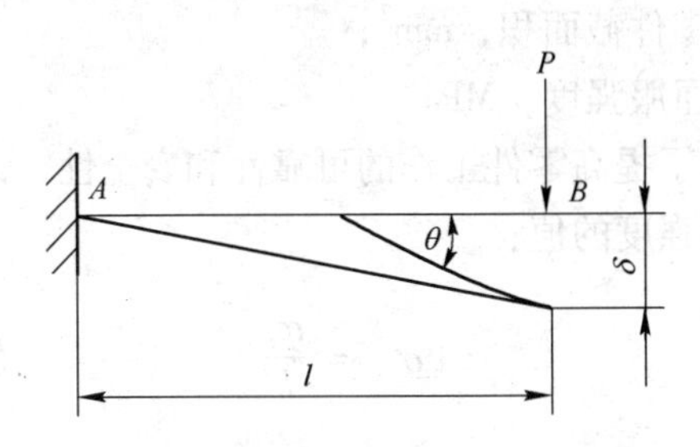

图 5-4 外加载荷下悬臂梁的弹性变形

悬臂梁的长度 l 由结构设计决定，外加载荷 P 由工作条件确定。设矩形悬臂梁截面边长为 $b \times h$，则在载荷 P 作用下悬臂梁的挠度为：

$$\delta = \frac{4Pl^3}{Ebt^3} \tag{5-2}$$

式中 E——弹性模量，MPa。

对于结构一定的悬臂梁，式中 P、l、b、t 均为固定值，选材时可考虑的因素只有 E，可见所选材料的弹性模量越高，在外加载荷作用下产生的挠度越小，越不易发生弹性失稳。由常用材料的弹性模量可知，若要求梁的截面尺寸小，钢是最好的选材，碳纤维复合材料次之；若要求的梁轻，碳纤维复合材料是最好的材料，木材次之。

5.4.2 塑性畸变失效的选材分析

当零件在工作中由于受力产生过大的塑性变形时可导致塑性畸变失效。塑性变形是零件所受的工作应力大于材料屈服强度的

结果。零件受简单静载荷作用时发生塑性变形的条件为:

$$\sigma = \frac{P}{A} \geqslant \sigma_s \tag{5-3}$$

式中 σ——工作应力,MPa;

P——外加载荷,N;

A——零件截面积,mm^2;

σ_s——屈服强度,MPa。

设计中为了提高零件工作的可靠性和安全性,许用应力应取小于材料屈服强度的值:

$$[\sigma] = \frac{\sigma_s}{k} \tag{5-4}$$

式中 $[\sigma]$——许用应力,MPa;

σ_s——屈服强度,MPa;

k——安全系数,其值大于1。

由式(5-4)可见,在一定外加载荷作用下,零件塑性变形失效的发生取决于以下三个因素:零件截面积 A、安全系数 k 和材料的屈服强度 σ_s。因此,选材时应考虑选用屈服强度较高的材料。

下面以中间受集中载荷的弹簧板为例,分析选材时如何考虑材料的屈服强度。弹簧板尺寸由结构设计决定,设长为 l,宽为 b,厚为 t,如图5-5所示,其受力情况类似中间受集中载荷的支承梁,略去自重,弹簧板的挠度为:

$$\delta = \frac{Pl^3}{4Ebt^3} \tag{5-5}$$

图5-5 外加载荷下支承梁的变形

式中 P——外加载荷，N；

E——弹性模量，MPa。

弹簧板截面的应力分布状态如图 5-6 所示，中心处的应力最小，值为零；表面处的应力最大，其值为：

$$\sigma = \frac{3Pl}{2bt^2} \tag{5-6}$$

式中 σ——弹簧板表面所受应力，MPa；

P——外加载荷，N；

l——弹簧板长度，m；

b——弹簧板宽度，m；

t——弹簧板厚度，m。

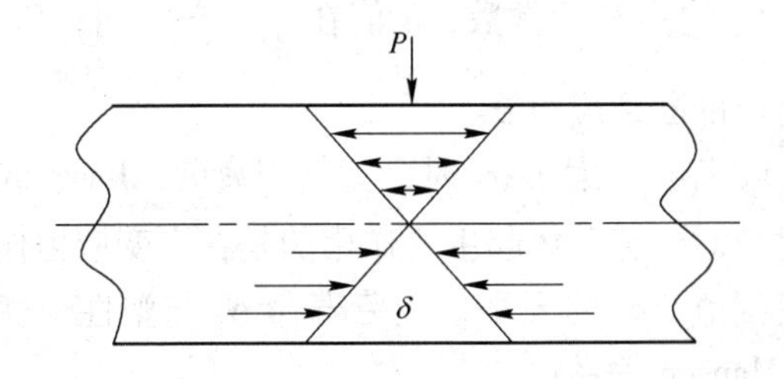

图 5-6 弹簧板内部应力分布

弹簧板在工作过程中不允许发生塑性变形，因此，选材时应按塑性变形失效的条件进行考虑，即最大工作应力应该小于材料的屈服强度：

$$\sigma = \frac{3Pl}{2bt^2} < \sigma_s \tag{5-7}$$

将式（5-7）与挠度表达式进行合并，可得：

$$\frac{6\delta t}{l^2} < \frac{\sigma_s}{E} \tag{5-8}$$

式中，右边为与材料性能相关的两个参量，左边为设计时要达到的参量值。可见，当所选材料的 $\frac{\sigma_s}{E}$ 值大于 $\frac{6\delta t}{l^2}$ 值时，弹簧板将不会产生塑性变形。

5.4.3　疲劳失效的选材分析

零件的疲劳断裂失效是在交变载荷作用下产生的，是较常见的失效形式之一。无裂纹零件在受拉伸——压缩交变应力作用时，其应力幅值 $\Delta\sigma$ 为：

$$\Delta\sigma = \sigma_{max} - \sigma_{min} \tag{5-9}$$

当 σ_{max} 或 $|\sigma_{min}|$ 小于 σ_s 时，为高周疲劳。这时疲劳寿命 N_f 与外加循环应力幅值 $\Delta\sigma$ 存在 Basquin 关系：

$$\Delta\sigma N_f^a = C_1 \tag{5-10}$$

式中，a 和 C_1 均为经验常数，a 值在 $\frac{1}{8} \sim \frac{1}{15}$ 之间，C_1 约等于简单拉伸时材料的断裂应力 σ_f。

当 σ_{max} 或 $|\sigma_{min}|$ 大于 σ_s 时，为低周疲劳，Basquin 定律不再适用。此时，对疲劳破坏起主要作用的是在交变应力作用下产生的塑性应变幅值 $\Delta\varepsilon_P$ 的大小，疲劳寿命 N_f 与塑性应变幅值 $\Delta\varepsilon_P$ 存在 coffin-Manson 关系：

$$\Delta\varepsilon_P N_f^b = C_2 \tag{5-11}$$

式中，b 和 C_2 均为经验常数，b 值在 0.5 ~ 0.6 之间，C_2 约等于简单拉伸时材料的塑性断裂应变 ε_f。

高周疲劳时，材料抗疲劳的主要指标是疲劳强度 σ_{-1}。疲劳强度是指材料在无限多次交变载荷作用下，不破坏的最大应力，也称疲劳极限。陶瓷材料和高分子材料的疲劳强度都较低，金属材料的疲劳强度较高，因此，抗疲劳的零件大都用金属材料制造。

低周疲劳时，材料的抗疲劳性不但与疲劳强度 σ_{-1} 有关，而且与材料的塑性 ε_f 有关，即要求材料具有较好的强韧性。

影响零件疲劳抗力的因素较复杂，选材时考虑疲劳强度指标须慎重。

5.4.4 其他失效的选材分析

5.4.4.1 快速断裂失效

快速断裂是零件在载荷单调增加超过一定临界值后迅速发生的断裂失效。快速断裂可在多种条件下发生：在高温、室温或低温下发生；在静载荷或冲击载荷下发生；在光滑的、有缺口的或有裂纹的表面发生。快速断裂分为塑性断裂和低应力脆断两种。

对于含裂纹的构件，材料的断裂不但与外加应力有关，也与裂纹长度有关。材料抵抗裂纹失稳扩展的能力用断裂韧性 K_{IC} 表示。陶瓷材料和高分子材料的 K_{IC} 非常低，易发生脆性断裂；复合材料与一些有色金属合金的 K_{IC} 相当，且冲击韧性较高，可作为结构材料；钢和钛合金的 K_{IC} 最高，是韧性良好的材料，不易发生脆性断裂。

以薄壁圆柱形压力容器为例，选材时，应根据材料的 σ_s 和 K_{IC} 值画出屈服-断裂设计图（如图 5-7 所示），当 $\sigma_t > \sigma_s$ 时，材料发生全面屈服，产生塑性变形失效；当 $K_1 = \sigma_t \sqrt{\pi a} > K_{IC}$ 时，发生快速断裂失效。这两种情况与裂纹尺寸的关系为：当裂纹半长小于 a_c 时，随着 σ_t 的增大，发生全面屈服；当裂纹半长大于 a_c 时，随着 σ_t 的增大，发生快速断裂。

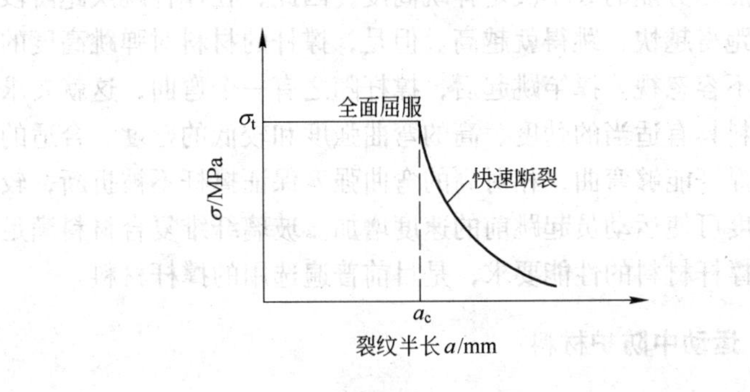

图 5-7 材料作薄壁圆柱形容器的屈服-断裂设计图

5.4.4.2 磨损失效

磨损失效是接触表面间在力的作用下发生摩擦造成的，材料表面的磨损程度受其耐磨性控制。磨损是一种很复杂的物理、化学、力学过程，不同条件下使用的器材选用的材料有很大差别。在磨料磨损条件下使用的体育器材，可选用含碳化物颗粒的合金铸铁、高铬铸铁；在冲击载荷下使用的体育器材可选用高锰钢；在黏着磨损条件下使用的器材选用陶瓷、合金铸铁等；在润滑条件下工作的齿轮和轴类，可选用调质钢或渗碳钢。聚四氟乙烯、尼龙等高分子材料的摩擦系数较低，具有良好的耐磨性。

5.5 典型体育器材的材料选择及工艺设计

5.5.1 撑杆材料

撑杆制造方面的要求并不严格，其材料选用的演变伴随着材料科学的发展。开始撑杆是用坚硬的木材制造，后来被竹竿取代，大大减轻了撑杆的质量，提高了撑杆的弯曲强度。20 世纪 50 年代，随着金属材料科学的发展，撑杆采用铝材制造。60 年代，复合材料玻璃纤维取代铝成为撑杆材料。

上述撑杆材料的变化，适应了撑杆运动生物力学原理。运动员起跳前的目的就是产生尽可能大的动能，离开地面后，动能转化为势能。势能的大小决定弹跳高度，因此，在撑杆跳疾跑阶段运动员跑得越快，跳得就越高。但是，撑杆的材料对弹跳高度的影响也不容忽视。撑竿跳起后，撑杆随之有一个弯曲，这就要求撑杆材料具有适当的劲度、高的弯曲强度和较低的密度。合适的劲度使撑杆能够弯曲，相对高的弯曲强度保证撑杆不被折断，较低的密度可使运动员起跳前的速度增加。玻璃纤维复合材料满足了上述撑杆材料的性能要求，是目前普遍选用的撑杆材料。

5.5.2 运动中防护材料

运动中的防护产品主要应用于以下三个领域：

（1）质量不重要的静态防护产品；

（2）形状可以改变、穿在身体某些部位的防护产品；

（3）形状不可改变、戴在头上的防护产品。

运动中防护产品的材料主要选择聚合物泡沫，但应用领域不同，对材料的性能要求也不同。用于穿戴的防护产品，必须考虑材料的隔热性；静态防护产品，则应主要考虑材料的力学性能。同时，应将材料的力学性能、物理化学性能分析与生物力学中的受伤机理分析相联系。

5.5.2.1 静态防护产品

静态防护产品较大，但质量大小不重要，如防撞击垫子。它用在一系列体育项目中，如室内攀登墙的下面，撑竿跳和跳高落地点，体操场地等。对于撑竿跳和跳高，厚的防护垫缩短了运动员的下落距离，从而减小了冲击时的动能。对于其他项目，如果选用的泡沫材料具有较高的模量，垫子可适当减薄。

防撞击的垫子主要用于保护运动员受伤害。需要考虑的最坏情况是当头部先撞击垫子，因为胳膊、腿或躯干先撞击垫子时，头部的加速度会大大减小。当冲击的动能增加时，泡沫材料的厚度也必须增加，其杨氏模量必须减小，以避免伤害发生。当发生高能量冲击时，需降低泡沫材料的密度，以减小加载劲度，从而保证最大力低于伤害标准。

5.5.2.2 足球护腿板和护踝关节产品

在赛场上，对皮肤的保护装置和脚踝的保护装置，不能妨碍运动成绩或者运动能力。因此，所选用的泡沫材料必须具有良好的柔韧性，以减小摩擦，使人感觉舒服。选材时应注意以下几个方面：

（1）玻璃纤维在抗冲击性能方面优于其他材料；

（2）材料中的气泡可削弱峰值的冲击强度，增加材料的柔韧性；

（3）增加泡沫材料的厚度比增加保护装置的长度防护效果更好。

目前，关于足球护腿板和护踝关节装置材料的选择，还缺乏公认的撞伤标准，因此，选材受到限制。如果撞创压力大于2MPa，则泡沫材料应压缩产生高形变使压力小于2MPa。

5.5.2.3 自行车头盔

大部分低密度材料的压力小于破坏极限，压缩均能吸收能量。自行车头盔材料的选择是由价格、加工性能和质量最小等因素决定的。1960 年前，尺寸较小的头盔采用软木制造，缺点是价格较高、质量重。此后，头盔大多采用聚合物泡沫。聚合物发泡颗粒可被浇注成各种复杂的形状，大多数自行车头盔用 EPS 塑料（可发性聚苯乙烯）浇注而成，少数用 PU 泡沫（聚氨酯）制造。

5.5.3 自行车材料

作为快捷方便的代步工具，第一辆两轮自行车制作于 18 世纪后期，由当时最易得到的工程材料——木头制造，使用钢材制造自行车始于 1870 年左右。那么，什么样的材料更适合于制造自行车呢？针对具体问题选择最佳材料时，要想获得可靠的设计资料不是一件简单的事情。例如，选用钢材作为自行车车架，首先，为了减轻自行车的重量，选择钢管作车架；然后，根据材料性能选择合适的钢种（如合金钢）；再确定钢管的直径；最后确定钢管的壁厚。

在确保车架强度的情况下，需要计算出钢管壁厚的最小理论值，即车架的强度应该达到多少才不至于被损坏。为此，必须弄清车架的负载情况。车架的损坏与在使用过程中的载荷情况有关，非正常的过载导致的疲劳损伤是车架失效的主要形式。一般情况下，疲劳裂纹是由应力集中或应力突变引起的。疲劳裂纹通常始于表面，进而扩展到整个断面。

自行车在使用过程中，以下部位易产生应力集中：截面的变化处、连接和安装处、螺栓孔、焊接区域等。同时，应考虑这些应力的变化情况（如上、下坡，骑车人的胖、瘦等）。

5.5.4 登山用材料

在过去的50多年里，登山材料和工具取得了令人瞩目的发展，使自然条件下的攀岩和登山运动发生了变化。各种金属及聚合物材料应用于攀岩和登山器材，使运动水平得到提高，这并非是材料本身具有特殊的优良性能，而是合适的材料选择与独创性的设计和加工工艺结合的结果。

在进行登山器材设计时，选择材料时应考虑以下因素：

（1）质量小：采用低密度的材料制造；

（2）强度高：在静态和动态下达到所要求承受的载荷；

（3）持久性：耐温范围在 -40 ~ 50℃，抗紫外线，耐腐蚀，抗降解性；

（4）价格便宜：材料费用，加工费用等；

（5）有市场；

（6）设计：生物工程学，美观。

5.5.4.1 绳索

绳索是登山器材中最重要的，也是最早用于保护登山者的工具。它们最早是用大麻等天然纤维制造的，拧成缆绳状。二战时改用合成尼龙纤维制造，现代的绳索采用“Kernmantel”包芯结构。

在攀登中用于防止跌落的绳索需要具有特殊的力学和材料性能。绳索必须能够承载跌落者产生的力而不断裂，也不会对跌落者身体产生不可承受的力。在力的作用下，如果绳索的弹性太小，那么瞬间产生的力会给跌落者带来极大的伤害；如果绳索的弹性过大，那么瞬间产生的力很容易消除，但跌落者撞到地面或突出层的可能就增加了。基于此，现代登山运动绳索大都由尼龙长丝制造。牵引过的尼龙需要在120℃进行热处理，以使尼龙丝产生适于承载的弹性性能。

5.5.4.2 岩钉钢环

岩钉钢环是攀爬运动中广泛使用的连接组件，大部分选用铝合金制造，也有选用合金钢制造的。在不需要考虑减小质量的情况下，经常选用奥氏体不锈钢或合金钢制造钢环；此外，在需要防腐或耐磨的场合也经常使用，如矿藏开采。简单的岩钉钢环由钢缆锻造而成，然后进行必要的热处理（如淬火、时效等），以增加其强度。

登山装备用材将随材料科学的不断发展而向高性能化发展，如质量更轻、强度更大和耐磨性更好等。在其他工业领域中发展的先进材料，在未来将应用于登山装备中。

5.5.5 滑雪板用材料

与其他体育器材一样，滑雪板用材料也随着材料科学的发展而不断变化和完善。在滑雪板的制造中，材料的质量、强度和弹性都是很重要的因素。一块滑雪板不但需要沿轴向有高强度和弹性，而且需要强的抗扭转刚度，这样才能在滑雪时为滑雪者提供一个稳定的脚下操控平台。

早期的滑雪板采用木材制造，因为木材易于加工，可做成所需的形状，而且木材具有蜂窝状结构，密度低，强度高。但木材的各向异性、易吸潮等性能限制了运动水平的提高。后来，滑雪板改变了传统的单片木质结构，根据动作需要，采用不同的材料和多层结构，以增加滑雪板的弹性和抗扭转强度。

在复合材料的多层结构中，应力分布是材料属性的函数，例如模量，较高模量的材料承受较高应力。最初，滑雪板作成铝和木材黏结起来的结构，后来，改成塑料板基，钢铁边缘。这种混合不同材料（木材、金属、玻璃纤维等）制造滑雪板存在黏合开裂的问题。随着制造技术，特别是黏合和加固技术的发展，滑雪板的耐久性得到提高。20世纪50年代，滑雪板的结构发展到了包括板基、芯层、侧墙、顶层、加强层和缓冲层的复杂设计。芯层通常采用传统的木材，侧墙采用钛、玻璃纤维等材料。

压电材料是一种能在变形时产生电荷，反之，在电场中会因电荷中心的位移导致变形的材料。滑雪板设计者已将这种材料组合到了滑雪板的设计中。

流线形是运动员在移动和碰撞中保持平衡和控制所必需的。运动员要了解主要的环境条件以便控制滑雪板。灵敏、感触等特性是伴随着滑雪板的摆动和震动而产生的，就像汽车隔离减震系统隔离了路面产生的震动，同时传递给驾驶者对路况相应的感受一样。在滑雪运动中要达到这样的效果，必须依靠滑雪板复杂的多层结构设计，以及尖端材料的应用。

5.6　体育器材中的表面工程

新材料在体育运动器材中的应用和加工工艺的改进，使体育器材得到了不断发展，提高了运动成绩和娱乐性。改善体育器材可提高运动成绩不断增长的需求，成为现代表面工程材料在体育器材中应用的主要动力。

用于体育器材中的一些基本材料，不能满足设计的特殊性能要求。例如，钛和钛合金高强度——质量比，使其在赛车工业中备受欢迎，广泛应用于赛车发动机及其他部件。但钛合金的耐磨性能差，使用寿命低。材料表面工程的发展，才使钛合金的潜能在赛车中得到充分发挥。

5.6.1　高尔夫球杆表面摩擦力的控制

30年前，由于新材料的采用和结构设计的变化，高尔夫器材的性能得到很大改善，如选用钛及其复合材料，采用空心夹结构等。先进的材料表面工程在高尔夫球杆上的应用，使得改变其表面摩擦力成为可能。

高尔夫球杆包括杆身和与其相连的杆头。杆头提供击球的表面，是高尔夫球杆最重要的部分。击球表面与高尔夫球间的摩擦系数是影响高尔夫球杆性能的重要因素之一。这是因为，击球表面与球之间的滑动摩擦很大程度上决定击出球的旋转速度，即球飞行的距离与方向。

高尔夫球比赛包括长距离击球和短距离击球。通常，长距离击球需要低摩擦系数，这是因为高摩擦产生误击的可能性大，摩擦产生热量，大部分能量消耗在球的快速旋转中，飞行的距离减少，同时，还会影响方向的准确性。另一方面，在短距离、准确度高时，则需要在击球表面与高尔夫球之间产生高摩擦系数。这是因为将球击出时，高摩擦使球产生高速回转，落地时平稳，同时，球的高速回旋对直接击球有好处。

5.6.1.1 低摩擦的高尔夫球杆表面

击球之前在球杆表面涂覆降低摩擦系数的物质，高尔夫球击出后所产生的热量与旋转均会减少。降低高尔夫球杆表面与高尔夫球之间摩擦系数最简单的方法，是在球杆击球位表面涂上润滑涂层。首选的降低摩擦系数的润滑剂由二氧化硅组成，另外还有碳化硅、硅酸盐、蜡等。润滑剂通常为液态，易形成均匀、平滑的涂层。

Buettner 发明了一种在高尔夫球杆杆头涂覆低摩擦系数钛氮化合物涂层。高尔夫球杆杆头采用奥氏体不锈钢制造，表面涂有 5 ~ 10μm 厚的钛氮化合物涂层。该涂层具有高硬度、低摩擦、高耐磨的性能，使球的旋转速率降低，能量损失减少，因而球飞得更高、更远。

Lin 等发明了采用物理气相沉积方法在高尔夫球杆杆头制备类金刚石涂层（diamond-like carbon）。该涂层具有以下优越性能：（1）类金刚石涂层的摩擦系数在 0.05 ~ 0.1 之间，远低于钛氮化合物涂层，更有利于降低高尔夫球的侧向旋转；（2）类金刚石涂层的硬度较高，显微硬度约为 3000 ~ 4000HV，因此，球杆杆头耐磨性好，击球时不易被划伤，可保持光亮的外观；

(3) 类金刚石涂层较稳定，使高尔夫球杆杆头不易变形。大多数高尔夫运动员认为涂覆类金刚石涂层的球杆性能有明显提高，特别是击打距离有显著提高。

5.6.1.2 高摩擦的高尔夫球杆表面

高尔夫球杆击打面和球之间的高摩擦力会使球产生反旋，从而导致球很快停止或轻轻落地。喷砂是增加表面粗糙度、增大摩擦系数最简单有效的方法，但耐久性差，使用寿命较短。

为了在高尔夫球杆杆头形成持久的高摩擦击打面，使球产生更加连续的旋转，采用粉末冶金的方法，将高纯度的钛粉末和金刚石颗粒压制、烧结到杆头表面。硬度较高的钛和金刚石颗粒在杆头表面形成微凸，使杆头表面具有较高的粗糙度和较大的摩擦力。目前，此项技术在职业高尔夫比赛中应用较普遍。

综上所述，先进的材料表面工程技术使改变（增大或减小）高尔夫球杆表面与高尔夫球之间的摩擦力成为可能。事实上，摩擦力在体育运动器材中（如跑车、冰鞋、冲浪板、雪橇、运动鞋、游泳衣等）普遍存在，充当着重要的角色，有正面和负面的作用。

5.6.2 赛车中钛部件耐磨性能的提高

在赛车比赛中，车体自身质量的大小直接影响赛车的速度，小的质量将使赛车的性能及速度得到提高。因此，赛车中的主要零部件（如发动机、齿轮等）均采用钛合金制造。这是由于钛合金在所有金属材料中具有最高的比强度，且钛合金还具有熔点高、密度低、疲劳性能高等优异的性能。但由于钛合金不耐磨和易于产生黏着而使其在赛车中的应用受到限制。钛合金耐磨性差是由于其低的塑性变形能力、低的加工硬化能力等因素所致。

为实现钛合金在赛车中的广泛应用，充分发挥其潜能，必须提高其表面性能，即提高耐磨性能。新的材料表面工程技术的应用，为改善钛合金的表面性能奠定了基础。近期发展起来的钛合金表面渗氧处理技术可显著提高其硬度和耐磨性。

5.6.2.1 赛车发动机部件的热氧化（TO）处理

热氧化（Thermal Oxidation，TO）处理可以在钛合金表面形成一种具有较高硬度的氧化膜，该氧化膜能显著提高钛合金在中等载荷下的耐磨性。因此，热氧化（TO）处理已成功应用到诸多类型赛车发动机部件中，特别是阀门配件。通常，英国的赛车发动机设计专家均采用表面经处理的钛合金制造发动机配件，这有效地增强了其赛车产品在市场上的竞争力。

5.6.2.2 赛车齿轮的二次氧化处理

热氧化处理在提高钛及其合金的耐磨性上十分有效，但在较高载荷下，较软的基体产生塑性变形，导致零件过早失效。为了提高齿轮、轴承等传动件在较高载荷作用下的耐磨性，需要对钛合金表面进行更深层的强化。

氧扩散（Oxygen Diffusion，OD）和热氧化（TO）二次处理可在钛合金表面得到300μm 厚的硬化层，显著提高钛合金的耐磨性能。OD-TO 二次处理主要包括空气中的热氧化（TO）和随后真空中的氧扩散（OD）两个过程。热氧化过程中形成的氧化层作为氧的储存室，在随后的真空氧扩散过程中，氧化层中较高的氧浓度梯度促进氧快速向基体扩散，从而形成较厚的硬化层。OD-TO 二次处理的钛合金赛车齿轮经测试，在 100 圈高负载下速度达 17000r/min，齿轮完好，其性能令人满意。

表面工程技术在体育器材上的广泛应用，可使各种设计先进的运动器材获得所需的表面特性，从而使体育器材产生了高附加值。在未来的体育器材生产中，表面工程将充当重要的角色，对提高器材的性能起着重要作用。

6 体育器材设计实例

体育器材设计包括人体生物力学分析、人机关系分析、方案设计、材料选择、机构设计、模拟仿真等过程，涉及人体生物力学、人体生理学、人机工程学、机械原理、机械设计、材料学、控制理论等相关学科的理论知识，是上述知识的综合运用。下面列举几个具有代表性的体育器材设计实例。

6.1 康复轮椅的设计

6.1.1 康复轮椅的发展概况

6.1.1.1 康复医疗

所谓康复医疗是指运用物理治疗手段对肢体障碍及相关重症患者在恢复阶段进行的一种辅助性治疗手段。

随着医疗技术的发展和社会对康复医疗设备需求的增加，近年来出现了一种康复训练机器人，它的主要功能是帮助有运动障碍的病人完成运动功能恢复训练。其中下肢康复训练机器人主要针对下肢有运动障碍的病人，根据康复医学理论和人机合作机器人原理，在一套由计算机控制的步姿模拟系统的控制下，帮助患者模拟正常人的步伐规律进行康复训练，锻炼下肢的肌肉，恢复神经系统对行走功能的控制能力，达到恢复下肢运动机能的目的。所有训练过程在计算机控制下进行，运动速度可以根据患者的残障程度和体能状况进行调整，从而达到最佳效果。

我国是发展中国家，经济基础薄弱，康复技术资源相对匮乏且分布不平衡，康复医疗在一段时间内还难以适应我国残疾人数量大、分布广、经济条件有限的状况。我国十分重视康复医疗工作，《中华人民共和国残疾人保障法》在谈到我国残疾人康复工作的指导原则时指出："以康复机构为骨干，社区康复为基础，残疾人家庭为依托；以实用、易行、受益广的康复内容为重点……为残疾人提供有效的康复服务"。我国自1986年开始进行康复技术医疗的试点和推广，为开展康复医疗积累了一定的经验。

A 康复医疗内容

由于我国残疾人数量大，分布广，经济条件有限，因此不可能在短期内通过康复服务满足残疾人的全部康复需求。"十五"期间按照"低水平、广覆盖"的原则，着重解决残疾人的基本康复需求，提供的康复服务主要有以下六个方面的内容：

（1）康复医疗服务：主要为残疾人提供诊断、功能评定、康复治疗、康复护理、家庭康复病床和转诊服务等。

（2）训练指导服务：主要包括为需要进行康复训练的残疾人制订训练计划、传授训练方法、指导使用矫形器和制作简易训练器具、评估训练效果。

（3）心理疏导服务：通过了解、分析、劝说、鼓励和指导等方法，帮助残疾人树立康复信心，正确面对自身残疾，鼓励残疾人亲友理解、关心残疾人，支持、配合康复训练。

（4）知识普及服务：为残疾人及其亲友举办讲座，开展康复咨询活动，发放普及读物，传授残疾预防知识和康复训练方法。

（5）用品用具服务：根据残疾人的需要，提供用品用具的信息、选购、租赁、使用指导和维修等服务。

（6）转介服务：掌握当地康复资源，根据残疾人在康复医疗、康复训练、心理支持及用品用具等方面不同的康复需求，联系有关机构和人员，提供有针对性的转介，做好登记，进行跟踪服务。

B 我国康复医疗的发展历程

我国物理医学与康复学科的发展经历了由物理治疗学，物理医学与康复学的发展过程。新中国成立前，物理治疗仅在极少数大医院开展。新中国成立后，20 世纪 50 年代初期，在卫生部的领导组织及苏联专家的帮助下，培养了许多医生和技术人员，成为全国开展理疗、体疗工作的骨干，许多大中型医院建立了理疗科。1982 年，我国引进现代康复医学的概念，组织了康复医学知识与技术的学习。80 年代中期，我国的现代康复医学事业逐渐兴起、发展。一些省市建立了康复医疗机构，一些大中型医院建立了康复医学科，不少医院理疗科和疗养院在原有理疗、体疗工作的基础上加强了康复意识，开展了康复医疗工作。

随着科学的发展和社会的进步，我国在康复医疗技术方面取得了长足的进步，同时在不断的实践中积攒了大量宝贵的经验，康复医疗技术正向更成熟的方向迈进。

6.1.1.2 康复轮椅的发展概况

对肢体障碍及重症患者而言，轮椅是协助其行动最常用的辅助工具。轮椅大致可分为手动式及电动式两种，手动式轮椅因重量轻、携带方便及价格便宜等优点使得其使用率较高。手动式轮椅的推动方式有许多种，因推动方式的不同，轮椅整体的输出效率也有差异，手动式轮椅的推动方式除了传统的推动手轮圈外，也可加装控制杆来操作。根据轮椅的测试，在整体的输出效率及生理负荷上，使用操纵杆推动轮椅较直接推动手轮圈更好。长期使用手动式轮椅的患者，都有肩部及腕部疼痛的症状发生，这是由于上肢过度使用造成的伤害。

经调查研究发现，传统手动轮椅不仅在驱动方式上较为单一，而且使用者在乘坐轮椅时，其肢体得不到有效的锻炼，故轮椅一直以来仅仅作为肢体障碍及重症患者的简易代步工具。

目前，康复轮椅的种类较少，尤其是代步康复两用轮椅的种类更少。普通轮椅只具有代步功能，使用者在乘坐时肢体得不到有效的运动与锻炼，这对病人的康复很不利。针对使用者乘坐轮椅进行户外活动时，肢体得不到有效运动和锻炼的问题，设计开发了康复轮椅。该康复轮椅不仅能实现普通轮椅的代步功能，而且可分别控制左、右肢体的运动，达到了使用者在乘坐轮椅时肢体能够得到有效运动与锻炼的目的，以适应偏瘫患者的需要，弥补现有轮椅的不足。

A 国外轮椅发展概况

由于人类寿命延长及出生率下降，全球高龄人口数目逐年增加，目前已有10个国家正式迈入联合国所定义的老龄化社会。世界卫生组织在1997年预测至2020年全球65岁以上的老年人口比例指出，除非洲、中东、中美洲等地区65岁以上人口比例至2020年在5%以下外，大部分地区几乎呈现高龄化现象，由此可知全球人口已逐渐高龄化。而老人在身体机能衰老及慢性疾病影响下，对辅助行动的工具依赖程度将日益提高；另外全球肢体残障人数也占有相当比例，许多医疗机构不断推出康复医疗技术服务，这使得专门提供肢体残障患者及老年人的代步工具需求逐渐增加。另外，主要国家为了应对逐步完善的康复医疗体系和高龄化社会，纷纷将老人医疗照护纳入政策补助项目，这增加了轮椅车的市场销售量，如美国市场因有较高的保健支付而成为代步轮椅车销售最多的国家；欧洲主要国家在健保制度及相关法令规定下，行动辅助工具等销售也很多。虽然现阶段全球轮椅车的市场规模仅60万~80万台的规模，但若保守以1%老年人口和肢体残障人数来估算，则目前应有超过100万台轮椅的市场需求。

B 我国轮椅发展概况

目前我国有6000万肢体残疾人，有1.3亿老年人，随着老龄社会的到来，老年群体病人的增加，由于自身功能的障碍，他们不能健步行走，拥有一台安全稳定的轮椅是他们的期盼。轮椅车的社会需求总量在逐年增长，年产量已上升到目前的逾百万台，并且逐年上升。所以如果对现今的轮椅进行改进设计，增加轮椅的功能性、稳定性和舒适性，成本不会增加太多，但其康复治疗和代步效果会非常好。

综上所述，随着老龄化社会的到来，轮椅作为康复医疗体系中必不可少的一种代步工具，将越来越多地被人们使用、熟知，增加轮椅自身的功能性也将成为功能复合型轮椅发展的必经之路。相信新型的功能复合型轮椅必将拥有很好的推广价值和广阔的市场前景。

6.1.2 康复轮椅设计中的人体工程学

以行动功能障碍为主的患者中医称为偏瘫。其实，偏瘫并不是一种单独而具体的疾病，而是由急性脑血管病引起的，以身体瘫痪为主要临床表现的综合症。

由于家庭成员陪床及护理时间较长，缺少现代化的康复器具，患者在康复期间得不到恢复活动。时间过长，导致筋骨皮肉老化不能恢复甚至产生褥疮。要控制筋骨皮肉不老化萎缩，需保持肌体血液通畅，为患者早日康复打下良好的基础。家属又不能长时间扶着患者锻炼，这样就需要借助一些器械的运动疗法。所谓运动疗法是通过主动运动和被动运动，来调整和增强机体机能，发展代偿机制，促进瘫痪肢体功能恢复的治疗方法，故运动疗法又叫功能训练、恢复训练或训练疗法。它主要包括关节活动度训练、增强肌力训练、姿势矫正训练和神经生理学疗法等。

脑血管病患者约有80%遗留不同程度的运动障碍，主要是偏瘫痉挛模式，即经常看到的上肢屈曲、下肢伸直的痉挛模式。在脑血管病卧床期，主要进行体位转换、被动运动、保持良好肢位、起坐训练以减少压疮、关节挛缩等并发症，为日后康复训练打好基础，在离床期应进行坐位训练、平衡训练、起立训练等促使患者肢体功能得到提高；在步行期则主要以步行训练改善步态为主。为增进运动功能，常采用多种治疗技术的综合方法及运动再学习疗法，以达到恢复肢体运动的目的。为患者日后的康复训练，改善患者的血液循环，需要使患者的瘫痪部位得到运动。患者的下肢瘫痪部位需要有屈伸运动及回旋运动，甚至是环转运动以增加瘫痪部位的运动幅度，同时躯干和上肢也需要运动。在考虑血液循环顺畅的同时，如何实现患者瘫痪部位的运动功能，是急需解决的问题。

6.1.2.1 上肢运动分析

上肢的运动主要有三个关节的运动，即肩关节、肘关节和手关节（主要是腕关节）的运动。

A 肩关节

肩关节是典型的球窝关节，可以绕三个轴转动，能做多种运动形式。分别是绕垂直轴的回旋运动、绕额状轴的屈伸运动、绕矢状轴的收展运动。肩关节在后矢状面上向后侧上举后后伸，可达60°左右，水平屈曲（上臂在水平平面向前运动），正常范围约135°，作反方向运动的正常范围约45°。在冠状面上举90°的位置，内旋和外旋各达到90°（右），提供最大的总旋转度180°。表6-1 为青年男子上臂运动肩关节活动角度的范围。

表 6-1 青年男子上臂运动肩关节活动角度的范围（右半身）（°）

肩关节运动形式	随意运动				强迫运动			
	最小值	最大值	平均值	标准差	最小值	最大值	平均值	标准差
向前伸展	165	191	179	7.2	172	195	185	6.4
向前伸展	40	71	55	10.1	51	93	68	119
向前伸展	113	154	129	11.7	116	163	137	12.4

B 肘关节

肘关节由三个关节组成：肱尺、肱桡及近侧桡尺关节。具有两种活动：铰链活动（屈曲和伸展）和前臂旋转活动（旋前和旋后）。肱桡关节属于滑车关节只能做屈伸运动。肘的屈伸幅度，取决于其组成部分和角度值，即关节面相对部分的弧度。表6-2 为青年男子上臂运动肘关节活动角度的范围。

表 6-2 青年男子上臂运动肘关节活动角度的范围（右半身）（°）

肘关节运动形式	随意运动				强迫运动			
	最小值	最大值	平均值	标准差	最小值	最大值	平均值	标准差
前臂屈曲	126	150	138	8.5	129	155	143	76
前臂向内旋	59	139	91	25.8	76	145	150	22.1
前臂向内旋	82	114	99	11.0	93	145	114	15.2

C 腕关节

腕关节由近侧列三块腕骨同桡骨连接而成。腕关节属于椭圆关节，能做绕额状轴的屈伸运动、绕矢状轴的收展运动。表6-3为男子上臂运动腕关节活动角度的范围（右半身）。

表6-3 男子上臂运动腕关节活动角度的范围（右半身） （°）

腕关节运动形式	随意运动				强迫运动			
	最小值	最大值	平均值	标准差	最小值	最大值	平均值	标准差
向下折曲	73	110	95	10.6	80	122	106	13.0
向上伸展	32	80	54	15.2	67	111	92	13.0
向内扭转	15	40	27	7.1	26	45	40	6.1
向外扭转	52	79	66	8.1	64	85	74	7.4

6.1.2.2 下肢运动分析

下肢的运动主要是髋关节、膝关节和踝关节的运动。

A 髋关节

髋关节是球窝关节，可绕三个轴运动，股骨头和髋臼具有朝各个方向活动的能力。关节活动发生于3个平面内：矢状面、冠状面及横断面。在矢状面上，屈曲0°~140°，伸展幅度0°~15°。在冠状面上，外展0°~30°，内收0°~25°。在横向平面上当髋关节屈曲时，外旋0°~90°，内旋0°~70°；当髋关节伸直时，由于软组织约束，旋转度较小。表6-4为青年男子髋关节活动角度的范围。

表6-4 青年男子髋关节活动角度的范围 （°）

髋关节运动形式	随意运动				强迫运动			
	最小值	最大值	平均值	标准差	最小值	最大值	平均值	标准差
向前伸展	63	119	98	17.0	99	124	112	9.2
向后伸展	26	70	48	12.9	41	75	56	10.4
侧向伸展	39	98	70	17.0	65	101	79	10.4
向内扭转	39	80	61	15.2	45	90	73	16.6
向外扭转	24	48	37	6.6	39	60	46	6.7

B 膝关节

膝关节是由胫骨关节和髌骨关节组成的双关节结构。胫骨关节可在三个平面中同时活动，但在矢状面活动度最大。髌骨关节面的活动同时发生在两个平面内，冠状面的活动比横截面大。在矢状面上完全伸直到完全屈曲 0°~140°，从膝盖完全伸直到 90°屈曲，胫股关节在横断面上的活动范围增加。完全伸直时，在横截面中几乎不可能有活动。屈曲 90°时，膝外旋幅度从 0°~45°，内旋可达 0°~30°左右，屈曲超过 90°，横截面中的活动幅度减少，在冠状面也有类似情况。膝完全伸直，几乎不可能有外展或内收。屈曲 30°，冠状面活动增加，屈曲超过 30°后，在冠状面上的活动又减少。表 6-5 为青年男子小腿运动时膝关节曲折角度。

表 6-5 青年男子小腿运动时膝关节曲折角度 （°）

随意运动				强迫运动			
最小值	最大值	平均值	标准差	最小值	最大值	平均值	标准差
118	136	127	6.7	128	150	140	6.8

C 踝关节

踝关节基本上是个单向关节，主要在矢状面上沿一横轴活动。活动幅度：踝关节在矢状面上的总活动幅度约 45°，背屈 10°~20°，其余的 25°~35°为跖屈。研究结果显示，正常人行走时踝关节在矢状面上的总活动幅度为 24°~75°，平均 43°±12.7°，幅度随年龄增大而减少，背屈和跖屈度几乎相同，分别为 21°和 23°。表 6-6 为青年男子小腿运动时膝关节曲折角度(右半身)。

表 6-6 青年男子小腿运动时膝关节曲折角度（右半身） （°）

踝关节运动形式	随意运动				强迫运动			
	最小值	最大值	平均值	标准差	最小值	最大值	平均值	标准差
跖 屈	18	43	28	7.6	22	55	36	9.9
背 屈	25	46	37	6.6	35	52	44	4.7

6.1.3 康复轮椅设计中的人机工程学

人机工程学是研究人在某种工作环境中的解剖学、生理学和心理学方面的各种因素；研究人、机器及环境的相互作用；研究在工作中、家庭生活中及休假时怎样统一考虑工作效率、人的健康、安全和舒适等问题的学科。

6.1.3.1 座椅的舒适性设计

A 人-机系统分析

人与机器各有特点。如何在生产中充分发挥各自的特长，合理分配人机功能，无疑将大大提高整个系统的工作效率。为达到这一目的，除了必须使机器的各部分（包括环境系统）适合人的要求外，还应解决机器与人相适应的问题，即如何合理地分配人机功能，二者如何相互配合，以及人与机器之间又如何有效地交流信息等。设计人-机系统的目的就是为了使整个系统工作性能最优化，也就是要在整体上使“机”与人体相适应。

调查发现，轮椅用户长时间坐在轮椅上就会有不舒适感觉，主要是因为普通轮椅，特别是可折叠式轮椅的坐垫和靠背，没有很好地结合人机工程学进行设计，从而很难满足轮椅使用者对舒适性的要求。坐垫和靠背部分是决定轮椅舒适性的关键因素，为了满足用户对轮椅舒适性的要求，基于人机工程学所注重的“人的因素”，从人体测量学、人体坐姿的生理形态及体压分布入手，结合我国成年人人体尺寸标准分析了人机工程学与轮椅舒适性的密切关系，确定了坐垫和靠背舒适度的调节范围，以最大限度地接近人机工程学要求，从而保证轮椅的舒适性。

轮椅坐垫和靠背应尽可能使使用者脊柱处于生理体位，保持正常的生理曲度。在自然放松状态下人体的臀部和背部曲线能与轮椅坐垫和靠背曲线充分吻合，轮椅舒适度评价值就高，这就表明从“人的因素”出发来研究轮椅舒适性，不论是对重症患者用户还是对普通肢体残疾用户都具有非常重要的意义。

B 轮椅靠背曲面舒适性设计

使用形状和尺寸适当的靠背，能减少不必要的肌肉活动。病人在轮椅上，通常身体后倾处于休息状态，所以轮椅的靠背主要为肩靠，但不可能总是保持后倾的姿势，需要适时地调整坐姿。当病人身体前倾时，需要腰靠的支撑点为腰椎提供靠背，保证坐姿状态下的近似于正常的腰曲弧线。而且由于病人脊柱弯曲，合适的腰靠对其乘坐轮椅的舒适性起到很重要的保证作用。腰靠的位置通常相当于人体的4~5倍腰椎之间的高度。

(1) 靠背高度。腰靠的凸出部分压入腰凹内，以保证腰部得到充分支持，其水平截面为曲率不大的圆弧形，以适合于腰圆。腰椎部的中心位置约在座位上方230~260mm处，腰椎支点略高于此尺度，腰靠的高度至少要等于腰椎支点的高度，以支持背部重量，所以腰靠的高度在轮椅座面上方260~300mm处为宜。为了使背部下方骸骨和臀部有适当的后凸空间，座面上方与靠背下部之间留一开口部分，其高度至少为125mm。

(2) 靠背宽度。宽度由腰围决定，腰围以第95百分位的女性腰围数据为依据，靠背宽度为腰围的1/3，95%的女性腰围为950mm，所以靠背宽度可定为316mm。图6-1为集腰靠、肩靠、头靠为一体的舒适性靠背曲面模型。

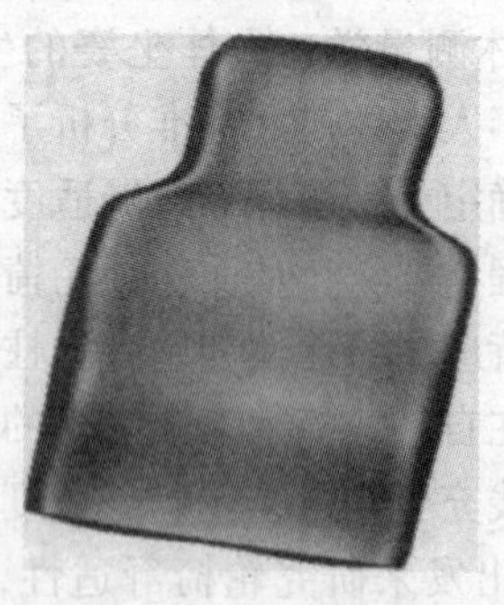

图6-1 舒适性靠背曲面模型

6.1.3.2 人体模型尺寸

由坐姿人体模板尺寸可相应推导出坐在轮椅上人的人体尺寸，相应的人体尺寸在表6-7中列出。

表6-7 坐在轮椅上的人体模型尺寸 (mm)

尺寸项目	男子			女子		
	P_5	P_{50}	P_{95}	P_5	P_{50}	P_{95}
身体轴线至背部	103①	105②	110	98	103①	105②
眼枕间距	174①	176②	177	170	174①	176②
上肢功能前伸长	693	728	767	624	656	689
上肢前伸长	795	832	875	725	763	802
坐姿臀、大转子点间距	106	110	114	102	106	111
肩关节间距	325①	330②	340	315	325①	330②
身　高	1366	1409	1449	1318	1356	1392
眼　高	1259	1299	1337	1206	1239	1273
肩关节高	1002①	1026②	1057	973	1002①	1026②
肘　高	751	763	771	743	751	758
坐姿大腿高	623	631	639	629	630	636
髋关节至坐平面垂距	75①	77②	80	73	75①	77②
肩关节至中指尖间距	655①	690②	730	610	655①	690②
肩关节至手抓握径	555①	585②	620	505	555①	585②
肩腕关节间距	480①	510②	540	440	480①	510②
肩肘关节间距	260①	275②	295	240	260①	275②
胸腰关节间距	173①	174②	187	156	173①	174②
坐　深	431	458②	484	415	433	458②

①女子第 P_{50} 百分位身高与男子第 P_5 百分位身高的相应身体尺寸的重叠值；

②女子第 P_{95} 百分位身高与男子第 P_{50} 百分位身高的相应身体尺寸的重叠值。

6.1.4 康复轮椅的总体设计

6.1.4.1 主要技术参数

康复轮椅主要技术参数如表 6-8 所示。

表 6-8 康复轮椅主要技术参数 (mm)

名称	技术参数	名称	技术参数
座椅宽度	316	驱动方式	手动
椅背高度	125	传动方式	链传动
大轮直径	600	外形尺寸（长×宽×高）	1067×914×635
小轮直径	200	适用群体	肢体障碍及重症患者

6.1.4.2 工作原理

图 6-2 为此康复轮椅的总体结构，由后轮驱动机构、链传动机构、座椅机构、肢体运动机构和车架构成。

后轮驱动机构包括两个后轮、离合机构和链传动机构，两个后轮作为主动轮。销轮与主动轴用平键连接，构成离合机构，销轮可沿轴线滑动，当销轮滑向前链轮时，销轮上的销与前链轮上的销孔对接，从而将主动轮的运动传递给前链轮，实现传动机构的连接；当销轮滑向后轮时，与前链轮分离，实现传动机构的断开。链传动机构由主动轴、前链轮、链条、后链轮和从动轴构成，通过链传动将主动轴的运动传递给后链轮，实现连杆支点的后移，减小运动阻力。肢体运动机构由上肢连杆、下肢连杆、支撑杆、滑道、滑块和踏板组成，上肢连杆一端与后链轮铰接在一起，另一端与滑块铰接；下肢连杆一端与后链轮铰接在一起，另一端通过支撑杆与踏板铰接；推动轮椅后轮运动，通过主动轴、销轮、前链轮、后链轮带动上、下肢连杆摆动，从而带动滑块和踏板运动，实现肢体的运动。座椅机构由座椅、座椅控制柄、支撑轴、液压油缸和座椅固定套组

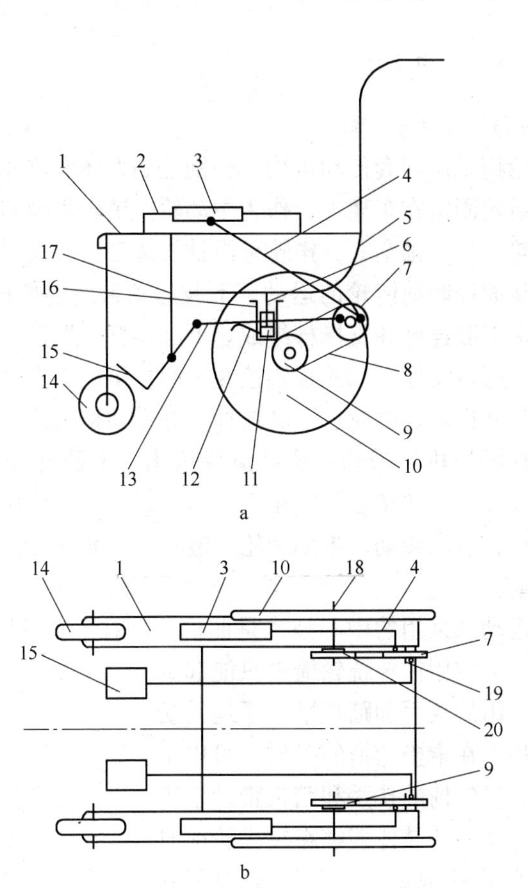

图 6-2 康复轮椅主视图及俯视图

a—主视图；b—俯视图

1—车架；2—滑道；3—滑块；4—上肢连杆；5—座椅；6—支撑轴；7—后链轮；8—链条；9—前链轮；10—后轮；11—液压油缸；12—座椅控制柄；13—下肢连杆；14—前轮；15—踏板；16—座椅固定套；17—支撑杆；18—主动轴；19—从动轴；20—销轮

成，用座椅固定套将其固定在车架上，座椅下方有座椅控制柄，上下踏动该控制柄，座椅可沿支撑轴上下任意调节高度，并可锁住座椅不动。

6.1.4.3 结构设计

A 肢体运动部分

康复轮椅采用两套传动机构，分别控制人体左侧和右侧肢体的运动。后轮固定在车架上，作为主动轮。销轮用键和主动轴连接，前链轮和主动轴空套，销轮可沿轴线滑动，实现与前链轮的离、合，从而控制前链轮的运动。下肢运动采用连杆机构带动，连杆机构由下肢连杆和支撑杆组成。下肢连杆一端铰接在后链轮上，另一端通过支撑杆和踏板铰接在一起。用把手推动轮椅，后轮转动，带动销轮、链轮、下肢连杆，并带动踏板摆动。上肢运动采用连杆滑块机构带动，连杆滑块机构由上肢连杆和滑块组成。上肢连杆一端铰接在后链轮上，另一端铰接在滑块上。用把手推动轮椅，后轮转动，带动销轮、链轮、上肢连杆，并带动滑块前后运动。

肢体运动部采用的中心技术是曲柄连杆技术，见图 6-3。曲柄连杆技术的应用使传统轮椅中只能起到辅助支撑作用的扶手和踏板增添了运动功能，这样病人在乘坐轮椅的时候，可以根据需要让康复轮椅的扶手和踏板带动手脚一起运动，从而使肢体能够在乘坐轮椅时能够得到有效的锻炼，达到康复训练的功效。

B 驱动离合部分

康复轮椅的另一个人性化设计就是能够使整车的驱动部分和肢体运动部分根据乘用者的需要进行离合。为此，在康复轮椅主动轴上增加了一个离合盘与后链轮同轴安装。通过离合盘的左右移动，可使主动轴在转动的过程中带动飞轮转动，通过链传动带动肢体运动部分工作。这样，人

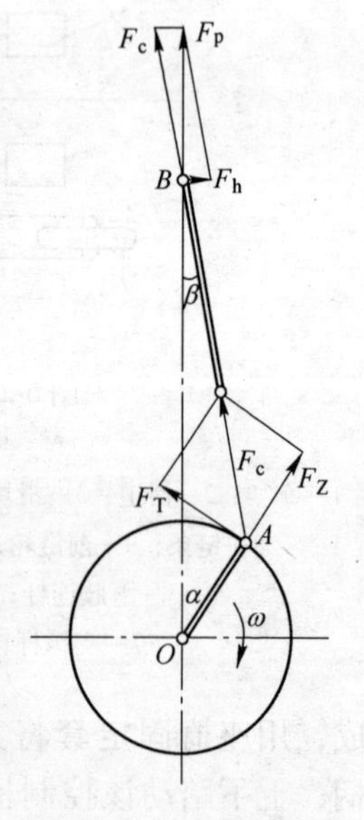

图 6-3 曲柄连杆机构

们可根据个人需要调整离合盘的位置，从而控制扶手和踏板的运动与否。

驱动离合部的三维模型如图 6-4 所示。

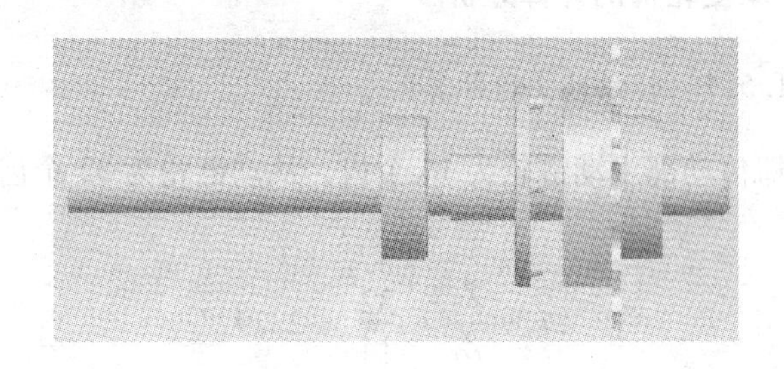

图 6-4 驱动离合部三维模型

C 传动部分

传动部分的三维模型如图 6-5 所示。

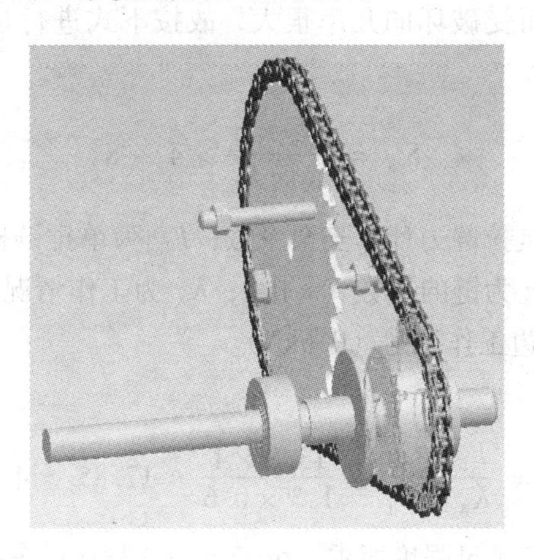

图 6-5 链传动三维模型

康复轮椅的传动系统运用链传动，借鉴最普遍的自行车链传动原理，将康复轮椅的驱动与肢体运动有机结合。通过改进大链轮的结构形式，将控制扶手和踏板运动的连杆与大链轮装配，当离合器与飞轮结合，飞轮随主动轴转动，通过链传动带动大链轮转动，两连杆由于在大链轮上呈180°，大链轮的转动使连杆交替运动，从而实现了康复轮椅扶手和脚踏板的运动功能。

6.1.5 康复轮椅的计算分析

6.1.5.1 传动比 i 的计算

轮椅传动部主动链轮为14个齿，从动链轮为32个齿，传动比为：

$$i = \frac{Z_2}{Z_1} = \frac{32}{14} = 2.29$$

6.1.5.2 传动链的强度校核

由于康复轮椅链速小于0.6m/s，属低链速传动，因抗拉静力强度不够而受破坏的几率很大，故按下式进行抗拉静力强度计算：

$$S_{ca} = \frac{F_{lim} \times n}{K_A \times F_1} > 4 \sim 8 \tag{6-1}$$

式中，S_{ca}为抗拉静力计算安全系数；F_{lim}为单排链极限拉伸载荷（13.8kN）；n为链的排数（1排）；K_A为工作情况系数（1.3）；F_1为链的紧边工作拉力（0.6kN）。

因此

$$S_{ca} = \frac{F_{lim} \times n}{K_A \times F_1} = \frac{13.8 \times 1}{1.3 \times 0.6} = 17.85 > 4 \sim 8$$

故该链条满足强度要求。由于传动链与自行车链条类似，由类比法可知传动链强度满足要求。

6.1.5.3 轴的校核计算

A 主动轴轴径的估算

康复轮椅主动轴轴径尺寸由式（6-2）进行估算：

$$d \geqslant A_0 \sqrt[3]{\frac{P}{n}} \tag{6-2}$$

式中，d 为计算截面处轴的直径；P 为轴传递的功率；n 为轴的转速；A_0 可通过查表确定。

轴的材料选用 45 钢，因此，A_0 值取 112，轴传递的功率 P 初定为 24kW，轴的转速为 45r/min，由式（6-2）计算得康复轮椅主动轴轴径为 15mm，此轴径为承受扭矩作用轴段的最小直径。

B 主动轴校核计算

（1）按扭转强度条件计算。轴的扭转强度条件见式（6-3）：

$$\tau_T = \frac{T}{W_T} \approx \frac{9550000 \dfrac{P}{n}}{0.2d^3} \leqslant [\tau_T] \tag{6-3}$$

由于主动轴材料为 45 钢，因此，$[\tau_T]$ 值为 45MPa，计算得 $\tau_T = 35\text{MPa} < 45\text{MPa}$，因此，符合扭转强度条件。

（2）按弯扭强度条件计算。通过轴的结构设计，轴的主要结构尺寸，轴上零件的位置，以及外载荷和支撑力的作用位置均已确定，如图 6-6 所示。

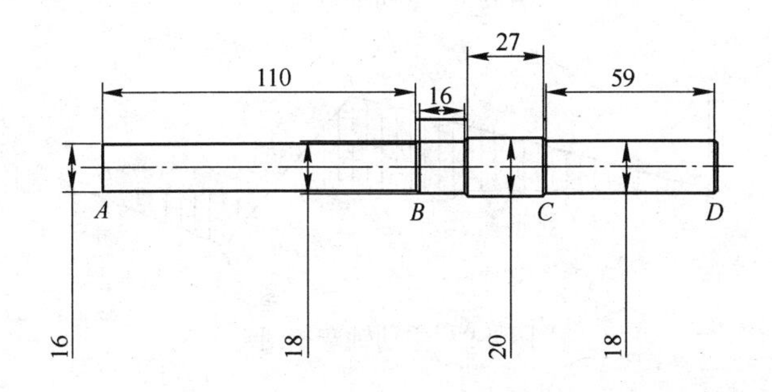

图 6-6 主动轴结构尺寸

主动轴的计算简图如图 6-7 所示。

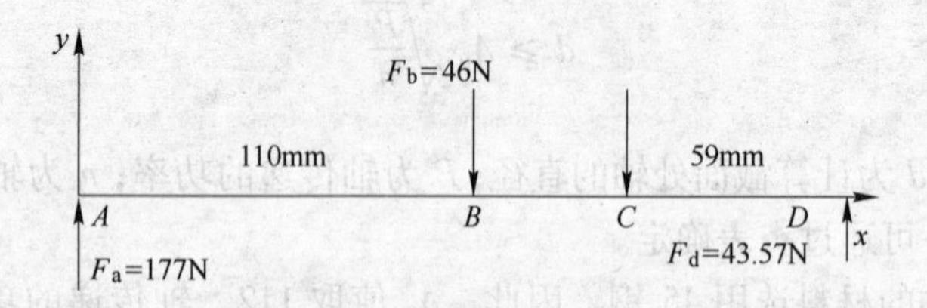

图 6-7 主动轴计算简图

对 A 点取弯矩和为零，即：

$$F_{B}\times 110+F_{C}\times 153-F_{D}\times 212=0$$

代入数据：$20\times 110+46\times 153-F_{D}\times 212=0$

得 $F_{D}=43.57\text{N}$。

作出剪力图和弯矩图，如图 6-8 和图 6-9 所示。

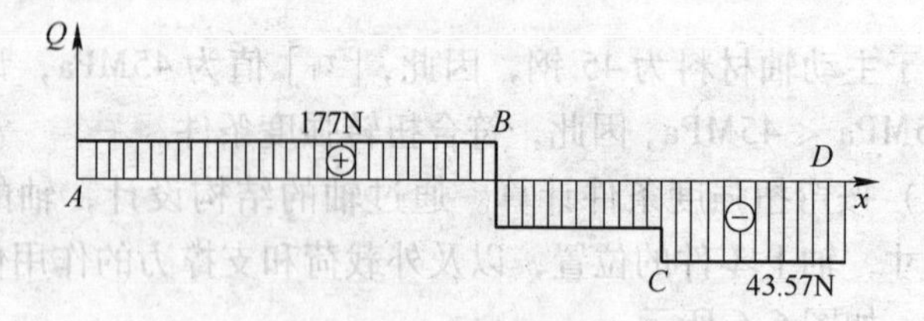

图 6-8 主动轴剪力图

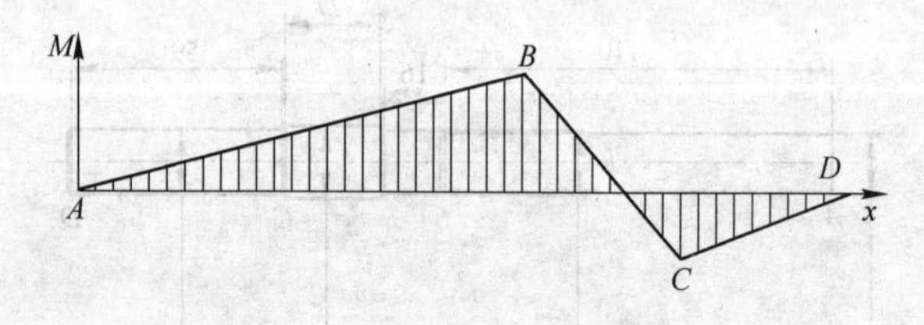

图 6-9 主动轴弯矩图

由剪力图和弯矩图可知，康复轮椅主动轴的危险截面出现在 AB 之间。因此，需要对 AB 段进行弯扭合成强度校核计算。轴的弯扭合成强度条件为：

$$\sigma_{ca}=\sqrt{\left(\frac{M}{W}\right)^2+4\left(\frac{\alpha T}{2W}\right)^2}$$

$$=\frac{\sqrt{M^2+(\alpha T)^2}}{W}\leqslant[\sigma_{-1}] \tag{6-4}$$

式中，σ_{ca}为轴的计算应力，MPa；M 为轴所受的弯矩；W 为轴的抗弯截面系数，$W=\frac{\pi d^3}{32}\approx 0.1d^3$；$[\sigma_{-1}]$ 为对称循环变应力时轴的许用弯曲应力，$[\sigma_{-1}]=60\text{MPa}$；$T$ 为轴所受的扭矩。

将数据代入式（6-4）进行计算，可得 $\sigma_{ca}=52\text{MPa}<60\text{MPa}$，因此，满足轴的弯扭合成强度条件。

6.1.5.4 轴承的校核计算

A 主动轴轴承的选用

由于康复轮椅主动轴需要加工完成，因此在选用主动轴轴承时就需要采用基轴制为标准，选用 GB/T 276—1994 深沟球轴承。

B 主动轴轴承的寿命计算

轴承寿命计算公式为：

$$L_h=\frac{10^6}{60n}\left(\frac{C}{P}\right)^{\varepsilon} \tag{6-5}$$

式中，C 为基本额定动载荷，$C=2.10$；P 为当量动载荷，查得 $P=f_P(XF_r+YF_a)$；f_P 为载荷系数，$f_P=1.1$；F_r 为纯径向载荷；F_a 为纯轴向载荷。

X 和 Y 由 F_a/F_r 确定，对于康复轮椅的主动轴轴承来说，选取 $X=1$，$Y=0$。

$L_h=\frac{10^6}{60n}\left(\frac{C}{P}\right)^{\varepsilon}=\frac{10^6}{60n}\left(\frac{2.10}{1.1F_r}\right)^3=17500\text{h}$，符合设计要求。

6.1.6 康复轮椅的模拟仿真

6.1.6.1 建立三维模型

利用 UG 的 modeling 模块建立三维实体模型。首先按照零件的形状、尺寸构建零件的三维模型，然后通过装配模块（assemblies）完成零件的组装，形成运动机构模型。运用 UG 软件完成康复轮椅的三维建模，形成运动机构模型，如图 6-10 所示。

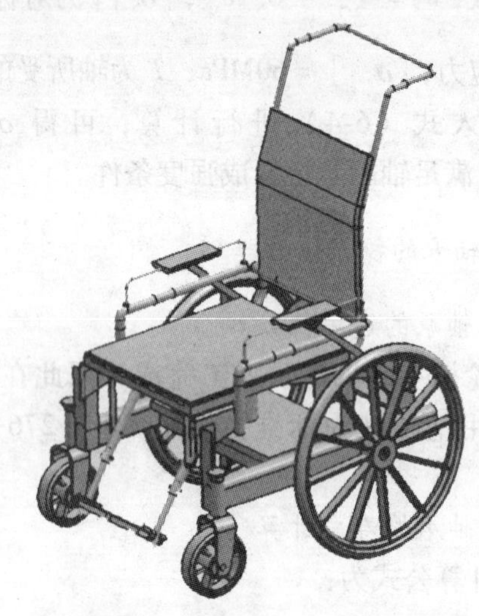

图 6-10 康复轮椅三维模型

6.1.6.2 曲柄连杆机构运动仿真

为康复轮椅的曲柄连杆运动机构设定一个恒定的驱动力，建立三维模型中的各连杆副，最后，设定各运动件的运动副。

通过运动过程的模拟可以直观地了解连杆机构往复运动的动态特征，可以用图表形式显示连杆机构在往复运动时的速度变化和加速度变化，由此可以分析整个机构的受力情况，在什么时刻，什么位置将会产生冲击。图 6-11 反映了曲柄连杆机构的运动过程。

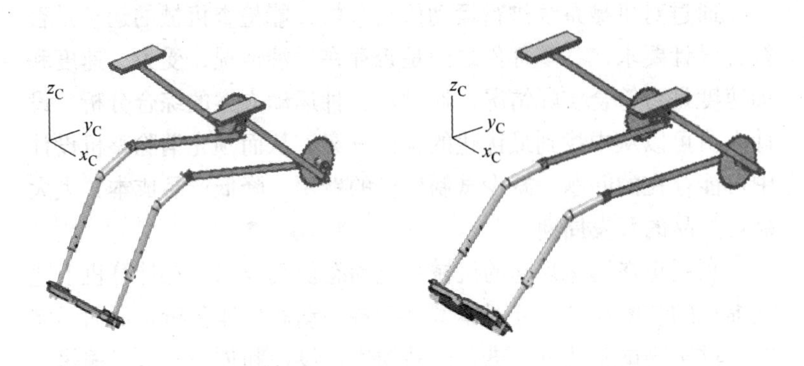

图 6-11 曲柄连杆机构的运动过程

6.1.6.3 康复轮椅的运动仿真

在曲柄连杆机构运动仿真的基础上，将康复轮椅的整车三维模型加入到运动仿真中去，对康复轮椅进行全方位的运动、力学仿真分析。通过仿真分析进一步对康复轮椅的设计参数进行修改，以达到整车的运动、功能及力学要求。整车仿真如图 6-12 所示。

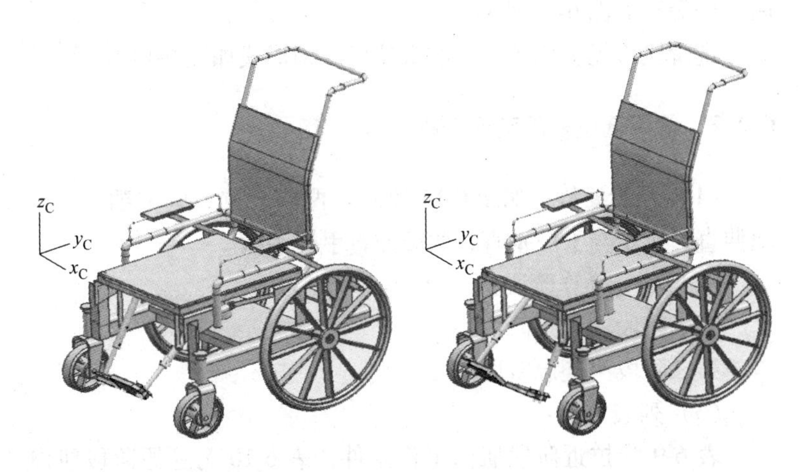

图 6-12 康复轮椅整车运动过程

通过对机械系统进行运动仿真分析，能检查机械的运动是否符合设计要求，各零部件之间是否存在干涉情况，受力、速度和加速度是否符合实际情况，通过对各种运动方案的综合分析，设计人员可以从中找到最优化的设计方案，从而预先消除整机设计中可能存在的问题，减少试制样机的费用，降低产品成本，大大缩短产品的开发周期。

利用正在迅速兴起的机械系统动态仿真技术，在计算机上建立虚拟的装配模型，并对模型进行各种动态性能分析，从而不需要通过实物试验就可以进行产品的优化设计和创新。这对缩短产品的开发周期，降低开发费用，提高产品的系统性能和增强产品的市场竞争能力起着越来越重要的作用。

6.2 低拉机的设计

6.2.1 低拉机的发展概况

低拉机因其受力部件在整台机器中的位置较低而得名。通过低拉机可以锻炼使用者的后三角肌、斜方肌、背阔肌、菱形肌、冈下肌等，如图 6-13 所示。

现阶段市场上比较流行的低拉机结构形式如图 6-14 所示。

6.2.2 使用低拉机的动作分析

（1）开始姿势：如图 6-14 所示。两脚开立，脚尖朝上，两腿伸直，躯干与下肢垂直，两臂伸直手握手柄。

（2）划分动作阶段：

第一阶段“拉近阶段”；

第二阶段“还原阶段”。

（3）列表分析：

表 6-9 为拉近阶段肌肉工作条件；表 6-10 为还原阶段肌肉工作条件。

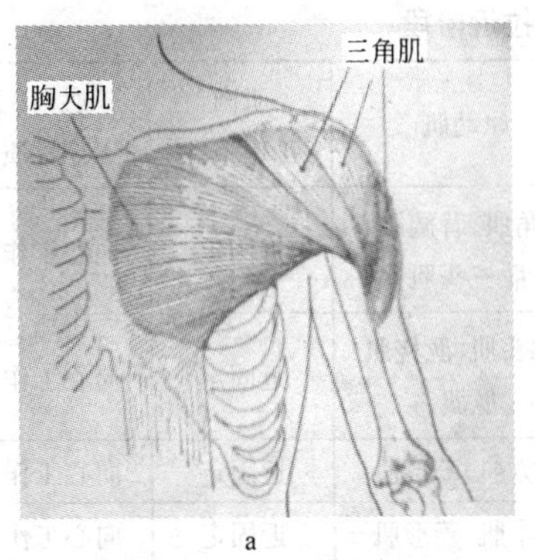

a

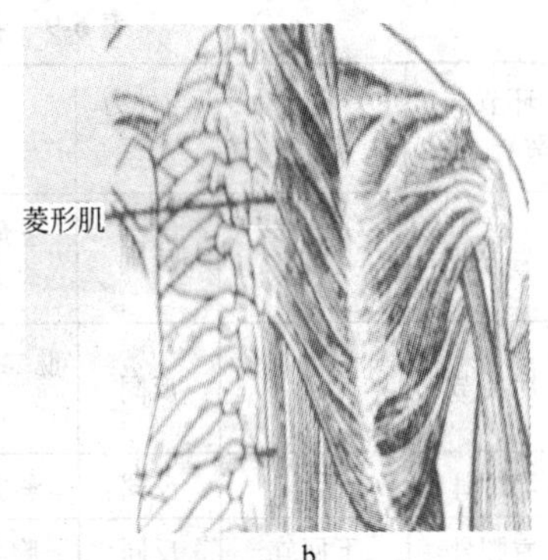

b

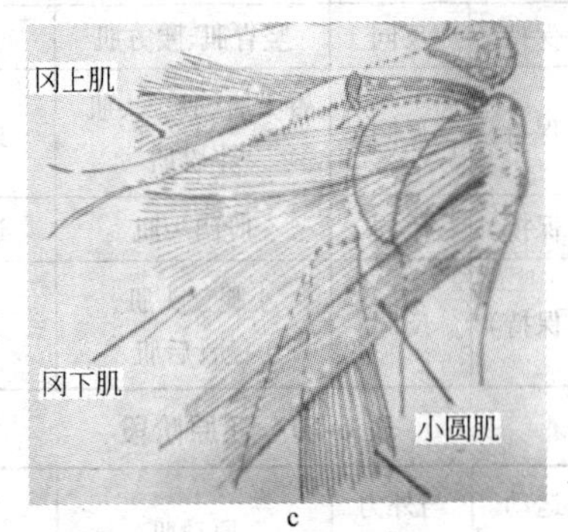

c

图 6-13 低拉机主要锻炼肌肉

a—三角肌；b—菱形肌；c—冈下肌

图 6-14 低拉机

表 6-9　拉近阶段

环节或关节名称	关节运动形式	与外力关系	原动肌	肌肉工作条件	肌肉工作性质
肩关节	伸	反同	三角肌、背阔肌、肱三头肌	近固定	向心工作
肘关节	屈	反同	肱二头肌、肱桡肌、肱肌	近固定	向心工作
肩胛骨	后缩	反同	斜方肌、菱形肌	近固定	向心工作
肩胛骨	下回旋	反同	胸小肌、菱形肌	近固定	向心工作
脊柱	伸位(保持)	反同	竖脊肌、腰方肌	下固定	支持工作
髋关节	伸位(保持)	反同	臀大肌、股二头肌、半腱肌	远固定	支持工作
膝关节	伸位(保持)	反同	股四头肌	远固定	固定工作
踝关节	屈位(保持)	反同	小腿三头肌、径骨后肌	远固定	支持工作

表 6-10　还原阶段

环节或关节名称	关节运动形式	与外力关系	原动肌	肌肉工作条件	肌肉工作性质
肩关节	屈	反同	三角肌、背阔肌、肱三头肌	近固定	离心工作
肘关节	伸	反同	肱二头肌、肱桡肌、肱肌	近固定	离心工作
肩胛骨	前伸	反同	斜方肌、菱形肌	近固定	离心工作
肩胛骨	上回旋	反同	胸小肌、菱形肌	近固定	离心工作
脊柱	伸位(保持)	反同	竖脊肌、腰方肌	下固定	支持工作
髋关节	伸位(保持)	反同	臀大肌、股二头肌、半腱肌	远固定	支持工作
膝关节	伸位(保持)	反同	股四头肌	远固定	固定工作
踝关节	屈位(保持)	反同	小腿三头肌、径骨后肌	远固定	支持工作

6.2.3 低拉机的结构设计

低拉机主要由机架、座椅、拉杆及配重等组成。在确定各个组成部分的关键尺寸时，需参考人机工程学的相关知识。

《中国成年人人体尺寸》(GB 10000—1988)是1989年7月开始实施的我国成年人人体尺寸国家标准。该标准根据人机工程学的要求提供了我国成年人人体尺寸的基础数据，它适用于工业产品设计、建筑设计、军事工业以及工业的技术改造、设备更新及劳动安全保护。

标准中的成年人坐姿人体尺寸包括坐高、坐姿颈椎点高、坐姿眼高、坐姿肩高、坐姿肘高、坐姿大腿厚、坐姿膝高、小腿加足高、坐深、臂膝距、坐姿下肢长共11项，坐姿尺寸部位见图6-15，表6-11为我国成年人坐姿人体尺寸。

表6-11 坐姿人体尺寸 (mm)

测量项目 \ 年龄分组 / 百分位数	男 (18~60岁)							女 (18~55岁)						
	1	5	10	50	90	95	99	1	5	10	50	90	95	99
坐　高	836	858	870	908	947	958	979	789	809	819	855	891	901	920
坐姿颈椎点高	599	615	624	657	691	701	719	563	579	587	617	648	657	675
坐姿眼高	729	749	761	798	836	847	868	678	695	704	739	773	783	803
坐姿肩高	539	557	566	598	631	641	659	504	518	526	556	585	594	609
坐姿肘高	214	228	235	263	291	298	312	201	215	223	251	277	284	299
坐姿大腿厚	103	112	116	130	146	151	160	107	113	117	130	146	151	160
坐姿膝高	441	456	461	493	523	532	549	410	424	431	458	485	493	507
小腿加足高	372	383	389	413	439	448	463	331	342	350	382	399	405	417
坐　深	407	421	429	457	486	494	510	388	401	408	433	461	469	485
臂膝距	499	515	524	554	585	595	613	481	495	502	529	561	570	587
坐姿下肢长	892	921	937	992	1046	1063	1096	826	851	865	912	960	975	1005

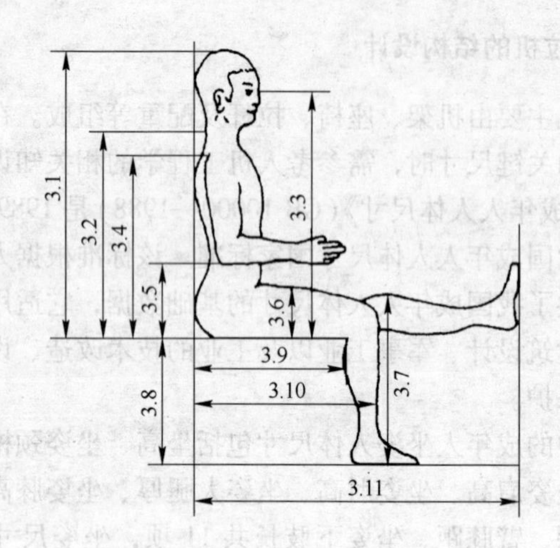

图 6-15 坐姿尺寸部位

由图 6-15 及表 6-11 可知，男子（18 ~ 60 岁）坐姿下肢长在（892 ~ 1096mm）之间，女子（18 ~ 55 岁）坐姿下肢长在（862 ~ 1005mm）之间。进而可初步确定低拉机主要的纵向尺寸，如图 6-16 所示。

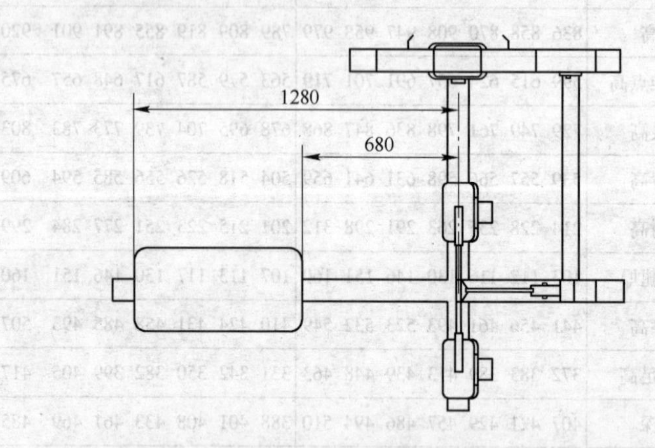

图 6-16 低拉机主要纵向尺寸

标准中提供的人体水平尺寸是指：胸宽、胸厚、肩宽、最大肩宽、臀宽、坐姿臀宽、坐姿两肘肩宽、胸围、腰围、臀围共十项，其部位如图 6-17 所示。我国成年人人体水平尺寸见表 6-12。

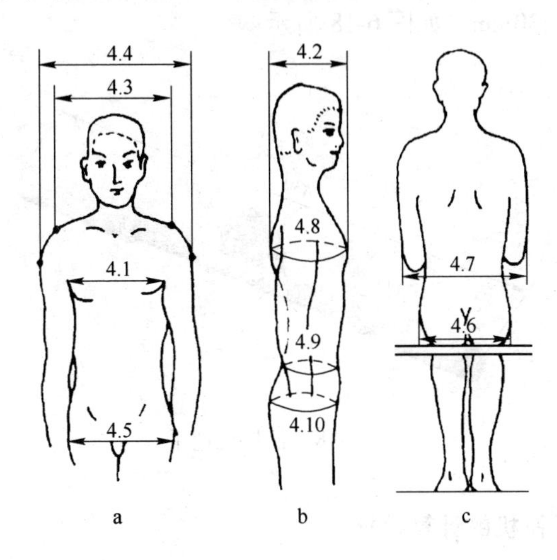

图 6-17 人体水平尺寸

a—正面；b—侧面；c—背面

表 6-12 人体水平尺寸 (mm)

测量项目 \ 百分位数 \ 年龄分组	男（18～60 岁）							女（18～55 岁）						
	1	5	10	50	90	95	99	1	5	10	50	90	95	99
胸宽	242	253	259	280	307	315	331	219	233	239	260	289	299	319
胸厚	176	186	191	212	237	245	261	159	170	176	199	230	239	260
肩宽	330	344	351	375	397	403	415	304	320	328	351	371	377	387
最大肩宽	383	398	405	431	460	469	486	347	363	371	397	428	438	458
臀宽	273	282	288	306	327	334	346	275	290	296	317	340	346	360
坐姿臀宽	284	295	300	321	347	355	369	295	310	318	344	374	382	400
坐姿两肘肩宽	353	371	381	422	473	489	518	326	348	360	404	460	378	509
胸围	762	791	806	867	944	970	1018	717	745	760	825	919	949	1005
腰围	620	650	665	735	859	895	960	622	659	680	772	904	950	1025
臀围	780	805	820	875	948	970	1009	795	824	840	900	975	1000	1044

根据图 6-17 及表 6-12，低拉机把手长基本是男子和女子最大肩宽的均值，并且大于男子肩宽和女子肩宽的最大值，此处取其长度为 430mm，如图 6-18 所示。

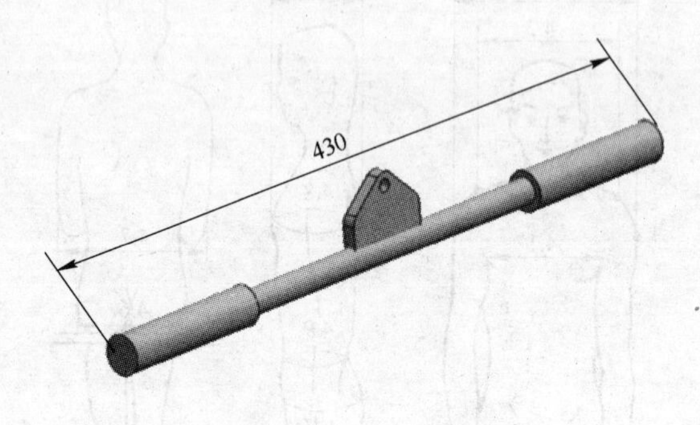

图 6-18　低拉机把手

6.2.4　低拉机的计算校核

在所设计的低拉机中，手拉杆左右手握距 $L = 420\text{mm}$，最大配重重量为 2kN，拉杆截面为圆环形状。圆环 $D = 30\text{mm}$，$d = 15\text{mm}$。拉杆材料的许用应力 $[\sigma] = 100\text{MPa}$。试做出当拉起重量为 2kN 时，拉杆任意横截面的剪力及弯矩。并做出剪力图及弯矩图；进一步计算拉杆横截面弯曲正应力的最大值，并判断拉杆是否满足安全条件。

首先，对拉杆进行简化，做出其受力图，如图 6-19 所示。

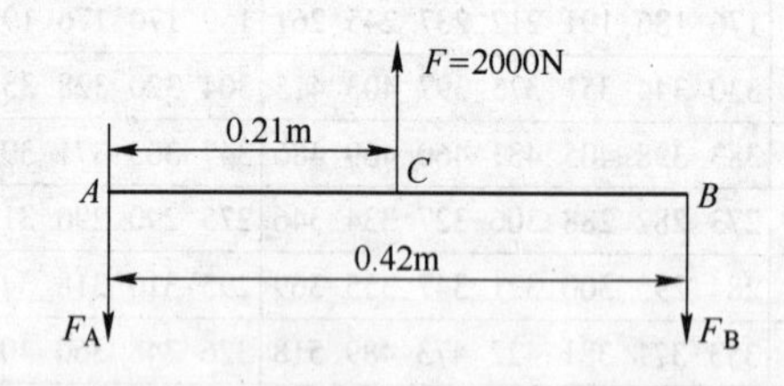

图 6-19　低拉机把手受力图示

以整个手杆为研究对象，列如下方程：

$$\begin{cases} F_A + F_B = F \\ F \times 210 = F_B \times 420 \end{cases} \tag{6-6}$$

由式（6-6）得，$F_A = F_B = 1000\text{N}$。

接下来分别对 AC 段及 CB 段进行受力分析，确定各段界面内力。首先分析 AC 段，做受力分析图。

根据图 6-20 所示，列剪力与弯矩的平衡方程：

$$\begin{cases} -F_A - F_{S1} = 0 \\ M_1 + F_A \times x = 0 \quad (0 \leqslant x \leqslant 0.21\text{m}) \end{cases} \tag{6-7}$$

式中，F_A 为使用者左手施加在拉杆上的力，kN；F_{S1}、M_1 分别为 AC 段距左手中心为 x 处的截面剪力（kN）及弯矩（N·m）。

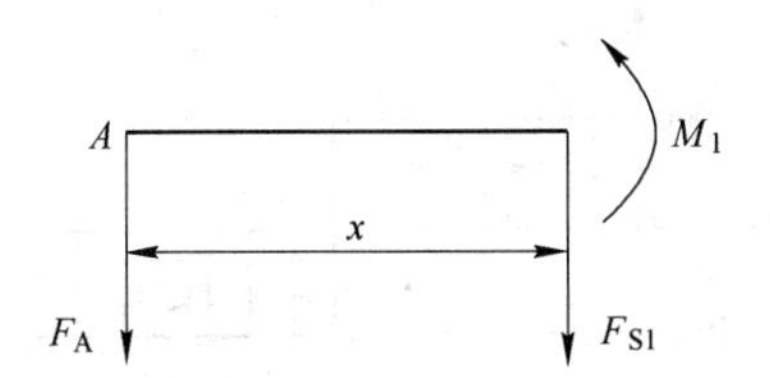

图 6-20 把手 AC 受力图示

求解式（6-7）得，$F_{S1} = -F_A; M_1 = -F_A \cdot x$。

然后以 CB 段为研究对象，做受力分析图。

根据图 6-21 所示，列剪力与弯矩的平衡方程：

$$\begin{cases} -F_A - F_{S2} + F = 0 \\ M_2 + F_A \times x - F \cdot (x - 210) = 0 \\ \quad (0.21\text{m} < x \leqslant 0.42\text{m}) \end{cases} \tag{6-8}$$

式中，F_A 为使用者左手施加在拉杆上的力，kN；F_{S2}、M_2 分别为 AC 段距左手中心为 x 处的截面剪力（kN）及弯矩（N·m）。

求解式（6-7）得，$F_{S2} = F - F_A; M_2 = F \cdot (x - 210) - F_A \cdot x$。

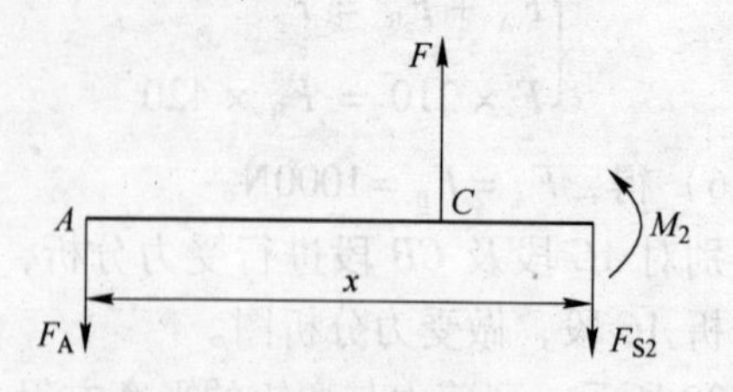

图 6-21　把手 *CB* 段受力图示

因 F_A 及 F_B 的数值已求出，故可进一步求出 F_{S1}、F_{S2}、M_1 和 M_2 的值和表达式。根据求得的结果，绘制拉杆各个截面的剪力图和弯矩图，如图 6-22 和图 6-23 所示。

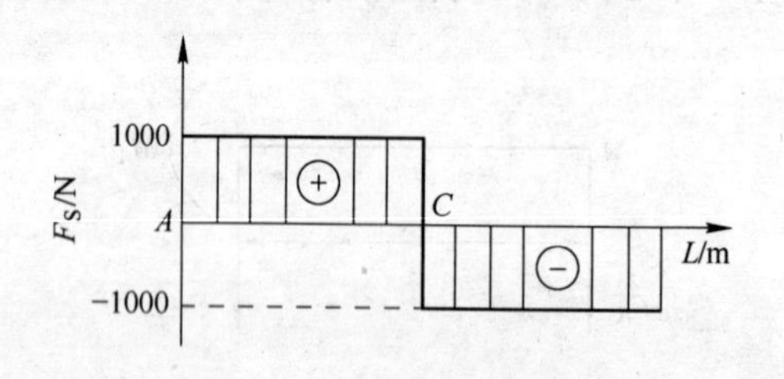

图 6-22　把手各截面剪力图

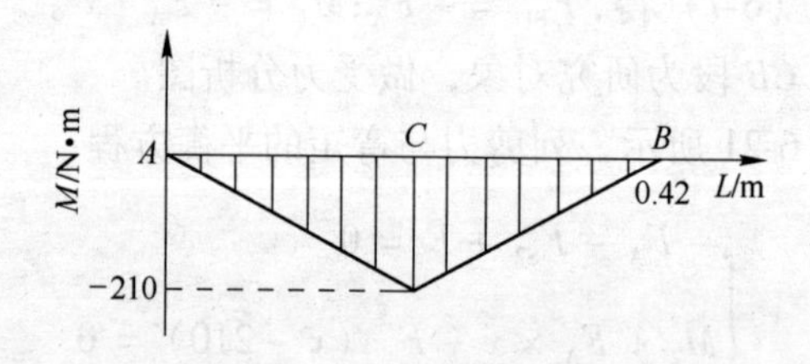

图 6-23　把手各截面弯矩图

由图 6-23 可知，把手各个横截面所受最大弯矩为 210N · m，发生在把手中间截面上，求此截面的弯曲正应力，判断此杆在拉起最大配置时是否处于安全状态。

此截面的抗弯截面模量为：

$$W_z = \frac{\pi D^3}{32}\left[1 - \left(\frac{d}{D}\right)^4\right] \tag{6-9}$$

将 D、d 值代入得：$W_z = 2.48 \times 10^{-6}\text{m}^3$。此横截面上的弯曲应力为：$\sigma = \frac{M}{W_z} = 84.5\text{MPa}$，因 $\sigma < [\sigma]$，故此拉杆处于安全状态，拉杆尺寸设计符合要求。

6.3 椭圆机的设计

6.3.1 椭圆机简介

近十几年来，许多国家都普遍地兴起了群众性的体育运动锻炼和健身健美热潮。椭圆机作为当前一种十分流行的健身器材（如图 6-24 所示），越来越受到人们的喜爱。椭圆机是利用人体慢走、快走或跑步时，脚踝的运动轨迹近似于椭圆形的原理，通过一定的机构，使踏板以一椭圆轨迹进行运动，以踏板所形成的椭圆轨迹来引导使用者脚部的运动，使椭圆机的健身动作与人的自然跨步相吻合；在整个健身运动的过程中，脚步不会完全离开踏板，故不产生对膝关节大的冲击，并能同时运动上下肢肌肉群，同时还可以通过调节坡度来选择相当于从公园散步到快速登台阶等各种不同的运动强度，被看做是近几年有氧运动器材的一项突破。

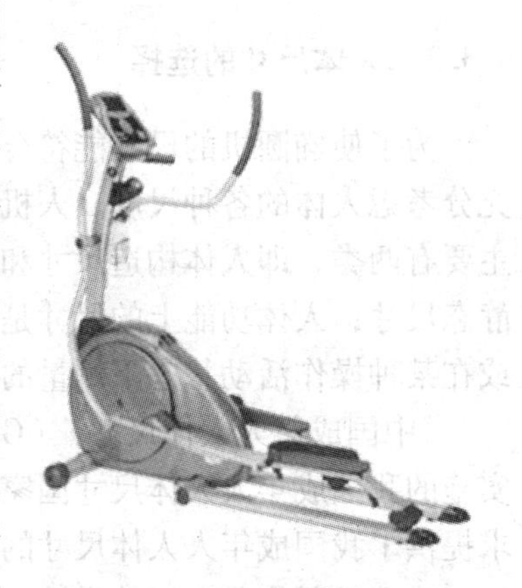

图 6-24 椭圆机

6.3.2 椭圆机设计要求

椭圆机的基本设计要求为：

（1）踏板所形成的轨迹与锻炼者自然跨步时脚踝的轨迹尽可能一致，同时兼顾锻炼者的快走、慢跑、快跑等不同速度运动时的情况；

（2）把手所形成的轨迹与锻炼者在上述情况下运动时手的轨迹尽可能一致；

（3）椭圆机结构尺寸符合锻炼者的人机尺寸；

（4）设计合适的结构形式和结构参数，保证椭圆机的运动惯性顺畅；

（5）椭圆机的运动负载负荷生物力学原理，并且可以准确调节、显示及记录等。

除了上述功能设计要求外，还有外形美观、符合运动心理学等设计要求。

6.3.3 人体尺寸的选择

为了使椭圆机的设计能符合人的生理特点，就必须在设计时充分考虑人体的各种尺度。人机工程学范围的人体形态测量数据主要有两类，即人体构造尺寸和功能尺寸。人体构造上的尺寸是静态尺寸；人体功能上的尺寸是动态尺寸，包括人在工作姿势下或在某种操作活动状态下测量的尺寸。

《中国成年人人体尺寸》（GB 10000—1988）是1989年开始实施的我国成年人人体尺寸国家标准。该标准根据人机工程学要求提供了我国成年人人体尺寸的基础数据。

对于受限作业空间的设计，需要应用各种作业姿势下人体功能尺寸数据。《工作空间人体尺寸》（GB/T 13547—1992）标准提供了我国成年人立、坐、跪、卧、爬等姿势的功能尺寸数据。

椭圆机属于成年男、女通用的产品，可用男性18～60岁年龄组的第95百分位数和女性18～55岁年龄组的第5百分位数，作为尺寸上下限的依据，它考虑了绝大多数的使用者群体。限于篇幅，此处仅给出设计椭圆机所需的数据，如表6-13和表6-14所示。

表 6-13 我国成年男女人体部分主要数据 (mm)

测量项目	男（18~60 岁）			女（18~55 岁）		
	P_5	P_{50}	P_{95}	P_5	P_{50}	P_{95}
身 高	1583	1678	1755	1484	1570	1659
体重/kg	48	59	75	42	52	66
肩 高	1281	1367	1455	1195	1271	1359

表 6-14 我国成年男女人体部分功能尺寸 (mm)

测 量 项 目	男（18~60 岁）			女（18~55 岁）		
	P_5	P_{50}	P_{95}	P_5	P_{50}	P_{95}
坐姿前臂手前伸长	416	447	478	383	413	442
坐姿前臂手功能前伸长	310	343	376	277	306	333
坐姿上肢前伸长	777	834	892	712	764	818
坐姿上肢功能前伸长	673	730	789	607	657	707

6.3.4 椭圆机的结构设计

椭圆机基本的结构形式为曲柄滑块机构和曲柄摇杆机构，如图 6-25 和图 6-26 所示，在实际设计中两种形式均有应用。当曲柄旋转时，连杆的另外一端作直线（或是圆弧）往复运动；由于连杆一端做圆周运动，而另外一端作直线（圆弧可看作近似直线）运动，连杆上的其他位置就以椭圆轨迹运动；踏板安装在连杆上。两种形式的曲柄在椭圆机中的前后位置不同。另外，

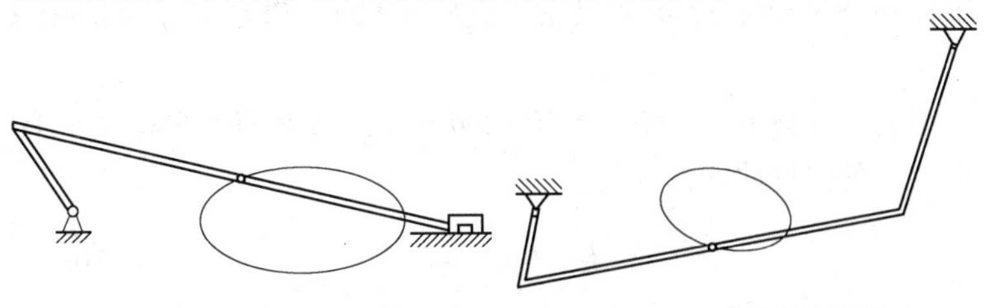

图 6-25 曲柄滑块机构

图 6-26 曲柄摇杆机构

图 6-26 形式的活动把手设计较复杂。

6.3.4.1 踏板轨迹的设计

为使人在椭圆机上运动时的状态接近自然状态，其结构参数须根据人体在自然状态下行走（或者是跑步）时脚步的实际轨迹进行设计。脚步的实际轨迹可用椭圆形状来拟合。

若确定了拟合椭圆的形状，即可设计连杆机构再现此形状。图 6-27 为某速度下，人在电动跑步机上跑步时，实测的脚踝轨迹（实线）用椭圆形状拟合（虚线）的结果。由图 6-27 可见：拟合的椭圆长轴、长轴方向的倾角与实测轨迹吻合；但实测轨迹和椭圆在整体上有一定的差距。

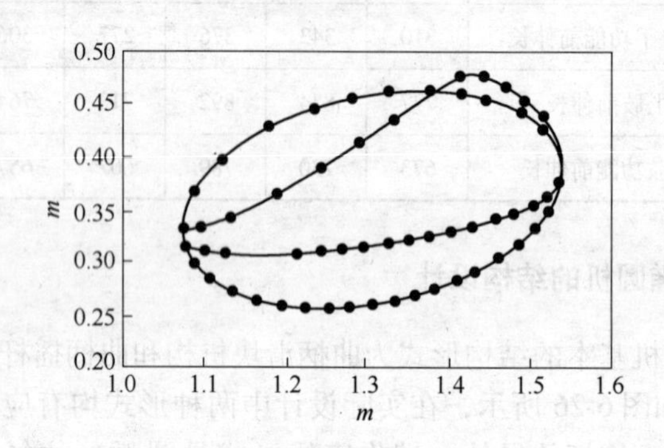

图 6-27 实测脚步运动轨迹的拟合

连杆机构的设计，以图 6-26 结构形式为例，采用解析法，如图 6-28 所示，以 A 为原点、机架 AD 为 x'轴建立直角坐标系 $x'Ay'$。

若直线段 BC 上有一点 M（$BM=l$），则 M 点在坐标系 $x'Ay'$ 中表示的连杆曲线方程为：

$$U^2 + V^2 = W^2 \tag{6-10}$$

式中，

$$U=(b-l)(d-x')(x'^2+y'^2+l^2-a^2)-$$
$$lx'[(x'-d)^2+y'^2+(b-l)^2-c^2]$$
$$V=(b-l)y'(x'^2+y'^2+l^2-a^2)+$$
$$ly'[(x'-d)^2+y'^2+(b-l)^2-c^2]$$
$$W=2dl(b-l)y'$$

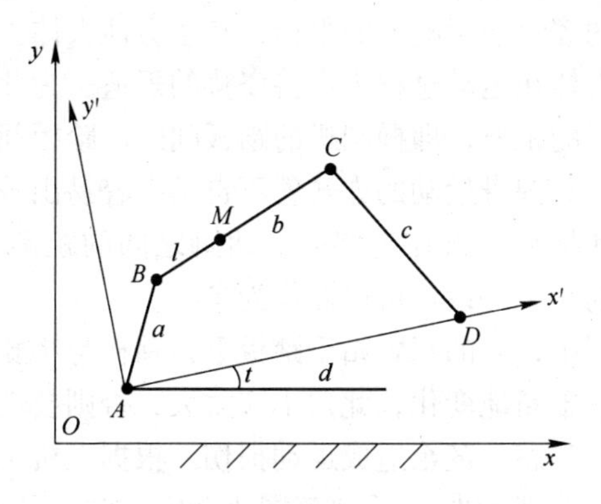

图 6-28 坐标系建立示意图

用连杆点 M 再现给定的椭圆时，给定椭圆通常在另一坐标系 xOy 中表示。如图 6-28 所示，若设 A 在 xOy 中的位置坐标为 (x_A, y_A)，x 轴与 x' 轴正向沿逆时针方向的夹角为 t，M 点在 xOy 中的坐标为 x、y，则有：

$$\begin{cases} x' = (x-x_A)\cos t + (y-y_A)\sin t \\ y' = (x-x_A)\sin t + (y-y_A)\cos t \end{cases} \tag{6-11}$$

将式(6-11)代入式(6-10)，得关于 x,y 的 6 次代数方程。

$$f(x,y,x_A,y_A,a,b,c,d,l,t)=0 \tag{6-12}$$

式（6-12）中共有 8 个待定尺寸参数，即铰链四杆机构的连杆点最多能精确通过拟合椭圆上所选的 8 个点。若给出拟合椭圆上 M 点不同位置的坐标（x_{Mi}，y_{Mi}）（$i=1$，2，…，8），分别代入式（6-12），采用数值法解方程组，可得一组连杆设计待定参数。当轨迹点数大于 8 个时，连杆点近似实现给定要求。

拟合的椭圆与实际轨迹有一定的差距，连杆曲线应着重满足实际轨迹步幅和倾角的要求。故大多数点的选择，宜在椭圆的长轴附近，这些位置较好地反映了轨迹的步幅和倾角。

6.3.4.2 踏板间距和踏板最大倾角

不自然的姿势会影响人的平衡，甚至会使人体失去平衡，故设计应考虑人体在运动过程中保持姿势的舒适。为此，要控制运动时两脚之间的距离，即椭圆机的踏板间距。踏板间距太大，对使用者而言，其健身运动的方式就不自然，容易出现对臀部和下背部的压迫和损伤。人在走路时，两脚之间的距离为 5cm 或者是一个拳头的大小，设计可以此作为参考。

运动过程中，人的双脚站于踏板上，踏板与小腿间的夹角随位置的不同在不断地变化，此角不应太大，否则会使锻炼者身体处于不自然的状态，甚至造成运动损伤。根据人机工程学，立姿踝关节上摆（脚背弯曲）活动范围为 70°～90°，下摆（脚掌弯曲）范围为 90°～125°，应合理设计连杆机构，使踏板能保证脚踝最大活动角度不超出上述的范围。图 6-29 为实测的简易椭圆机踏板与小腿间夹角极值，极小值 α 约为 63°，极大值 β 约为 100°，α 超出相应的范围，故此设计不甚合理，可通过选择合适的连杆点进行改进。

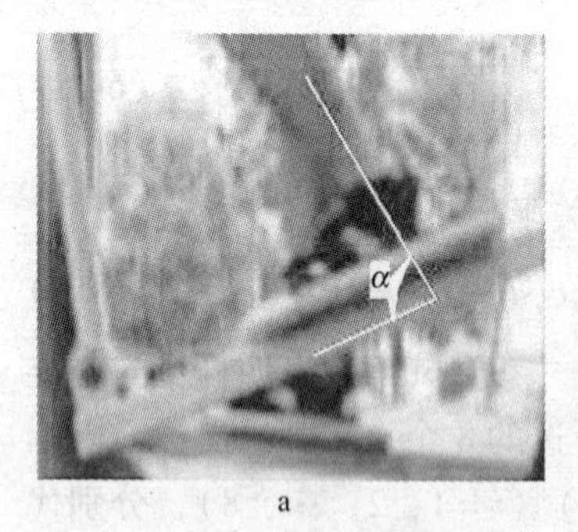

a

b

图 6-29 踏板、小腿间夹角极值示意图

6.3.4.3 飞轮的设计

在椭圆机运动中，若曲柄转动的速度波动过大，健身运动不顺畅，会对锻炼者心理状态造成不利影响，较低档次的椭圆机产品普遍有此问题。为减小速度的波动，须设计飞轮装置。

飞轮能量大小可表示为：$E = \frac{1}{2}I\omega^2$（I 为转动惯量，ω 为角速度）。可见，若采用单速方式，飞轮尺寸主要受椭圆机结构尺寸的限制，其转动惯量不能满足要求时，可采用一级增速，在曲柄轴和飞轮之间通过带传动或链传动，加大飞轮的角速度。一般情况下，飞轮半径取 15 ~ 30cm，重量 6 ~ 12kg。

6.3.4.4 负载的计算

为增加运动的负载，须设计阻尼装置，而且阻尼应可调，锻炼者可根据实际情况调节阻尼的大小，以适应不同锻炼强度的要求。

以图 6-25 结构形式为例，首先应对阻尼上限进行估算。对于使用者，体重在 P_{95} 男性和 P_5 女性体重之间，加上着装修正量，约为 420 ~ 750kN。为方便计算，不计摩擦，并作以下假设：立姿人体下肢的最大作用力等于自重；人体恰处于锻炼过程中最不利于施力的位置，即锻炼者站上踏板后，重心完全落在较低的踏板一侧，开始运动瞬间，锻炼者将重心移向较高的踏板一侧，此时运动无惯性。当自重和阻尼恰好平衡时，如图 6-30 所示，则有：$F_1 = G \times i/h$，$F_2 = F_1$，$M = F_2 \times l \times \sin t$，故：$M = G \times l \times i \times \sin t/h$。根据三角形相似，$i/h$ 等于两段杆长之比，可见：连杆机构的结构参数确定后，i/h、l 为定值，M 随角度 t 呈正弦规律变化。若设 $t = \pi/6$（人开始站上椭圆机时，利用活动把手，不难达到此位置），$l = 170\text{mm}$，$i/h = 1/3$，则负载的上限约为 11.8 ~ 21N·m，体重较小者取小值。

椭圆机运动类似自行车，很有节奏。在运动生理学领域的实验中，“每分钟 50 回转”已成为一种习惯性标准，其他回转节

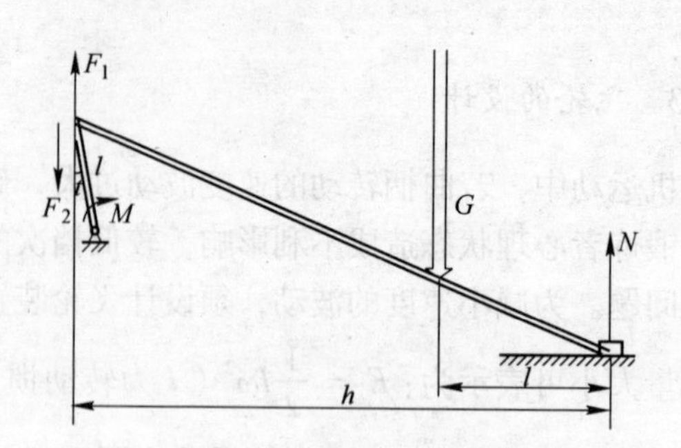

图 6-30 负载计算示意图

奏未见记载，故曲柄以 50r/min 左右节奏转动较为合理。若取负载上限为 21N · m，曲柄以 50r/min 的速度转动，则人体对外做功的功率为 110W。当然，加快曲柄转动速度，运动强度会随之增加。室内健身器普通的运动强度一般是 50 ~ 200W 左右，可见，确定的负载上限是合理的。

6.3.4.5 把手的设计

为同时锻炼上肢肌肉群，一般在椭圆机上设计活动把手，为保证锻炼者在上、下椭圆机时的安全，设计一个固定把手。此外，设计两种把手，可允许锻炼者变换姿势，不易引起疲劳。把手（包括固定和活动的）的空间位置必须在锻炼者上肢功能尺寸范围之内。人到把手的距离不能太近，最近距离不能低于男性 P_{95} 的前臂功能最小尺寸；也不能太远，最远距离不能超过女性 P_5 的上肢功能最大尺寸。因锻炼者站在椭圆机上，而我国成年人体尺寸国家标准中立姿无相关数据可用，借用表 6-14 中坐姿数据，如图 6-31 所示，大于男

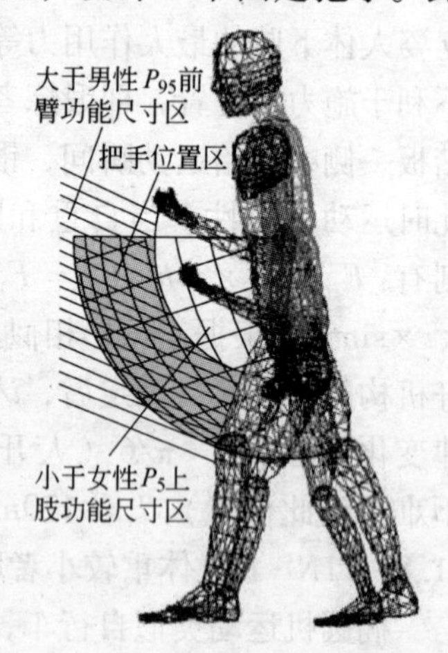

图 6-31 把手位置示意图

性 P_{95} 前臂功能尺寸区和小于女性 P_5 上肢功能尺寸区的重合网格阴影区域即为把手位置区，取其中心位置最佳。

活动把手的轨迹应与运动时人手的实际轨迹尽可能一致，图 6-32 为 5 位受测者（分别为身高 155cm 女性、165cm 男性、169cm 男性、169cm 男性、170cm 男性）在跑步机上运动时腕关节的实测轨迹。

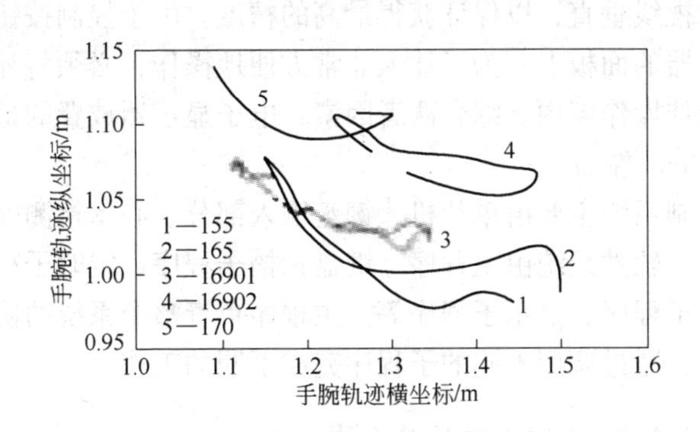

图 6-32 手腕运动轨迹实测图

从图6-32可见，各曲线的曲率中心在其上方，位置随受测者身高不同而变化，身材越高曲线位置越靠上，形状大体相似，可用一簇互相平行曲线段来拟合。中等身材的人权密度高，可取中等身材人的手腕实测轨迹来设计把手的轨迹。

6.3.4.6 显示和控制装置

显示装置，在这里选用电子数字显示屏，可显示曲柄转速、运动时间、心率、最大摄氧量和能量消耗量，为椭圆机的人性化设计提供了必要的保障。这些功能的实现可部分采用先进的智能传感器技术和数字信息技术，使该产品的设计表现出智能美的技术要求。数字显示屏是用数字来显示有关参数或工作状态的显示器。常用的电子显示装置有液晶显示（LCD）和发光二极管显示（LED）。

使用视觉显示装置，可迅速、方便、准确地提供视觉信息，因此，电子显示器的布置应根据人的视觉特点，按最佳观察方式进行，方能提高视觉认读效率和精度。显示器的位置由在使用该器材时人眼与显示装置面板的距离和操作时最佳作业范围来决定。面板与人眼的最适当距离为500mm到700mm左右。显示器与水平面保持25°~30°的倾角，使显示信息的面板尽可能与使用者的视线垂直，以保证获得最高的精度。由于控制按钮也布置在显示器的面板上，为了让人非常方便地操作，必须将显示器设置在最佳操作域内。综合两者因素，电子显示器放置的最佳高度为1500mm左右。

控制系统主要由单片机、键盘输入部分、心率检测电路等组成。整个软件系统由主程序、键盘扫描子程序、定时子程序、中断服务子程序、显示子程序等。主程序负责整个系统的协调和控制工作，通过调用不同的子程序完成不同的工作。

6.3.4.7 人机系统的动力学分析

人在椭圆机上运动顺畅的条件是运动中速度波动小。安装飞轮装置，可减小这种波动，但重要的是，椭圆机要有这种适合力学特征的结构形式和结构参数。单纯的平面连杆机构的力学特性已经比较清楚，但是，人（其质量与连杆机构本身质量相比大得多）站上踏板运动，曲柄处于水平位置时，会产生踩空、失重的感觉，而其处于竖直位置时，人体则有超重的感觉，人机系统的动力学特性需要进一步认识，为此须进行动力学分析。

在椭圆机运动中，可以认为其自由度为1，即：曲柄的运动规律确定，踏板的运动规律随之确定。曲柄的速度曲线可以通过实验的方法测定。

图6-33是实验者站在简易椭圆机上，实际测得的曲柄速度曲线（从曲柄处于水平位置开始）。

从实际拍摄的某一循环的运动影像，可输出一系列连续的运动图像。通过图像处理软件，可定出每帧图片中曲柄的位置坐

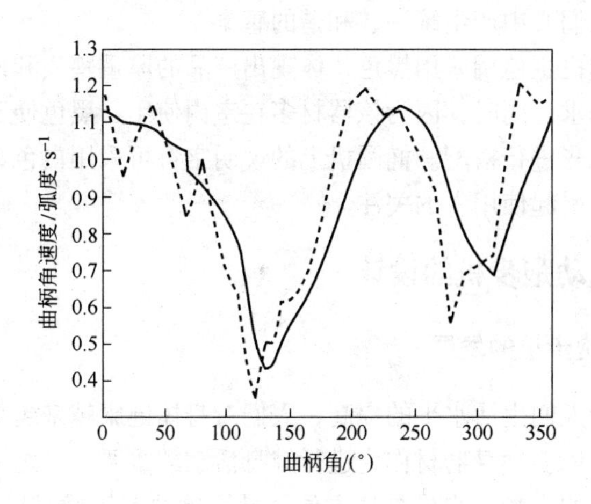

图 6-33 曲柄角速度实测曲线

标，由此可转化为曲柄角速度曲线。图中虚线为原始数据曲线，实线为经过滤波处理的曲线。由于是简易的椭圆机产品，无飞轮机构，速度波动过大，显然很难达到运动顺畅的要求。有了曲柄角速度曲线，便可作进一步的动力学分析。

6.3.5 椭圆机的线型色彩设计

椭圆机除了具备健身康复等物质功能外，还具备装饰生活环境，体现生活品位的精神功能。良好的造型可以创造产品的个性，提高品牌的价值，激发使用者的锻炼热情。椭圆机是一种通过模拟跑步而获得锻炼的健身器材，因此在它的造型设计时，必须充分考虑其造型的动态特性。扶手和电子显示器的支撑架宜采用现代弯管工艺加工出优美的流线造型；盖板可由工程塑料通过现代注塑工艺加工而成，要求其轮廓具有生动的曲线型。流线型的应用可改变产品呆板、冷硬的造型效果，产生生动活泼富有运动趋势的美感。这种设计使产品造型和产品功能得到了很好的统一。

色彩不仅能表现产品的外观，而且更能表现产品的精神。这就要求色彩于产品的功能、环境场所、使用对象等因素统一起来，在人们心中产生统一、和谐的感觉。

椭圆机主色调采用黑色，体现出产品的厚重踏实和使用者对强健的渴求；同时，因为该器材多在室内使用，黑色便于与周围环境的色彩进行搭配。椭圆机上的说明字符可采用白色，对比强烈，以便引起使用者的关注。

6.4 电动跑步机的设计

6.4.1 跑步机的发展

随着人们生活水平的提高，人们对身体健康越来越重视，加强体育锻炼。健身器材作为进行健身活动的重要工具之一，越来越受人们的喜爱。跑步是最方便、最简单的有氧健身锻炼方式，它可以促进人体血液循环，增强心肺功能，发展肌肉力量，在慢跑时更能消耗人体脂肪；在健身运动中，跑步最受人们的喜爱，跑步机成为人们最受欢迎的健身器材。从跑步机功能的角度出发，可分为单功能跑步机和多功能跑步机两类。

（1）单功能跑步机。单功能跑步机从结构上分为两类，一类是滚轮式跑步机，一类是平板式跑步机。滚轮式跑步机工作时噪声大，已被淘汰。平板式跑步机是由人主动在上面运动，所以使人感到与普通跑步一样。它的电子表可帮助训练者记录下时速、时间、心率、热量、节拍、距离等指标。使您随时了解自己的训练情况，进行有目的的调整。

（2）多功能跑步机。一台多功能跑步机由跑步机、划船器、卧式健身车、放松机、腰旋器等功能器材组合而成，以功能多、占地少而受到一些人的喜爱。它的锻炼方法同普通跑步机一样，但从健身器所应具备的使用舒服、方便，技术动作准确合理上看，多功能跑步机还有一定缺陷。

6.4.2 电动跑步机的结构设计

电动跑步机的设计应符合人体的尺寸，这是很容易理解的。

但是由于受人的年龄、性别、种族、地区等因素的影响，人的身材大小各不相同，那么该用哪一种身材的人作为跑步机设计的依据？在对人群进行统计性的人体尺寸测量时，各种身材的人频数分布状态（出现率）用百分位数表示。在《中国成年人人体尺寸》（GB 10000—1988）中分别给出了不同年龄段第1、5、10、50、90、95、99百分位的人体尺寸，在跑步机设计中，常用的是18～60岁年龄组的第5百分位数和第95百分位数，它考虑了绝大多数的使用者群体。

最早的跑步机是没有动力的普通跑步机，在这种跑步机上跑步，需要用力蹬踏跑步机来完成运动，跑步的姿势不够自然，运动难以协调，效果并不理想。而应用人机工程学设计的电动跑步机，人们在跑步时，感到轻松、自如，运动状态更贴近自然运动状态。跑步机主要由以下部分组成：底架、跑步带、电机、电机盖、立架、扶手以及电子显示器。如图6-34所示。

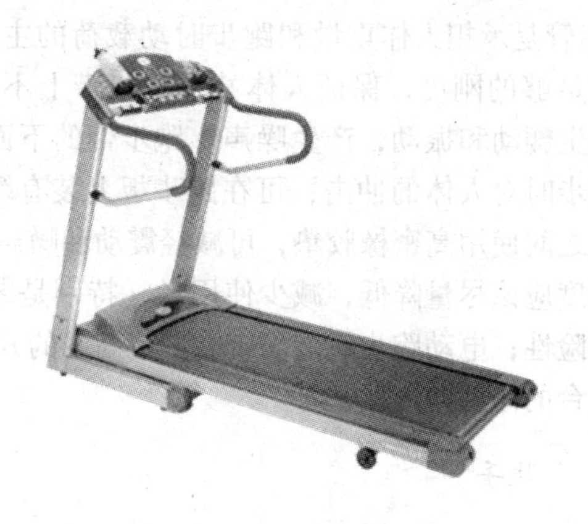

图6-34 电动跑步机

6.4.2.1 跑步带

跑步带是电动跑步机的一个重要部件，跑步带的性能好坏直接影响跑步机的质量，影响跑步效果。要求跑步带抗延展性好，使用寿命长，不易变形。因此跑步带可以采用双层PVC+单层胚布材料。跑步带的尺寸应满足跑步这一功能的需要，长度方向应让人能轻松迈开步伐，设计为1300mm；宽度应按照人体尺寸P_{95}的肩宽来确定，加上余量，设计为450mm。

6.4.2.2　电机

电动跑步机在电机选用上应根据跑步机的应用场所来决定，家用的功率选小一点，而健身房的则选大一点。家用一般为1492W以上，健身房的一般在2238W以上，这样会防止电机的功率小，产生小马拉大车的现象，造成电动跑步机不堪重负，容易损坏。

6.4.2.3　底架

底架主要由两边底管、跑步板和前后轴滚筒组成。底管的长度由跑步带的长度和马达的长度来确定，即1300 + 400 = 1700mm。底管是承担人体重量和跑步时动载荷的主要零件，因此必须要有足够的刚度，保证人体站在跑步带上不变形，跑步时，不会发生颤动和振动，产生噪声。跑步带的下面是跑步板，为了减轻跑步时对人体的冲击，可在跑步板上装有缓冲橡胶垫。底架与地面之间使用高密橡胶垫，可减轻震动和噪声。电动跑步机的底架高度应该尽量降低，减少使用者（特别是老年使用者）使用时的危险性；电动跑步机前面带有调节高度的升降电机，可调节整个跑台的倾斜角度。

6.4.2.4　扶手

扶手的作用主要有两个：一是在跑步时，防止身体不稳定晃动而出现意外；二是不跑步时作双臂曲撑运动，锻炼上肢肌体。扶手的高度必须与运动者的身高相适应，扶手太高，作双臂曲撑运动时，感觉不安全；扶手太低，作双臂曲撑运动时必须缩着小腿。因此，扶手的高度一般按P_{95}的立姿肘高的尺寸进行设计。扶手的最大高度可由下式确定：

$$H = A + B + C = 1096 + 200 + 25 = 1321(\text{取}1320)$$

式中，A 为立姿肘高；B 为底架高（包括底架本身高度和距地面高度）；C 为修正量。

上面确定的扶手高度是指最大高度。为了使大部分人感觉舒服，也可以考虑按 P_{50} 的尺寸设计，这时扶手的高度应为1250mm，但同时将立柱结构设计成为可调节式的，调节范围为 P_5 至 P_{95}。这样每个人可以按照自己需要的高度来调节扶手高度。

扶手的形状设计：有很多跑步机的扶手设计成直杆式，在跑步时，用手抓住杆部，由于扶手的高度高于人的肘部，所以臂部必须上举，会使肩、背及手部肌肉承受静负荷，时间长了，导致疲劳；同时手腕处于掌屈、背屈等别扭的状态时，就会产生腕部酸疼、握力减小，如长时间这样操作，会引起腕道综合症、腱鞘炎等。如果设计成弯曲的形状，那么跑步时，手抓住弯曲的部分，可以使手臂不必抬得太高，减少了抬臂产生的静肌负荷，同时，也让手腕顺直，腕关节处于正中的放松状态。扶手的材料一般采用圆管或椭圆管，它的大小应以人握着舒适为宜，直径为30~35mm。采用发泡塑料做成的扶手套，可以提高使用者在抓握时的舒适感。

6.4.2.5 电子显示器的布置

电子显示器的功能包括：跑步速度、跑步时间、跑步距离、心跳数和能量消耗数。这些功能都为跑步机的人性化设计提供了必要的保障。这些功能的实现部分采用了先进的智能传感器技术和数字信息技术，使该产品的设计表现出了智能美的技术要求。

使用视觉显示装置，在于迅速、方便、准确地提供视觉信息，因此，电子显示器的布置应根据人的视觉特点，按最佳观察方式进行，方能提高视觉认读效率和精度。显示器的位置由在使用该器材时人眼与显示装置面板的距离决定。面板与人眼的最适当距离为650mm左右。显示器与水平面保持25°~30°的倾角，使显示信息的面板尽可能与使用者的视线垂直，以保证获得最高的精度。

6.4.3 电动跑步机的材质设计

质地美不取决于材质本身的高级和贵重，而在于恰如其分的运用材料，增加跑步机的外观艺术效果。

电动跑步机各主要部件采用的主要材质为：机身和立架采用普通碳钢管及钢板；扶手套采用发泡塑料；电机盖和显示面板采用工程塑料。主框架采用钢材使整个结构展现出朴素、坚固的材质特性，使用者有很强的安全感。主框架的钢材表面作烤漆工艺处理，使其表现机理光滑而不明亮，给人高雅之感。工程塑料的使用可利用注塑技术使电机盖和显示面板的复杂造型得以实现，并表现出光滑、细腻的材质特性。发泡塑料质感柔软、温暖，给使用者带来亲切感。

6.4.4 电动跑步机的线型色彩设计

电动跑步机除了具备物质功能外，还应该具备装饰生活环境，体现生活品位的精神功能。良好的造型可以创造产品的个性，提高品牌的价值，还能激发使用者的锻炼热情。电动跑步机是一种通过跑步而获得锻炼的健身器材，因此在造型设计时，必须充分考虑动态特性。扶手和电子显示器的支撑架采用现代弯管工艺加工出优美的流线造型；马达盖是由工程塑料通过现代注塑工艺加工而成的，其轮廓生动。流线型的应用改变了产品呆板、冷硬的造型效果，产生生动活泼富有运动趋势的美感。这种设计使产品造型和产品功能得到了很好的统一。

色彩不仅能表现产品的外观，而且更能表现产品的精神。这就要求色彩与产品的功能、环境场所、使用对象等因素统一起来，在人们的心中产生统一、和谐的感觉。电动跑步机主色调采用黑色，既能体现产品的厚重踏实，又能展现使用者对强身健体的渴求；同时，因为该器材多在室内使用，黑色便于与周围环境的色彩进行搭配。显示器面板底色采用深灰色，说明字符用白色，明度对比较强，使字符清晰度高，易辨认。面板控制键和显示窗口的四周用淡蓝色装饰，这样可与深灰色底色保持协调和统一。

6.4.5　电动跑步机控制系统设计

6.4.5.1　系统结构

通常，跑步机的人机交互部分，如功能按键、显示器和心率检测装置等都处在机架的上端，而电等动力传动机构则处于机架的底部，为减少这两部分之间的连线，采用两个单片机，一个用于人交互，相当于上位机，另一个用于电机控制，相当于下位机，两个单片机之间通过I/O方式联系。在产品变型时，只变动上位机系统，这样可减少设计作量。本系统上位机选用了Pilip的P89C52单机，下位机选用的是台湾义隆的EM78P459单机。

EM78P459单片机的技术特点与PIC单片机相同，采用哈佛总线结构和精减指令集，指令执行速度快，有4KB的OTP ROM，96B的SRAM，8路位AD转换器和两个10位PWM，其硬件资源适合于电机控制，而价格比同等资源的PIC单片机、5单片机低廉得多，P89C52单片机属51系列，使用广泛，可使用C51语言，编程修改方便。

系统的结构如图6-35所示，左边是电机控制部分，系统除

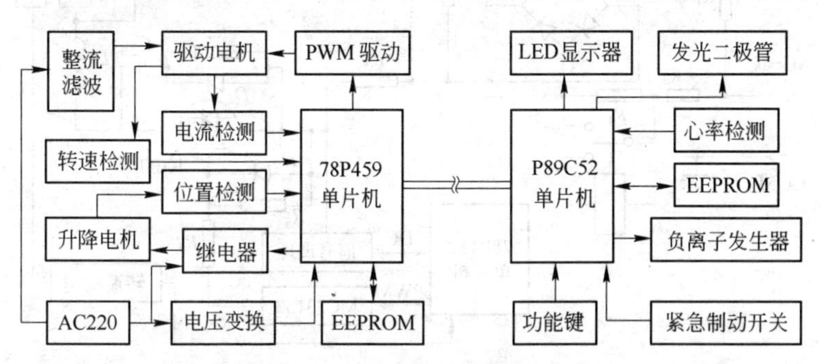

图6-35　电动跑步机控制系统结构

驱动电机外，还有一个升降电机，用于调节跑台倾斜度。驱动电机一种是跑步机专用电机，带盘形飞轮和机械式码盘，属永磁直流电机，其额定电压 DC 180V，额定电流 6A；升降电机则是一种小型交流电机，其额定电压 AC 220V，额定电流小于 0.5A，带丝杆结构和位置电位器。右边是人机交互部分，左右两部分通过各自单片机的两个普通 I/O 口，经光耦合隔离，以高低电平收发方式通信。此外，仪表部分的 +5V DC 电压，由控制板提供的 +12V DC 电压转换得到。

6.4.5.2 调速电路的设计

驱动电机的调速电路是系统硬件的核心，如图 6-36 所示，采用基于 IGBT 管的 PWM 直流调速技术。由于 IGBT 管集 MOS-FET 管与双极型大功率晶体管的优点于一体，属压控型器件，对栅极驱动电路的要求降低，而且导通电阻低、通断速度快、单管容量大，适合作 PWM 的功放管，此处由于 IG-BT 作硬性开关工作，因此选择了容量较大的 G60N90DG3 管，其 VCES 为 900V，IC 为 60 ~ 42A（对应 25 ~ 100℃）。

栅极驱动采用了专用芯片 MC33153，它带过流保护和故障

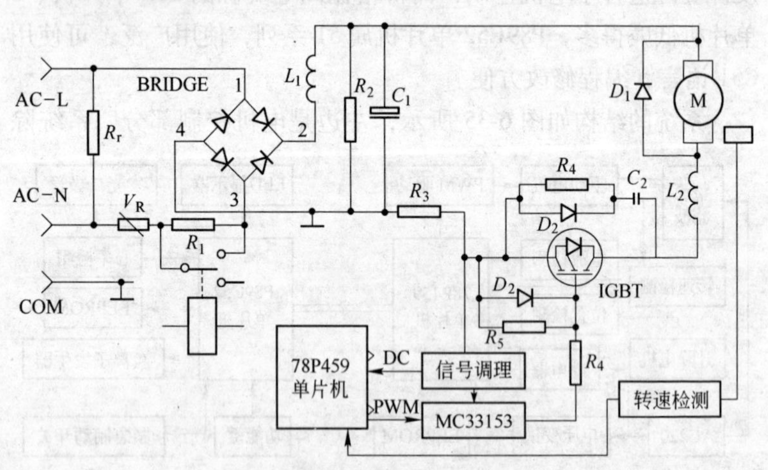

图 6-36 驱动电机的调速电路

输出功能。在 IGBT 管的漏-源两极间附加有 RCD 吸收网络 R4C2D2，防止尖峰电压的冲击；用粗铜丝绕成的小电感 L2 是为了抑制尖峰电流。电机的续流二极管 D1 为 K3060G3。主电路的性能如何可由 IGBT 管的源极电压波形来检验，在 PWM 工作时，应接近理想方波。系统的 PWM 的工作频率为 16.45kHz，由单片机产生。

驱动电机所需的直流电压由 220V 交流电压经整流、滤波后得到。电机的电流，由低阻值、温度性能好的康铜丝 R_3 检测，经调理后，一路进入 MC33153，作硬件过流保护；另一路进 EM78P459 单片机，经 A/D 采样后，作软件限流。电机的实际转速，由电机自带的码盘经光电传感器，再进入单片机，最后用 M 法测得。

6.4.5.3 控制原理

采用转速反馈闭环调速控制，其工作原理为：电机转速由光电传感器检测，测得的实际转速与给定速度进行比较，随后进行 PID 校正，产生相应的 PWM，改变电机两端平均电压，实现调压调速。在加减速过程，为防止加速度过大，需用程序对给定速度值进行处理。采用转速和电流双闭环控制可获得更好的速度控制性能，但这需要对电流进行精确测量，且调速精度的提高，还要求有与之相配的波纹更小的直流电压，所以滤波电容也要加大，需要增加硬件；而且在算法上，电流环参与控制的切换条件也不易确定。实际上，调速非常“理想”，因电流的变化很大，电机的损耗也会加大。因此，在调速设计时，只要满足设计要求即可。若不考虑负载特性，系统校正前，速度对 PWM 控制量的开环传递函数可表示为：

$$G(s) = \frac{K}{(T_{\mathrm{m}} + 1)(T_{\mu} + 1)} \tag{6-13}$$

式中，K 为方法系数；T_{m} 为机电时间常数；T_{μ} 为系统时间常数之和。

由于驱动电机带盘形飞轮，再加上后续的机械变速机构，式

中 $T_m \geqslant T_\mu$，这是 0 型系统。为提高系统的调速性能，并使系统稳定，至少要校正为 Ⅰ 型系统，可使用 PI 校正，又由于跑步机的负载特性为脉冲式负载，为提高系统的抗扰动能力，可加微分环节，这样就形成 PID 校正。实际上，PID 校正可不依赖于系统的精确数学模型，且鲁棒性较强。离散后的 PID 校正算式为：

$$U(n) = K_{Pe}(n) + K_I \sum_{i=0}^{n} e_i + K_D[e(n) - e(n-1)] \quad (6\text{-}14)$$

式中，$U(n)$ 为控制的输出；$e(n)$ 为偏差；n 为采样序号。

经实验，可采用分段 PID 算法，即在调速范围内，按转速偏差和偏差变化率各分若干个级别，设置不同的 PID 参数，使调速性能达到要求。参数切换的原则为：偏差较大时，K_P，K_I 取较大值，以保证系统的快速性；偏差较小时，K_P，K_I 取较小值，以避免产生大的超调，并使系统尽快进入稳态范围。由于微分作用可使最大动态降落减少，提高抗扰动性能，但恢复时间延长，系统稳定性下降，所以 K_D 选得较小。

6.4.5.4 软件设计

程序设计分基于 P89C52 的上位机程序和基于 EM78P459 的下位机程序，前者使用 C51，后者使用汇编语言，均采用模块化设计方法。

上位机是系统的操作和管理中心，它分主程序和定时中断程序两部分。在主程序中主要有初始化、上电自检、相关功能设置、开中断和开看门狗，然后以循环方式分时进行键盘扫描、运动数据处理、LED 屏显示、LED 灯闪烁、与下位机通信、EEPROM 中数据存/取、心率检测、蜂鸣器控制、负离子发生器控制、制动开关检测和故障提示与处理等；在定时中断程序中有看门狗置数、主程序中各功能操作的时间到标志位置和动态显示刷新等操作。

下位机是操作指令的执行者，运行状态的监测与反馈者，分主程序和中断程序两部分。在主程序中主要进行初始化、取 EE-

PROM 中预设值、开中断和开看门狗，然后以循环方式分时进行升降电机控制、PID 校正、存/取 EEPROM 参数和故障处理等；中断程序为定时中断，主要进行看门狗置数、电流检测（作软件限流）、转速检测、升降电机位置检测、与上位机通讯（接收给定速度、跑台倾斜度等数据、发送相关运行状态）、PWM 计算及输出和故障检测等。

6.4.6 电动跑步机心率测量系统设计

6.4.6.1 测量原理

人体心肌产生的电信号传导到体表后，由于在体表分布的不同而产生电位差，将这种电压只有毫伏级别的电位差滤波放大，就得到了人体的心电信号。在电动跑步机的左、右手柄上放置电极来获取人体心电信号，通过测量心电信号中两个相邻 R 波的时间间隔即可得到训练者的心率信息。系统原理见图 6-37。

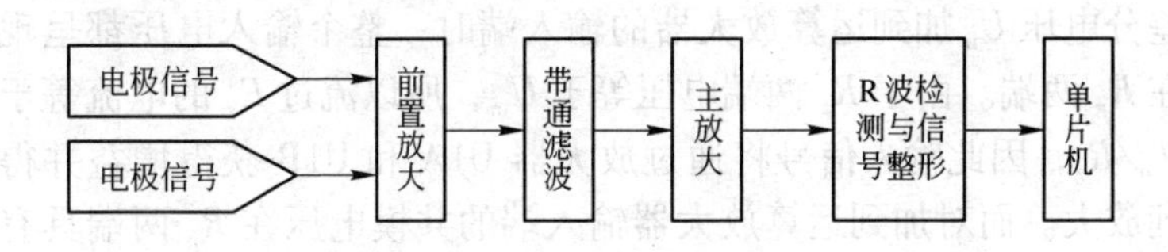

图 6-37 测量原理图

6.4.6.2 前置放大电路设计

心电信号是一种较微弱的体表生理电信号，其幅值约为 0.5 ~ 4mV，频率范围为 0.05 ~ 100Hz，而 90% 的心电信号频谱能量集中在 0.25 ~ 35Hz 之间，属于低频率、低幅值的信号。从电极获取的人体心电信号往往混有许多较强干扰（多为共模干扰），加之人体内阻很大，因此，高输入阻抗、高共模抑制比 CMRR、低噪声、低漂移的前置放大电路是准确获取心电信号的关键。为此，采用美国 TI 公司生产的高精度、高共模抑制比、低漂移、高输入阻抗、低功耗四运放 TLV2254 设计前置放大电路（见图 6-38）。

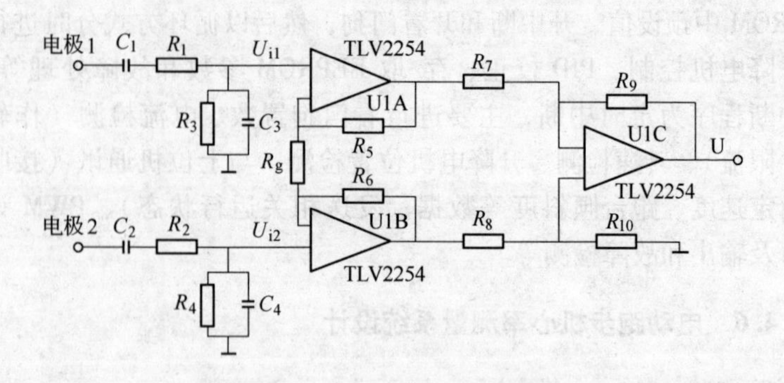

图 6-38 心电信号前置放大图

在图 6-38 中，$R_1 = R_2$，$R_3 = R_4$，$R_5 = R_6 = R$，$R_7 = R_8$，$R_9 = R_{10}$，$C_1 = C_2$，$C_3 = C_4$。从电极获取的心电信号经 C_1、C_2 耦合及低通滤波后进入由 U1A、U1B 组成的同相并联型差动放大器。差动放大器不仅提高了输入阻抗，而且增强了对共模干扰信号的抑制。由于电阻 R_g 连接在这两个放大器的球和点之间，当一个差分电压 U_{in}加到运算放大器的输入端时，整个输入电压都呈现在 R_g 两端。由于 R_g 两端电压等于 U_{in}，所以流过 R_g 的电流等于 U_{in}/R_g，因此输入信号将通过放大器 U1A 和 U1B 获得增益并得到放大。而对加到运算放大器输入端的共模电压在 R_g 两端具有相同的电位，从而不会在 R_g 上产生电流，也就无电流流过 R_5 和 R_6，从而共模电压被抑制。U_{i1}，U_{i2}经并联型差动放大器和后级放大器 U1C 进一步放大后得到输出信号 U_{out1}。

$$U_{out1} = G(U_{i1} - U_{i2}) \tag{6-15}$$

式中，增益 $G = (1 + 2R/R_g)R_9/R_7$。

考虑到电极的极化电压和由于元器件参数的不对称引起的共模电压转化成的差模电压，前置放大电路的增益不宜过大，这里取10。

6.4.6.3 R 波检测与心率测量

经滤波放大后的心电信号 U_{out2} 中的 R 波已经可以用来检测。

但不同 R 波的幅值会相差比较大，为了保证不同幅度的 R 波都能被准确检测到，可利用 U2C，U2D 构成 R 波峰值检波和自动阈值控制电路（见图 6-39）。

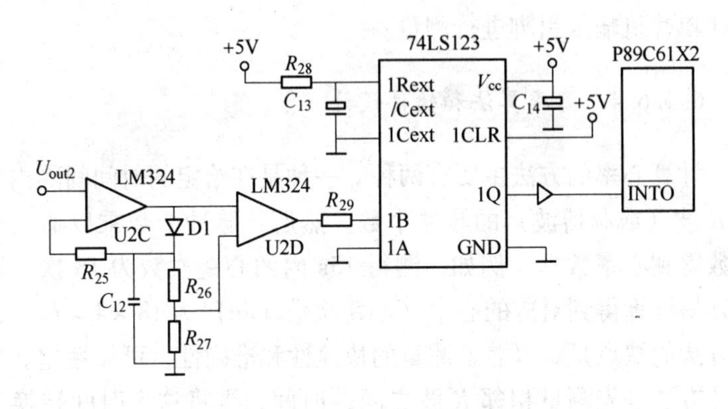

图 6-39 R 波检测与心率测量电路

其原理为：每当 R 波到来时，若 U2C 正向输出电压高于电容 C_{12} 的电平，二极管 D1 导通，使 C_{12} 迅速充电到新的电压值，此时阈值电压升高。如果下一个 R 波低于前一个 R 波的峰值，二极管 D1 反偏，电容 C_{12} 通过 R_{26} 和 R_{27} 放电，阈值电压随之降低，所以每一个新的阈值电压由前一个峰值电压决定，从而有效克服了心电基线漂移以及其他意外干扰信号对后级触发电路造成的误触发。经比较器 U2D 后，R 波被检测出来，心电信号变成了一系列脉冲波，如图 6-40 所示。

相邻两个脉冲波之间的时间间隔即相邻 R 波之间的时间间

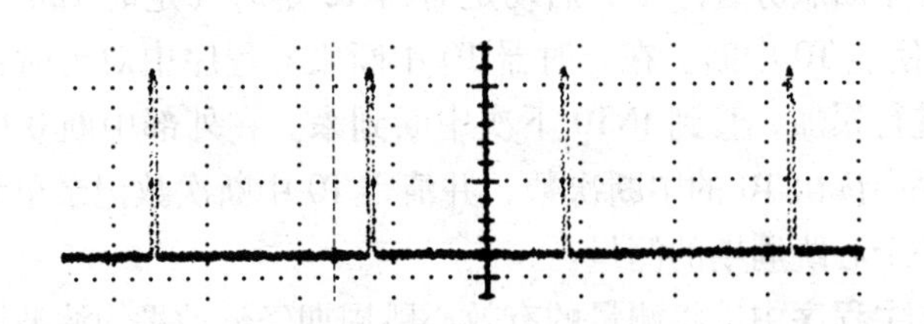

图 6-40 经比较后的心电波形

隔。由于这些脉冲波的持续时间都非常短，为了便于检测，这些脉冲波触发由 74LS123 组成。通过对电阻 R_{28} 和电容 C_{13} 的调整，得到宽度合适、与脉冲波同周期的矩形波。这些矩形波经整形后送往单片机输入引脚进行测量。

6.4.6.4 心率算法和软件设计

计算心率的方法主要有两种。一种是在给定的时间间隔内计算 R 波（或脉搏波）的脉冲个数，然后将脉冲个数乘以适当的系数得到心率数据。例如，测得 15s 内的心跳次数为 18 次，则很容易计算得到对应的心率（心跳次数/min）为 $18 \times 4 = 72$。这种方法的缺点是难以兼顾测量的快速性和准确性，可靠性差。另一种方法是先测量相邻 R 波之间的时间，再将这个时间转换为每分钟的心跳次数，即心率。例如，测得相邻两次 R 波之间的时间间隔为 Ts，对应的瞬时心率为 $60/T$。当采用单片机等高精度测量手段时，这种方法测量精度高、可靠性好、测量速度快，并且能同时测量瞬时心率和平均心率。

系统采用 Philips 公司生产的单片机 P89C61X2 作为系统的主控单元。该单片机内部带有 64KB 的 Flash 存储器，无需外部扩展程序存储器，并且具有较强的抗干扰能力。心率信号通过单片机的外部中断引脚 INT0 进入单片机。系统初始化完成后，开放全局中断和外部中断 0，并且外部中断 0 设为下降沿有效。当心率信号产生后，触发外部中断 0 并进入其中断服务程序。在外部中断 0 中断服务程序中，启动定时器 T0 定时（定时 1ms 中断一次），使能 T0 中断。在定时器 T0 中断服务程序中对定时器中断次数进行累加，直到 INT0 下次中断到来。在外部中断 0 中断服务程序中读出 T0 的中断次数，并清零 T0 中断次数记录单元，进行下一个心跳周期的测量。

在主程序中，将测量的有效心跳周期经滑动平均滤波后转换成心率数据进行显示和对使用者训练方式的调整。

6.5 乒乓球自动发球机的设计

6.5.1 乒乓球发球机的发展

乒乓球作为我国的国球，它集健身、竞技、娱乐于一体，不仅可以锻炼身体，还可以练习头脑的灵活性、眼睛的反应力以及全身的协调性，因此在我国有着广泛的群众基础。对于初学者，捡球的时间比真正在台上练球的时间还要多，这样要提高技术水平就很慢，也会削弱对乒乓球的兴趣。对于高水平的专业选手，由于人手发球速度和频率会有一个极点，而且陪练员长时间发球也不可能，因此要进行变化多、强度大的多球练习比较困难。使用乒乓球发球机进行辅助训练，可以解决这些问题，所以发球机的使用越来越普及了。

6.5.1.1 国外乒乓球发球机的研究现状

在20世纪60年代末和70年代初，欧洲出现了乒乓球发球机。它是通过一定的机械装置，按乒乓球技术训练的不同要求，将球不断发射出来。发球机发出的球，比人速度更快，力量大，且旋转更强，所以，它对提高乒乓球运动员的训练水平有一定的作用。

目前市场上销售的乒乓球发球机，按出球方式可以分为三类：一类是轮式发球机，一类是压气式发球机，另一类是捶击式发球机。其中轮式发球机的原理是由于装有轮子的通道空间很小，当球从滑轨滚入通道时，轮子就将球喷出。压缩式发球机是利用空气压缩机来发射球的，球被装入长筒的底部由一个窄口固定住，这个窄口的直径比球的直径略小一些。当压缩空气推挤乒乓球穿过窄口的时候，球就被发射出去了。这种发球机的缺点是噪音极大而且性能不高，同时，空气压缩消耗的功率很大，难以使用电池供电；它的优点是价格比较便宜。捶击式发球机有多种设计方案，最常见的是通过凸轮带动摆杆，将落入发球口的乒乓球击出去，这种方式性能单一，而且不方便控制，已经逐渐被淘汰。

6.5.1.2 国内乒乓球发球机的研究现状

相对国外而言，国内的乒乓球发球机起步比较晚，但发展很快，从最初的全手动发球机到现在的全自动发球机，甚至有些产品性能超过了国外的同类产品。主要有以下几个典型方面：

（1）半自动式乒乓球发球机。该发球机机械结构包括机身壳体、基座、储球斗、发球机构、弧度调节机构、角度摆动机构及电机调速电路。其工作原理是：由于储球斗装于机器上方，乒乓球可通过自身重力落入发球机构，发球机构中的拨叉在电动机的带动下击打落入球道的乒乓球，乒乓球经球道前端的摩擦辊高速切磋后成旋转状飞出球道。

（2）智能乒乓球训练机。该发球机是由三鼎公司采用生产研制，采用微电脑控制，在一定程度上实现了训练过程的自动化，其桌面分割为多个小方块，可根据程序设定准确地将球射到指定区域。它利用对转双轮原理的特性，借助轮子与球之间的摩擦力来获取能量，使球获得一定的初速度将球发射出去。按照使用者要求可发射各种旋向球和不转球，可任意改变球的落点，落点与旋向可任意组合。有300个训练程序可选择，使用者可根据自己需求来输入所需程序。它比现实市面销售的同类产品领先的关键在于它的可控制性，它抛出的球接近人工打球的速度、旋转与弧线。其不足之处是不能像真正的人工发球可根据实际情况来应变发球，由于发球程序模式所限，发球具有一定的规律性。

6.5.2 乒乓球发球机机械结构设计

乒乓球发球机由机座、乒乓球输送机构、拨球机构、摇摆机构、发射机构和传动机构组成，如图6-41所示。

乒乓球输送机构设置在机座的底座上，而摇摆机构、发射机构设置在底座的上端，其中输送机构包括储球器和设置在底座内的送球通道，储球器中设有拨球杆，在送球通道中设有可以转动

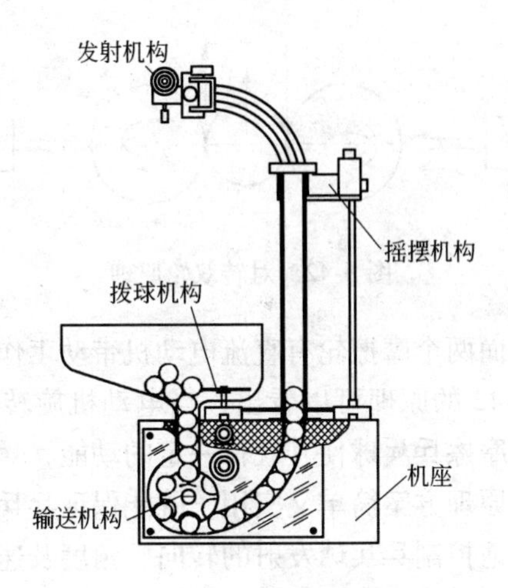

图 6-41　乒乓球发球机结构示意图

的输送轮，其上设有半圆形卡球槽。送球通道前段大致为垂直设置，后段设计为大圆弧，中段设计为小圆弧，中段与后段的相接成阿基米得螺旋线形。摇摆机构由发球控制器和摆杆组成，发球控制器包括离合装置和角度调整装置。发射机构由高速旋转的发射轮和能调整发射口上下摆动的调整机构组成。传动机构包括电动机和减速齿轮。机座则由底座、中部支承杆和上弧形杆组成，发射机构固定在上弧形杆顶端，而摇摆机构由中部支承杆固定。中部支承杆、上弧形杆的内部为空管，使乒乓球能够沿空管上行。

6.5.3　乒乓球发球机工作原理

6.5.3.1　发球机发球原理

自动乒乓球发球机是集电子、机械和计算机技术为一体的综合技术产物，它具有自动化程度高、灵敏度高、稳定性可靠等多种特性。其发球的基本原理是利用对转双轮的原理，如图 6-42 所示，乒乓球由于受到两个反向旋转摩擦轮的作用，可以获得一

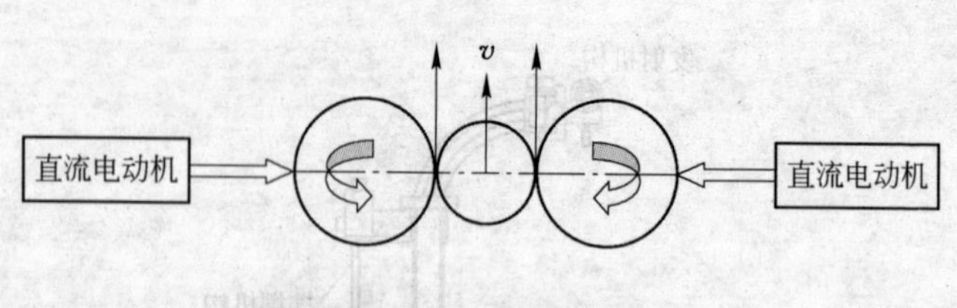

图 6-42 对转双轮原理

定的初速度，而两个摩擦轮有直流电动机带动工作。

根据图 6-42 的原理可以看出，当电动机旋转带动两个摩擦轮转动，同时摩擦乒乓球使其获得一定的动能，乒乓球才得以发射出去。这种原理方案简单又实用，既能保证乒乓球发射的稳定性，又能极好地控制乒乓球发射的转向、角度及速度，使用户随心所欲地练习打乒乓球。

设轮子的角速度分别为 ω_1、ω_2，半径都为 R，那么就可以计算出轮子的线速度为：$v_1 = \omega_1 R$，$v_2 = \omega_2 R$。当 $\omega_1 = \omega_2$ 时，乒乓球不旋转，所获得的瞬时速度即初速度为 $v = v_1 = v_2$；当 $\omega_1 > \omega_2$ 时，乒乓球沿轮 1 方向旋转，所获得的初速度为 $v = (v_1 + v_2)/2$；当 $\omega_1 < \omega_2$ 时，乒乓球沿轮 2 方向旋转，所获得的初速度为 $v = (v_1 + v_2)/2$；因此通过测量两摩擦轮的角速度就可以求得乒乓球的初速度。

乒乓球发球机工作时，由传动机构中的电动机带动减速齿轮组转动，其中一组齿轮将运动传到输送轮，使输送轮转动，由输送轮上的卡球槽将乒乓球推入送球通道，乒乓球沿送球通道上升到发射机构。另一锥齿轮组将运动传到储球器内的拨杆，使拨杆转动，拨动乒乓球使其尽快进入送球通道，防止卡球；该组齿轮同时将运动通过传动杆传递到摆动机构，使摆动机构控制发射机构实现摆动。

6.5.3.2 摇摆机构的工作原理

摇摆机构前段设置的发球控制器，使乒乓球的落点能固定在某点或者调整乒乓球左右落点的摆幅。如图 6-43 所示，在传动杆的顶端设有一固定盒，其内设有主动轮，与主动轮相对应的位置设有从动轴，其上设有止动轮和与角度调整装置相啮合的上齿轮；从动轮和主动轮之间设有可在从动轴上上下滑动的中间离合

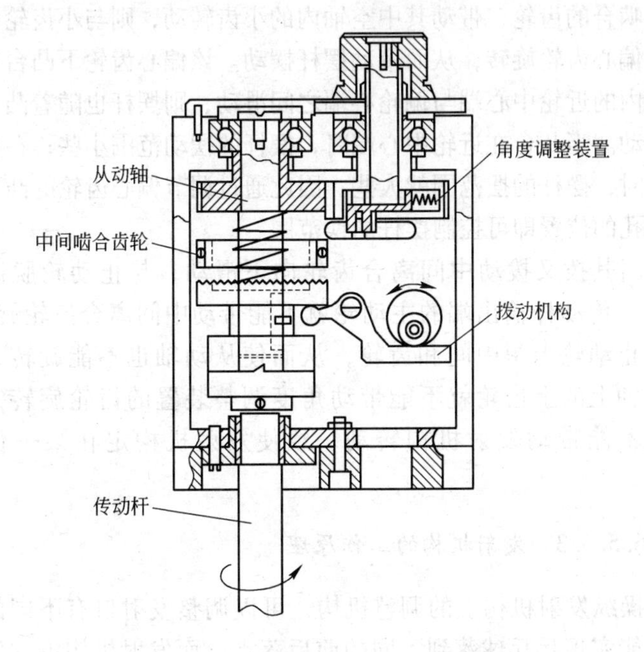

图 6-43　乒乓球发球机的摇摆机构

齿轮，旁边是拨动该齿轮滑动的拨动机构；中间离合齿轮的下端与主动轮相配合，下端与制动轮相配合。角度调整装置的中空轴下端设有于从动轴的上齿轮啮合的齿轮，上端穿过固定盒的上内壁，内部装有带手柄的手柄轴；在齿轮内设有内腔，其内设有带内齿的偏心齿轮，手柄轴的下端设有卡在内腔内的小齿轮，偏心齿轮与小齿轮内啮合；在内腔的旁边设有卡掣偏心齿轮的卡掣件；在内腔的下面固定一带有限位孔的压盖，限位孔有一近轮中心端和一偏轮心端；偏心齿轮的下端伸出有凸台，凸台可以卡在限位孔内，凸台的一端通过摆杆与设在机座上端的发射机构相

连接。

其工作过程是：手动调节拨动机构，当拨叉拨动中间离合齿轮向上滑动，止动轮啮合时，传动杆输出端的主动轮带动中间离合齿轮旋转，则从动轴也可转；通过从动轴上与角度调整装置上相互啮合的齿轮，带动其中空轴内的小齿转动，则与小齿轮内啮合的偏心齿轮旋转，从而带动摆杆摆动。该偏心齿轮下凸台在限位孔内的近轮中心端与偏轮心端之间滑动，则摆杆也随着凸台在此滑动。当凸台在近轮中心端时，摆杆的摆动范围小些；在偏轮心端时，摆杆的摆范围就大些。因此通过调节偏心齿轮的凸台在限位孔的位置即可控制摆杆的摆范围。

当其拨叉拨动中间离合齿轮向下滑动，与止动轮脱离啮合时，传动杆输出端的主动轮就不能带动中间离合齿轮旋转，而且止动轮卡掣中间和齿轮，从而使从动轴也不能旋转，则从动轴上的上齿轮就不能带动角度调整装置的齿轮旋转，摆杆就不能带动发射机构转动，致使发射机构定在某一位置发球。

6.5.3.3 发射机构的工作原理

操纵发射机构上的调整机构，可以调整发射口有不同的倾角，能实现乒乓球落到不同的前后落点。而发射机构中的发射轮，有电动机带动高速旋转，当乒乓球进入发射机构，与旋转轮接触时，旋转轮作用在乒乓球上，将乒乓球从发射口快速射出。

乒乓球发球机机械结构复杂，由两个电动机分别带动相应装置实现发球功能。其性能比较单一，只能实现发球落点的前后、左右变化，同时只能发射一种旋转球，手动调节手柄，可控制摇摆机构的摆动范围。当需要固定在某一位置发球时，在发射机构转到该位置时，扳动拨动机构的手柄，使摇摆机构停止摆动，才可发射定点球。相反方向扳动该手柄，则摇摆机构从新摆动。由于是手动调节，使用不方便，调节也不准确。

6.5.4 乒乓球的运动分析及数学模型

6.5.4.1 乒乓球飞行过程的力学分析

乒乓球的质量 $m=0.0027\text{kg}$，直径 $d=0.040\text{m}$。经发球机发出去后，产生速度和角速度，速度给出运动的大小和方向，角速度表明了旋转轴的方向。测试表明：乒乓球运动最大速度达 20m/s，旋转球的最高转速可达 300r/min。

乒乓球在空气中运动时，受到以下两个力的作用：

（1）重力 $G=mg$。

（2）空气阻力 F_D，与速度 v 方向相反。

当乒乓球在空气中运动时，由于空气存在黏性和惯性，会产生阻力，乒乓球将留下湍流尾迹。该阻力包括摩擦阻力和压差阻力，摩擦阻力的大小取决于边界层的性质：是层流还是湍流；压差阻力是边界层产生分离的结果。其实际大小可通过风洞实验测定，为方便通常采用的计算公式是：

$$F_D = C_D\rho A v^2/2$$

式中，ρ 为空气密度；$A=\pi d^2/4$ 为迎风面积；v 为速度；C_D 为阻力系数，无量纲。

空气阻力的大小与雷诺数有密切关系，如图 6-44 所示，当

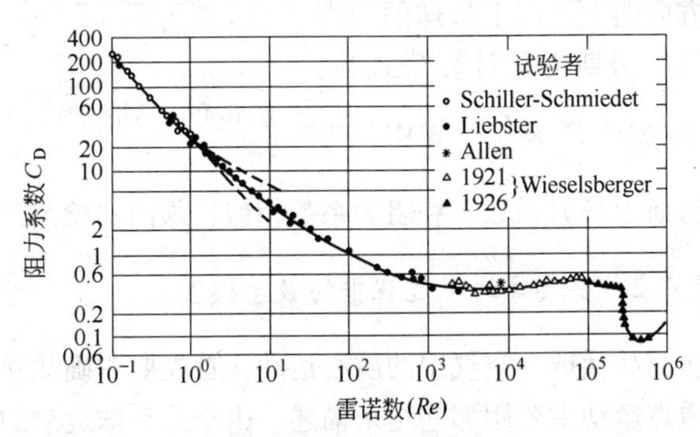

图 6-44 球体阻力系数与雷诺数的关系

雷诺数 $Re<1$ 时，乒乓球前后的气流层不发生分离，阻力正比于速度；随着雷诺数增大，在 $10^3<Re<3\times10^5$ 范围时，包围球体的边界层发生分离，阻力系数基本为常数；在大于某一临界雷诺数时（光滑球为 $Re>3\times10^5$），边界层完全变成湍流，分离点后移，阻力系数突然下降。由于包围粗糙球的边界层更容易分离，粗糙球的临界雷诺数比光滑球的要小。

（3）马格努斯力 $\boldsymbol{F}_L$，其方向垂直于 $\boldsymbol{v}$ 和 $\boldsymbol{\omega}$。

当乒乓球旋转着在空气中飞行时，通过球体上方的流速会加快，而通过球体下方的流速会减慢。由于摩擦力的作用，球体的表面上有一层薄薄的流体边界层，边界层里的流体对球体的相对速度为0；在边界层中，离球体表面的距离越远则流速越快。在球体旋转的状况下，因为球体上方的流速增大而下方的流速减小，上方的流线也比下方的流线密，所以球体上下方的流体就产生压力差。此外，球体上方气流的分离点会被推向更后方。结果在球体周围产生不对称的流动模式和垂直于流动方向的净升力，即马格努斯力。如果球体表面比较粗糙，不只是摩擦力增加，也会使升力增加。

如图 6-45 所示，当发球机发出下旋球时，由右手定则显示球的角速度方向为由发球机向右，马格努斯力方向向上，而上旋球的力则向下。马格努斯力的计算公式为：$\boldsymbol{F}_L=\frac{1}{2}C_L\rho Av^2\ \frac{\boldsymbol{\omega}}{\omega}\times\frac{\boldsymbol{v}}{v}$，式中，$C_L$ 为马格努斯力升力系数，和阻力系数相似，须由实验测得。

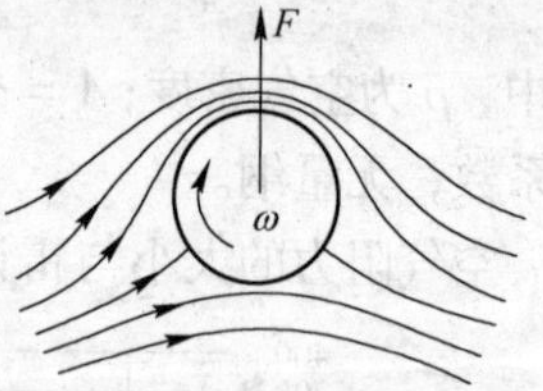

图 6-45 马格努斯力的形成

6.5.4.2 乒乓球运动过程中的数学模型

要研究乒乓球在空气中的质心运动，首先要明确乒乓球在空气中的质点运动主要用那些量来描述。由于乒乓球运动的基本问题是个平面运动问题，所以要知道乒乓球质心在空气中的运动规律，必须知道乒乓球离开发球机后任意时间 t 的坐标（x,y）；若能知道 t 时的乒乓球质心运动速度，大小和方向——乒乓球的倾角 θ，就可以确定乒乓球将以什么速度飞向何方。因此如果能够知道变量 t、x、y、v 和 θ 等五个变量之间的函数关系，就可以完全解决乒乓球质心在空气中运动的问题。现以发不旋球为例，推导其数学模型。

如图 6-46 所示，设质量为 m 的乒乓球从原点（0,0）发射，一初速度 v_0 沿 θ 角的方向射出，乒乓球在空中任意点的坐标为（x,y）。则在该点的速度为：

$$\begin{cases} \dfrac{dx}{dt} = v_x \\ \dfrac{dy}{dt} = v_y \end{cases} \tag{6-16}$$

其加速度为：

$$\begin{cases} \dfrac{dv_x}{dt} = a_x \\ \dfrac{dv_y}{dt} = a_y \end{cases} \tag{6-17}$$

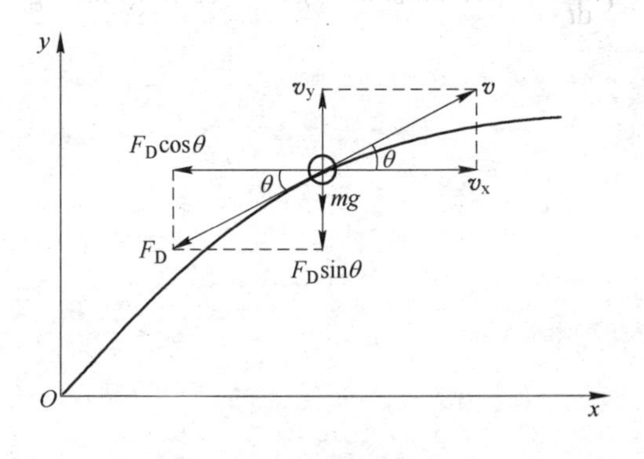

图 6-46　不旋球的坐标系

根据受力分析，由牛顿第三运动定律得其运动方程为：

$$\begin{cases} m\dfrac{\mathrm{d}v_x}{\mathrm{d}t} = a_x m = -F_D\cos\theta \\ m\dfrac{\mathrm{d}v_y}{\mathrm{d}t} = a_y m = -F_D\sin\theta - mg \end{cases} \tag{6-18}$$

由流体动力学可知：

$F_D = C_D\rho A^2v^2/2 = \dfrac{1.205 \times \pi \times 0.04^2}{4 \times 2} \times C_Dv^2 = 7.57 \times 10^{-4} \times C_Dv^2$，令 $c = 7.57 \times 10^{-4} \times C_D$，其中：$C_D = 0.757$，则 $c = 5.73 \times 10^{-4}$。于是，得：

$$F_D = cv^2 \tag{6-19}$$

将式（6-18）代入式（6-17）得：

$$\begin{cases} \dfrac{\mathrm{d}x}{\mathrm{d}t} = v_x \\ \dfrac{\mathrm{d}y}{\mathrm{d}t} = v_y \\ \dfrac{\mathrm{d}x_v}{\mathrm{d}t} = -cv^2\cos\theta/m = -cv \times v_x \\ \dfrac{\mathrm{d}v_y}{\mathrm{d}t} = -cv^2\sin\theta/m - g = -cv \times v_y/m - g \end{cases} \tag{6-20}$$

参 考 文 献

[1] 中国标准出版社第六编辑室编. 体育用品及器械标准汇编[S]. 北京: 中国标准出版社, 2007.

[2] 林淑英, 谭建湘. 国际标准体育场地器材大全[M]. 广州: 广东高等教育出版社, 1994.

[3] 王建军, 包燕平, 曲英. 体育设施与管理[M] (第2版). 北京: 高等教育出版社, 2009.

[4] 周佳泉, 周磊. 体育器材史[M]. 辽宁: 辽宁少年儿童出版社, 2002.

[5] 舒培华. 家庭实用器械健身法[M]. 北京: 北京体育大学出版社, 2001.

[6] 金季春. 体育工程初探运动之翼朝阳之业[J]. 高科技与产业化, 2005(1): 27.

[7] 孙学雁, 王赫莹, 曹辉, 等. 基于人机工程学的单手驱动残疾人车设计[J]. 沈阳工业大学学报, 2009, 31(2):203 ~206.

[8] 孙学雁, 王赫莹, 曹辉. 基于人机工程学的踏步滑板车设计及应用[J]. 沈阳工业大学学报, 2009, 31(5):544 ~547,552.

[9] 李世明, 金季春. 艺术体操转体的多种运动技能及系列训练仪器的研制[J]. 中国体育科技, 2005, 41(5): 48 ~50.

[10] 苏建新, 钱竞光. X. O. S 型力量测试和训练仪器的研制及其应用[J], 2001, 15(1): 102 ~103.

[11] 李世明, 金季春. 艺术体操旋转训练仪的研制与应用[J]. 西安体育学院学报, 2005, 22(1): 93 ~97.

[12] 李世明, 颜辉, 侯柏晨, 等. 艺术体操运动员转体启动训练仪的研制[J]. 西安体育学院学报, 2006, 23(5): 87 ~89.

[13] 王瑞元. 运动生理学[M]. 北京: 人民体育出版社, 2002.

[14] 田野主. 运动生理高级教程[M]. 北京: 高等教育出版社, 2003.

[15] 体育学院通用教材. 运动生理学[M]. 北京: 人民体育出版社, 1990.

[16] 王步标, 等. 人体生理学[M]. 北京: 高等教育出版社, 1994.

[17] 杨锡让, 等. 实用体育健康医学[M]. 北京: 北京体育大学出版社, 1995.

[18] 1995 年全国学生体质调研数据[M]. 中国学校体育, 1997.

[19] 陈全寿, 相子元. 反复冲击式肌力增强器对肌力、肌动力训练效果之探讨[C]. 1998 国际大专运动教练科学研讨会, 文化大学, 105 ~117.

[20] 王翔星. 弹震式与渐进式阻力训练对跆拳道选手爆发力增强效果之比较[D]. 国立体育学院教练研究所硕士论文.

[21] 侯鸿章. 陈氏被动反复冲击式肌力增强器对上肢肌力、动力训练效果之研究[D]. 台湾国立体育学院教练研究所硕士论文.

[22] 谢素贞．陈氏被动反复冲击式肌力增强器对优秀全能选手马君萍肌力肌耐力爆发力与运动表现之影响[D]．国立体育学院教练研究所硕士论文．

[23] 刘德智．陈氏被动反复冲击式肌力增强器介绍及对肌力动力训练效果之研究[D]．国立体育学院教练研究所硕士论文．

[24] 蔡昆霖．Chen's Power Machine 不同训练内容对下肢肌力与动力训练之比较研究[D]．国立体育学院教练研究所硕士论文．

[25] 王继成．产品设计中的人机工程学[M]．北京：化学工业出版社，2004.

[26] 曾山．家用健身器材宜人性设计研究[D]．无锡：江南大学，2001.

[27] 刘春荣．人机工程学应用[M]．上海：上海人民美术出版社，2004.

[28] 梁宝林．人-机-环境系统工程学[M]．北京：科学技术出版社，1988.

[29] 丁玉兰．人机工程学[M]．北京：北京理工大学出版社，2005.

[30] 张娜英．人机工程学在自行车产品设计中的应用[J]．中国自行车，2001(1)：25～29.

[31] 蔡清华，王继成．磁控健身车设计中的人机工程学[J]．工程图学学报，2003(2)：132～136.

[32] 刘峰．人体工程学[M]．沈阳：辽宁美术出版社，2006.

[33] 霍发仁．人机界面设计研究[D]．武汉：武汉理工大学，2003.

[34] 丁文珂，梁刚．基于用户的人机界面设计的评价原则[J]．河南教育学院学报，2007(4)：24～25.

[35] 朱序璋．人机工程学[M]．西安：西安电子科技大学出版社，1999.

[36] 周美玉．工业设计应用人类工程学[M]．北京：科学技术出版社，2001.

[37] 蔡启明．人因工程学[M]．北京：机械工业出版社，2005.

[38] 胡萍．人机工程学在工程机械设计中的综合应用[J]．机械制造，2009(1)：56～58.

[39] 徐华文．基于人机工程的产品设计与仿真研究[D]．武汉：武汉理工大学，2004.

[40] 蔡娜，李金杆，贾俊卿．面向轮椅使用者的产品设计人因分析[J]．人类工效学，2004(10)：61～62.

[41] 曾山．家用健身器材的宜人性设计研究[D]．无锡：江南大学，2001.

[42] 蔡清华．共用性设计的研究及其在健身器材设计中的应用[D]．上海：东华大学，2003.

[43] 王晓光，武永强．基于人因工程学的椭圆机设计[J]．工程图学学报，2007(7)：123～128.

[44] 武永强．基于人因工程学的双椭圆机设计方法研究[D]．武汉：武汉理工大学，2006.

[45] 梅雷放．人机工程学用于健身器材开发的思考[J]．设计艺术，2003(2)：25.

[46] 王秀玲. 人机工程学的应用与发展[J]. 机械设计与制造，2001(1)：151～152.
[47] 李松赞. 人机工程学在自行车设计中的作用[J]. 科技发展，2000(10)：30～31.
[48] 张秀艳，关天民. 基于人机工程学的网球轮椅设计[J]. 机械，2006(11)：1～2.
[49] 刘军. 基于人机工程学的竞速轮椅研究[D]. 大连：大连交通大学，2007.
[50] 李霞，宋海棠. 基于人机工程学的爬楼梯轮椅的设计[J]. 产品开发与设计，2009(5)：62～64.
[51] 罗卫东，李鹏，邱望标. 基于人机工程的汽车座椅设计[J]. 现代机械，2008(3)：59～61.
[52] 江渡，中俊，陈栋，等. 应用人机工程学研究轮椅的舒适性[J]. 机械设计与制造，2006(8)：12～13.
[53] 吴小凡. 基于人机工程学的自行车设计方法研究与应用[D]. 天津：天津大学，2008.
[54] 李霞. 倪向东. 基于人机工程学多功能轮椅的分析[J]. 现代机械，2009(3)：16～18.
[55] 崔云. 医用器材中的人机工程学问题[J]. 武汉理工大学学报，2006,28(4)：78～81.
[56] 郭伏. 人因工程学[M]. 沈阳：东北大学出版社，2001.
[57] 肖冬娟，任家俊，吴凤林. 健身器材的人及工程学分析与评价系统[J]. 机械管理开发，2009(2)：43～44.
[58] 张志强. 面向家用健身器材的人机工程理论分析与研究[D]. 济南：山东大学，2008.
[59] 张秀艳. 基于人机工程学的网球轮椅设计[D]. 大连：大连交通大学，2007.
[60] Yamaguchi G T, Moran D W, Si J. 1995, A computationally efficient method for solving the redundant problem in biomechanics[J]. Journal of Biomechanics, 9, 999～1005.
[61] Carolyn M, Sommerich, Heather, Starr, Christy A, Smith. Effects of notebook computer configuration and task on user mechanics productivity and comfort[R]. Carrie Shivers Ergonomics Laboratory, Department of Industrial Engineering, North Carolina State University, Box7906, Raleigh, NC27695—7906, USA.
[62] Badler N, Manoochehri K H, Walters G. Articulated figure positioning by multiple constraints[C], IEEE Computer Graphics and Applications, 1987, 7: 28～38.
[63] Harper J G, Fuller R, Sweeney D. Human factors in technology replacement. A case study in interface design for public transport monitoring system[J]. Applied Ergonomics, 1998(29): 133.
[64] P K Iviand, Mattila. Analysis and improvement of work postures in the building indus-

try application of the computerized OWASm, Applied Ergonomics, 1991: 246.
[65] 曲玉峰，关晓平．机械设计基础[M]．北京：中国林业出版社，2006.
[66] 常治斌，张京辉．机械原理[M]．北京：北京大学出版社，2007.
[67] 赵玉刚，邱东．传感器基础[M]．北京：中国林业出版社，2006.
[68] 王守城，容一鸣．液压传动[M]．北京：中国林业出版社，2006.
[69] 严发本，李玉刚，金国新．BJ-1 型搏击项群训练测试仪的研制[J]．浙江体育科学，2001(6)：59～61.
[70] 方立，孙怡宁，王理丽．新型三维力传感器的研制与应用[J]．传感器技术，2002(7)：49～51.
[71] 马立修，等．自动控制升降旗系统的设计[J]．单片机制作，2007(1)：17～19.
[72] 袁红艳，等．数字式铅球传感器的研制及应用[J]．传感器技术，2004(9)：61～63.
[73] 邓兴国，等．摔跤运动员测力仪器的研究[J]．体育科学，1999(3)：51～53.
[74] 孙士青，等．酶电极法测定药用乳酸中 L2 乳酸含量研究[J]．山东科学，2008(2)：15～18.
[75] 朱张校．工程材料[M]．北京：清华大学出版社，2001.
[76] 丁厚福．工程材料[M]．武汉：武汉理工大学出版社，2001.
[77] 迈克詹金斯．郭卫红，等译．运动器械用材料[M]．北京：化学工业出版社，2005.
[78] 陈长军，马红岩，张敏，等．钛合金的表面渗氧强化研究进展[J]．热加工工艺，2007，36(14)：63～65.
[79] 丁玉兰．人机工程学[M]．北京：北京理工大学出版社，2009.
[80] 张秀艳，关天民．基于人机工程学的网球轮椅设计[J]．机械，2006，33(11)：1～2，5.
[81] 袁世奇，宫兴祯，唐宗军．一种具有全方向运动功能的电动轮椅的设计[J]．沈阳工业大学学报，2004，26(6)：612～615.
[82] 胡声宇．运动解剖学[M]．北京：人民体育出版社，2000.
[83] 王晓光，武永强．考虑人因工程学的椭圆机设计[J]．工程图学学报，2007，1：123～128.
[84] 孙桓，陈作模，葛文杰．机械原理[M]．北京：高等教育出版社，2008.
[85] 濮良贵，纪名刚．机械设计[M]．北京：高等教育出版社，2007.
[86] Elju E. Thomas, Giuseppe De Vito, Andrea Macaluso. Physiological costs and tempo-ro-spatial parameters of walking on a treadmill vary with body weight unloading and speed in both health young and older women[J]. Eur J Appl Physiol, 2007, 100: 293～299.
[87] Jo Corbett, Steve Vance, Mitch Lomax, et al. Measurement frequency influences the

rating of perceived exertion during sub-maximal treadmill running[J]. Eur J Appl Physiol, 2009, 106: 311～313.

[88] Jeffrey Widrick, Ann Ward, Cara Ebbeling, et al. Treadmill validation of an overground walking test to predict peak oxygen consumption[J]. Eur J Appl Physiol, 1992, 64: 304～308.

[89] 徐拥军，宛霞．跑步机在中国健身器械行业发展历程的探究[J]．辽宁体育科技，2009，31(1)：11～13.

[90] 徐华文，李文峰．电动跑步机的人机工程设计[J]．机械，2004，31：17～19.

[91] 周平．电动跑步机控制系统的设计[J]．机械与电子．2006(2)：21～23.

[92] 陈伯时．电力拖动自动控制系统[M]．北京：机械工业出版社，2003.

[93] 韩修恒，李正军，李国强．电动跑步机心率测量系统设计[J]．科技情报开发与经济．2007，17(5)：164～165.

[94] 刘蕾蕾，王树杰，刘文霞，等．基于 AVR 单片机的智能跑步机控制器设计[J]．微计算机信息，2007，23(3-2)：118～120.

[95] Hiberg W. A robot with neural nets Plays table tennis. ICARCV'92. Second International Conference on Automation, Robotics and Computer Vision, 1992, 16～23.

[96] Matsushima, Michiya. A learning approach to robotic table tennis. IEEE Transactions on Robotics, 2005, 767～771.

[97] Sorensen V, Ingvaldsen R P, Whiting H T A. The application of co-ordination dynamics to the analysis of discrete movements using table-tennis as a paradigm skill[J]. Biol. Cybern, 2001, 85: 27～38.

[98] 崔静．自动乒乓球发球机设计及其控制系统的研究[D]．湖南：中南大学，2007.

冶金工业出版社部分图书推荐

书　名	作者		定价(元)
炭素工艺学	蒋文忠	编著	82.00
炭素机械设备	蒋文忠	编著	95.00
炭素工艺学	钱湛芬	主编	24.80
机械安装实用技术手册	樊兆馥	编	159.00
机械制图	田绿竹	主编	30.00
现代机械设计方法	臧　勇	主编	22.00
机械可靠性设计	孟宪铎	主编	25.00
机械优化设计方法	陈立周	主编	29.00
机械电子工程实验教程	宋伟刚	等编	29.00
机械制造装备设计	王启义	主编	35.00
轧钢机械(第3版)	邹家祥	主编	49.00
炼钢机械(第2版)	罗振才	主编	32.00
冶金设备(本科教材)	朱　云	主编	49.80
环保机械设备设计(本科教材)	江　晶	编著	45.00
通用机械设备(第2版)	张庭祥	主编	26.00
机械工程材料	于　钧	主编	32.00
采掘机械	苑忠国	主编	38.00
机械设备维修基础	闫家琪	等编	28.00
机械安装与维护	张树海	主编	22.00
轧钢车间机械设备	潘慧勤	主编	32.00
冶金通用机械与冶炼设备	王庆春	主编	45.00
机械装备失效分析	李文成	主编	180.00
起重机司机安全操作技术	张应立	编著	70.00